光电子器件及其应用

Optoelectronic Devices and Their Applications

孙海金　杨国锋　编

科学出版社

北京

内 容 简 介

本书主要介绍光传输器件(如光隔离器、光环形器、光波导器件、定向耦合器、光纤光栅器件、光开关、光滤波器、光子晶体器件)、光接收器件(如光热探测器、外光电效应探测器、光电导探测器、光伏探测器、电荷耦合器件)、光发射器件(如发光二极管、激光二极管、动态单模激光器、量子阱激光器、光纤激光器、光放大器)与光显示器件(阴极射线管、液晶显示器与等离子体显示器)的基本结构、工作原理、相关应用。

本书适合作为光电信息科学与工程、通信工程、微电子、应用物理等本科专业在光电子学、光电子技术、光电子器件方面的教材与参考书,也可作为物理电子学方向、光学工程方向的硕士研究生的预备教材。

图书在版编目(CIP)数据

光电子器件及其应用/孙海金,杨国锋编. —北京:科学出版社,2020.3
ISBN 978-7-03-064461-9

Ⅰ. ①光⋯　Ⅱ. ①孙⋯ ②杨⋯　Ⅲ. ①光电器件-教材　Ⅳ. ①TN15

中国版本图书馆 CIP 数据核字(2020)第 028605 号

责任编辑:许　蕾　曾佳佳/责任校对:杨聪敏
责任印制:张　伟/封面设计:许　瑞

科 学 出 版 社 出版
北京东黄城根北街 16 号
邮政编码:100717
http://www.sciencep.com

北京厚诚则铭印刷科技有限公司印刷
科学出版社发行　各地新华书店经销
*
2020 年 3 月第 一 版　开本:787×1092　1/16
2024 年 8 月第六次印刷　印张:15 3/4
字数:370 000

定价:79.00 元
(如有印装质量问题,我社负责调换)

前　言

　　1905 年，爱因斯坦(Albert Einstein，1879—1955 年)发表了题为《关于光的产生和转化的一个启发性观念》的科学论文。11 年后，又发表了题为《关于辐射的量子理论》的科学论文。这两篇论文均涉及光电子的概念，为光电子技术的发展奠定了基础。在前一篇文章中，爱因斯坦解决了外光电效应的理论问题。光是由光子组成的，材料中的电子吸收光子能量之后挣脱材料表面的束缚而逸出，形成光电子，最后形成光电流。在后一篇文章中，爱因斯坦提出了受激辐射、受激吸收与自发辐射的概念，为激光的产生提供了理论基础。材料中低能级的电子吸收入射光子能量后会跃迁到较高能级上完成受激吸收，同时处于高能级的电子受入射光子的激励会从高能级跃迁到空位低能级并放出与入射光子相同特征的光子完成受激辐射，处在高能级上的电子也能自发跃迁到空位低能级上并释放光子完成自发辐射。通过对上述类似情景的广泛研究，科学家们得到了许多有关光子与电子相互作用的规律，按这些规律研制出的能实现特定目标的器件，被称为光电子器件。光电子器件是融合了光子技术与电子技术的构件。

　　现今，人们已发明了(或正在发明)许许多多、各式各样的光电子器件。按工作波段可分为紫外光光电子器件、可见光光电子器件、红外光光电子器件、X 射线光电子器件等。按功能可分为能量光电子器件、信息光电子器件。按工作过程是否包含光电转换过程，可分为光有源器件与光无源器件，如光接收器件、光发射器件、光显示器件属于光有源器件，光波导器件、光纤光栅器件属于光无源器件。对光电子器件的运用极大地提高了人类的生活质量，提高了人类进行生产实践、科学实验的效率。光电子器件的研发、生产和运用构成了一个巨大的产业群。当今社会，可以随处看到光电子产品的身影。在民用方面，如彩电、数码相机、DVD、电脑等；在军用方面，如精密制导武器、航天武器、瞄准器、跟踪器、监视器等；在工业方面，如激光加工、光控自动控制等；在商业方面，如条形码读入系统、二维码读入系统等；在航空航天方面，如太阳能利用、遥感监测等；在通信方面，如光通信器件、互联网、物联网器件等；在医疗方面，如光子诊断、光子治疗、光子嫩肤等；在轨道交通方面，如火车轴箱温度监测、钢轨磨损监测等；……

　　本书是根据编者多年执教的同名课程"光电子器件及其应用"的讲课内容改编而成的。编写时参阅了大量的网络文献资源(万方数据、超星读秀、中国知网、维普数据、百度文库)与纸质书籍资料。本书主要介绍与紫外光、可见光、红外光相关的传输器件、接收器件、发射器件的结构、工作原理与相关应用，本书还介绍了主流光显示器件的基本结构与工作原理。这些内容是整个庞大的光电子器件体系的经典与核心。全书共分 5 章，第 1 章是光电子器件基础，主要介绍光的特性、表征，光在介质中的传输，光在介质表面的反射与折射等；第 2 章是光传输器件，主要介绍光传输器件的结构、特性与相关应用，如光隔离器、光环形器、光波导器件、定向耦合器、光纤光栅器件、光开关、光滤波器、光子晶体器件；第 3 章是光接收器件，讨论光吸收特性，介绍光热探测器、外光电效应探测器、光电导探测器、光伏探测器、电荷耦合器件等的结构特性与相关的典型应用；第 4 章是光发射器件，讨论半导体光发射材料的特点，介绍发光二极管、激光二极管、动态单模激光器、量子阱激光器、光纤激光器与光放大器的结构特性、工作原理与相关应用；第 5 章是光显示器件，主要讨论阴极射线管、液晶显示器与等离子体显示器的基本结构与显示原理。

　　本书在大学物理知识的基础上，运用高等数学工具，分析、理解器件的工作原理，读者阅读后既能感受到器件运作的严密性，也能感受到器件工作结果的简单性，介绍过程深入浅出。为了直观说明器件的结构与工作原理，本书配有大量图片。在每章均特意编入了一些光电子器件的典型应用，涉及民用、军用、工业、通信、医疗、轨道交通等方面，以期尽可能给出光电子器件应用的全貌。在每章的后面，还设置了数量充足的习题，解答这些习题可以协助读者弄清楚相关器件的结构与工作原理。本书中的小字部分，分别是导引、思考、探究与拓展。导引部分主要是一些基本的物理知识或者对问题的切入；思考旨在对正文中相关原理进行顺藤摸瓜式的推敲，能加深读者对原理的理解；探究主要对正文原理进行反刍式的思索，意在加深对原理及相关应用的理解；拓展是对正文原理的深耕式运用，对读者掌握原理等基础知识和相关器件的典型应用很有帮助。教师在安排教学时，可采用讨论式的教学方式，激发学习者的高阶思维，加深对器件结构、工作原理与应用模式的理解。

　　本书的内容是光电信息科学与工程、通信工程、微电子、应用物理等本科专业关注的中心内容，也是物理电子学方向、光学工程方向硕士研究生的必备知识。所以本书适合作为上述专业在光电子学、光电子技术、光电子器件方面的核心课程、专业课程的教材与参考书。授课教师可根据实际需要选讲相关内容，课时可以是 64、56 或 48 不等。在附录 4 有课时安排的建议。

　　本书由江南大学理学院光电信息科学与工程系张逸新教授、胡立发研究员审稿。

　　在本书的编写过程中，编者的老同学朱拓、朱益清给出了不可或缺的支持与建议，编者的学生陈明明(光科 2015 级)在习题方面也给出了不少建议。编者所在的江南大学理学院和光电信息科学与工程系始终给予了支持。本书的出版得到了江南大学理学院的全额资助。本书的责任编辑许蕾付出了非常辛勤的劳动，提出了许多中肯的建议。在此，向所有关心与支持本书出版的单位与个人表示感谢并致敬。

　　由于编者的水平有限，难免有疏漏、不妥之处。敬请读者指出，编者诚恳接受，争取再版之时改进。

孙海金

2019 年 10 月于江南大学

目　录

前言
第1章　光电子器件基础 ··· 1
1.1　光的主要信息特征 ··· 1
1.1.1　单频光的主要信息特征 ·· 2
1.1.2　复合光的信息特征及其表示 ···································· 4
1.2　光在介质中的传输特性 ··· 6
1.2.1　光的材料色散 ·· 6
1.2.2　光的增益与衰减 ·· 7
1.2.3　某些旋光材料的旋光性 ·· 10
1.3　光在介质表面的反射与折射 ··· 13
1.3.1　菲涅耳公式 ·· 13
1.3.2　全反射 ·· 17
1.3.3　双折射 ·· 20
习题1 ··· 25
第2章　光传输器件 ·· 28
2.1　光隔离器　光环形器 ··· 28
2.1.1　光隔离器 ·· 28
2.1.2　光环形器 ·· 34
2.2　光波导器件 ··· 39
2.2.1　平面光波导 ·· 39
2.2.2　条形光波导 ·· 42
2.2.3　光波导的应用 ·· 48
2.3　定向耦合器 ··· 49
2.3.1　耦合模理论 ·· 49
2.3.2　定向耦合器的基本结构与工作原理 ······················· 50
2.3.3　定向耦合器的应用 ·· 53
2.4　光纤光栅器件 ··· 54
2.4.1　布拉格光纤光栅 ·· 54
2.4.2　长周期光纤光栅 ·· 59
2.4.3　啁啾光纤光栅 ·· 61
2.4.4　光纤光栅的主要应用 ·· 61
2.5　光开关　光滤波器 ··· 62
2.5.1　光开关 ·· 62

　　　2.5.2　光滤波器 ··· 66
　2.6　光子晶体器件 ··· 70
　　　2.6.1　电子晶体 ··· 70
　　　2.6.2　光子晶体 ··· 72
　　　2.6.3　光子晶体光纤 ··· 73
　习题 2 ·· 76
第 3 章　光接收器件 ·· 82
　3.1　光接收器件核心要素 ··· 82
　　　3.1.1　半导体的光吸收过程 ··· 82
　　　3.1.2　直接带隙与间接带隙半导体的吸收边 ····································· 84
　　　3.1.3　禁带宽度受温度与电场强度的影响 ······································· 87
　3.2　光电子探测器概述 ··· 88
　　　3.2.1　光电子探测器的定义与分类 ··· 88
　　　3.2.2　光电子探测器的性能参数 ··· 90
　　　3.2.3　光电子探测器的光学变换系统 ··· 93
　3.3　光热探测器 ··· 95
　　　3.3.1　热敏电阻 ··· 97
　　　3.3.2　热释电探测器 ··· 100
　3.4　外光电效应探测器 ·· 104
　　　3.4.1　真空光电管与充气光电管 ·· 104
　　　3.4.2　光电阴极 ··· 105
　　　3.4.3　光电倍增管 ··· 108
　　　3.4.4　光电倍增管的应用 ·· 112
　3.5　光电导探测器 ·· 113
　　　3.5.1　光敏电阻的主要特性参数 ·· 113
　　　3.5.2　光敏电阻的结构 ·· 115
　　　3.5.3　光敏电阻的应用基础 ·· 116
　　　3.5.4　光敏电阻的应用 ·· 119
　3.6　光伏探测器 ·· 120
　　　3.6.1　光电池 ··· 121
　　　3.6.2　光电二极管 ··· 124
　3.7　电荷耦合器件 ·· 131
　　　3.7.1　MOS 单元的电荷存储能力 ·· 131
　　　3.7.2　电荷转移 ··· 132
　　　3.7.3　电荷检测 ··· 134
　　　3.7.4　信号电荷的注入 ·· 134
　　　3.7.5　线阵 CCD ··· 134
　　　3.7.6　用线阵 CCD 测量不透明线材直径 ······································· 135

3.8　其他光电子探测器 ……………………………………………… 136

　　3.8.1　光敏三极管 ………………………………………………… 136

　　3.8.2　四象限探测器 ……………………………………………… 138

　　3.8.3　位置敏感元件 ……………………………………………… 140

习题 3 ………………………………………………………………… 144

第 4 章　光发射器件 …………………………………………………… 149

4.1　光发射材料 ………………………………………………………… 149

　　4.1.1　光发射与光吸收之间的关系 ………………………………… 149

　　4.1.2　半导体发射光谱的特点 ……………………………………… 150

　　4.1.3　非辐射复合 …………………………………………………… 153

4.2　半导体发光二极管 ………………………………………………… 155

　　4.2.1　发光二极管的芯片结构 ……………………………………… 155

　　4.2.2　发光二极管的主要输出特性 ………………………………… 160

　　4.2.3　发光二极管的应用 …………………………………………… 161

4.3　半导体激光器 ……………………………………………………… 163

　　4.3.1　半导体激光器受激放大条件 ………………………………… 163

　　4.3.2　F-P LD 的波导结构 …………………………………………… 164

　　4.3.3　F-P LD 的输出特性 …………………………………………… 166

　　4.3.4　F-P LD 的激光输出模式 ……………………………………… 168

　　4.3.5　F-P LD 的应用 ………………………………………………… 172

4.4　动态单模半导体激光器 …………………………………………… 174

　　4.4.1　分布反馈半导体激光器 ……………………………………… 175

　　4.4.2　分布布拉格反射型激光器 …………………………………… 179

　　4.4.3　光栅外腔单模激光器 ………………………………………… 179

4.5　量子阱激光器 ……………………………………………………… 181

　　4.5.1　超晶格与量子阱 ……………………………………………… 181

　　4.5.2　量子阱激光器的特征 ………………………………………… 181

　　4.5.3　量子线与量子点激光器 ……………………………………… 189

4.6　光纤激光器 ………………………………………………………… 190

　　4.6.1　稀土掺杂光纤激光器的工作物质 …………………………… 190

　　4.6.2　光纤激光器的泵浦方式 ……………………………………… 192

　　4.6.3　光纤激光器的选模技术 ……………………………………… 194

4.7　光放大器 …………………………………………………………… 198

　　4.7.1　半导体光放大器 ……………………………………………… 198

　　4.7.2　掺铒光纤放大器 ……………………………………………… 201

　　4.7.3　拉曼光纤放大器 ……………………………………………… 204

　　4.7.4　光放大器的应用 ……………………………………………… 205

习题 4 ………………………………………………………………… 206

第 5 章　光显示器件 ……………………………………………………… 211

　5.1　阴极射线管 …………………………………………………… 211

　　5.1.1　单色阴极射线管 …………………………………………… 211

　　5.1.2　彩色阴极射线管 …………………………………………… 214

　5.2　液晶显示器 …………………………………………………… 216

　　5.2.1　液晶基础知识 ……………………………………………… 216

　　5.2.2　扭曲向列型液晶显示器 …………………………………… 218

　　5.2.3　超扭曲向列型液晶显示器 ………………………………… 220

　　5.2.4　薄膜晶体管液晶显示器 …………………………………… 221

　5.3　等离子体显示器 ……………………………………………… 223

　　5.3.1　气体放电基本知识 ………………………………………… 223

　　5.3.2　单色等离子体显示器 ……………………………………… 224

　　5.3.3　彩色等离子体显示器 ……………………………………… 226

　习题 5 ……………………………………………………………… 229

参考文献 ……………………………………………………………… 231

附录 1　耦合模方程的推导 …………………………………………… 232

附录 2　光电子探测器的噪声 ………………………………………… 234

附录 3　有关思考、探究的参考答案 ………………………………… 237

附录 4　课时安排建议 ………………………………………………… 242

第1章 光电子器件基础

光是什么？如何被感知、表征？光在固体介质中传输时，其物理量会如何变化？光在固体介质表面是如何被反射与折射的？这些问题是处理光电子器件时必会遇到的最基本的问题。这些问题的解答与运用构成光电子器件基础。

1.1 光的主要信息特征

导引：

光具有波粒二象性。

从波动角度看，光波是一种电磁横波，沿 z 方向传播的单频简谐光波可表达为

$$\vec{E}(z,t) = \vec{E}_0 \cos\left[2\pi\left(\nu t - \frac{z}{\lambda}\right)\right] \tag{1-1-1a}$$

$$\vec{H}(z,t) = \vec{H}_0 \cos\left[2\pi\left(\nu t - \frac{z}{\lambda}\right)\right] \tag{1-1-1b}$$

式中，$\vec{E}$ 是电场强度矢量；$\vec{H}$ 为磁场强度矢量；$\vec{E}_0$ 为电场强度矢量振幅；$\vec{H}_0$ 为磁场强度矢量振幅。许多情况下，电场强度是影响人眼感受和使照相底片感光的主要原因，所以常将电场强度矢量称为光矢量。ν 是光振动的频率；λ 是光波的波长。根据光在真空中的波长从小到大排列，可把电磁波分为 γ 射线、X 射线、紫外光（$5\sim400\mathrm{nm}$）、可见光（$400\sim760\mathrm{nm}$）、红外光（$760\mathrm{nm}\sim600\mu\mathrm{m}$）、无线电波等[①]。光的强度与光矢量振幅的平方成正比。

从粒子角度看，在真空中频率为 ν 沿 z 方向传播的单频光是一束射向 z 方向的光子流。每个光子的能量 E 与动量 $\vec{P}$ 依次为

$$E = mc^2 = h\nu \tag{1-1-2a}$$

$$\vec{P} = \frac{h}{\lambda}\vec{k} \tag{1-1-2b}$$

式中，m 是光子质量（光子静质量为 0）；c 是真空中的光速（$3\times10^8\mathrm{m/s}$）；h 是普朗克常量（$6.63\times10^{-34}\mathrm{J\cdot s}$），$\vec{k}$ 是 z 方向单位矢量。设单位时间内通过垂直于光传播方向的单位横截面积的光子数为 N，则光的强度为

$$I = Nh\nu \tag{1-1-3}$$

本课程讨论的光电子器件均在电磁波谱中的可见光、红外光与紫外光波长范围内工作。人眼对紫外光、红外光无明度感觉，对可见光的感受却比较丰富。除了有明度感受外，还有色调与色饱和度感受。在较强的光照射与较弱的光照射下，人眼的感受也有差

---

① $1\mathrm{nm} = 10^{-9}\mathrm{m}$；$1\mu\mathrm{m} = 10^{-6}\mathrm{m}$。

异,依次称明视觉与暗视觉。这主要是由于人眼中有两种视神经细胞:圆锥视神经细胞(视锥细胞)与圆柱视神经细胞(视杆细胞)。视锥细胞负责在明亮状态下观察外界,视杆细胞负责在灰暗状态下观察外界。人眼对单波长(频率)可见光的颜色感受可参见表 1-1-1。

表 1-1-1　光在真空中的颜色与波长

颜色	紫	蓝	青	绿	黄	橙	红
波长/nm	400~446	446~464	464~500	500~578	578~592	592~620	620~760

1.1.1　单频光的主要信息特征

原则上,光波的频率、波长、相位、振幅、偏振方向均可携带信息。如我们可以定义光矢量水平偏振为 0,竖直偏振为 1,用光矢量的偏振方向来携带信息;我们也可以用光振动振幅小表示 0,光振动振幅大表示 1。后者正是传统光通信、光信息存储的主要逻辑依据。光振动振幅大,就是光强大,相同的照射面积,对应的光功率就大。所以我们称,在传统意义上,光功率是单频光的主要信息特征。

在传统的光纤通信中,使用的是红外光,一般用光功率的强弱来携带信息 1 与 0,如图 1-1-1 所示。我们可以约定光功率大记为 1,光功率小记为 0,于是图 1-1-1 中的读数(按时间先后)为 10101101001(非归零码)。光纤中传输的光功率 P 可通过专用功率计测定。一般地,光功率的单位采用国际单位制中的瓦特(W)。但在实际应用时,也常用毫瓦(mW)、微瓦(μW)来表示[①]。光纤中传输的光功率也常用毫瓦分贝(dBm)、微瓦分贝(dBμ)来表示。dBm、dBμ 与 mW 、μW 之间的换算关系如下:

$$P' = 10\lg\frac{P(\text{mW})}{1\text{mW}} \qquad (\text{dBm}) \qquad (1\text{-}1\text{-}4\text{a})$$

$$P'' = 10\lg\frac{P(\mu\text{W})}{1\mu\text{W}} \qquad (\text{dB}\mu) \qquad (1\text{-}1\text{-}4\text{b})$$

式中,lg 是以 10 为底的常用对数。换算是简单的,比如输出 1mW 就等于输出 0dBm 与 30dBμ,输入 10dBm 就等于输入 10mW 与 40dBμ。

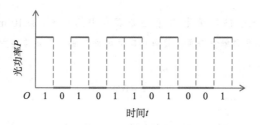

图 1-1-1　光功率携带信息

---

① $1\text{mW} = 10^{-3}\text{W}$;$1\mu\text{W} = 10^{-6}\text{W}$。

探究:

第一代光纤通信用的光波长为【　　　】。

(A) 1.55μm　(B) 1.31μm　(C) 0.85μm　(D) 1.0mm

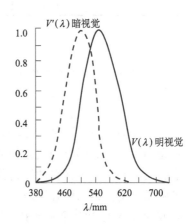

图 1-1-2　光视见函数

在光检测方面,电磁辐射对敏感单元面积上的投射,称辐照度,其单位为瓦特/米^2($\mathrm{W/m^2}$),用字母 E_e 表示,如 1.0W 的光功率均匀投射到 2.0mm^2 的探测器敏感单元表面上时,其辐照度 $E_e = 5.0 \times 10^5 \mathrm{W/m^2}$。倒过来,若投射到探测器敏感单元表面的辐照度为 $1.0 \times 10^{-5} \mathrm{W/m^2}$,敏感面面积为 8.0μm^2,辐射功率即为 8.0×10^{-17}W;若是可见光,则常用照度 E_V 来表示,其单位是勒克斯(lx)。对于可见光,光功率也常用光通量来代替,光通量的单位是流明(lm)。1W 的波长为 560nm 的光辐射,对应的光通量为 683lm。若是 1W 的波长为 600nm 的光辐射则对应光通量为 $0.750 \times 683 = 512$lm,这里的 0.750 是视见函数的值。图 1-1-2 所画出的是视见函数曲线。其中 $V(\lambda)$ 是明亮照明下的视见函数,对应视锥细胞工作;$V'(\lambda)$ 是弱照明状态下的视见函数,对应视杆细胞工作。表 1-1-2 是人眼的明视见函数值。若光的波长不是恰为表 1-1-2 中所示的值,则可用线性内插法计算它的视见函数值。如 $\lambda = 614$nm 的光的视见函数值为 $0.631 + (614 - 610) \times (0.503 - 0.631)/(620 - 610) = 0.580$。若是 1lm 的光通量均匀照射在 1m^2 上,则对应 1lx。若是 100lx 的光照射在 3.0mm^2 光敏面上,则对应光通量为 3.0×10^{-4}lm。表 1-1-3 所列为自然界的常见照度数量级。

表 1-1-2　人眼的明视见函数值

λ / nm	$V(\lambda)$	λ / nm	$V(\lambda)$	λ / nm	$V(\lambda)$
400	0.0004	530	0.862	660	0.107
410	0.0012	540	0.954	670	0.061
420	0.0040	550	0.995	680	0.032
430	0.0116	560	1.000	690	0.017
440	0.023	570	0.995	700	0.0082
450	0.038	580	0.952	710	0.0041
460	0.060	590	0.870	720	0.0021
470	0.091	600	0.750	730	0.00105
480	0.139	610	0.631	740	0.00055
490	0.208	620	0.503	750	0.00025
500	0.323	630	0.381	760	0.00006
510	0.503	640	0.265		
520	0.710	650	0.175		

表 1-1-3　自然界的常见照度数量级

场景	照度/lx	场景	照度/lx	场景	照度/lx
夏日阳光下	100000	室内日光灯下	100	夜间路灯	0.1
阴天室外	10000	黄昏室内	10	星光	0.0001

思考：

人眼作为人体光探测器官对不同的电磁辐射有着不同的敏感性，其他光探测器是否也存在类似现象？

在光显示方面，常用三种方法来调节光通量的大小(灰度)。第一种方法是直接控制发光物体(显示单元)的发光强度。比如，阴极射线管中用控制射到荧光粉上的电子束剂量的大小来控制荧光粉的发光强度。电子束剂量大，发光单元就亮；电子束剂量小，发光单元就暗。第二种方法是控制显示单元的发光时间。将显示周期分为 N 个子场，其中第 N 个子场有 2^{N-1} 个发光脉冲，设每个发光脉冲有相等的光通量，则显示单元能显示 2^N 级灰度。如若将显示周期分为 8 个子场，则显示单元共能显示 256 个灰度等级。第 1、2、3、4、5、6、7、8 子场拥有的光脉冲数目依次是 1、2、4、8、16、32、64、128 个，通过控制各子场是否参与发光，可控制 0 ~ 255 共 256 级的灰度显示。若一个显示周期中，第 1 子场、第 5 子场、第 7 子场发光，而其他子场不发光，则在一个显示周期中有 $1+16+64=81$ 个发光脉冲参与显示。反过来，若要在一个显示周期中有 122 个发光脉冲参与显示，则只要控制第 7 子场、第 6 子场、第 5 子场、第 4 子场、第 2 子场参与发光显示即可，$64+32+16+8+2=122$。第三种方法是控制显示单元的发光面积。如欲实现 5 级的灰度显示，可将发光单元的空间面积分为相等的 4 块，控制这 4 块发光面积是否参与发光可实现 0、1、2、3、4 共 5 级灰度显示。

1.1.2　复合光的信息特征及其表示

复合光的光谱分布可用光谱功率函数 $P(\lambda)$ 来描述。$P(\lambda)$ 表示波长 λ 附近单位波长范围内的光功率。于是，复合光总光功率

$$P = \int_0^\infty P(\lambda)\mathrm{d}\lambda \tag{1-1-5}$$

复合光的光通量

$$\phi_V = 683\int_0^\infty V(\lambda)P(\lambda)\mathrm{d}\lambda \quad (\mathrm{lm}) \tag{1-1-6}$$

当受光面积为 A，则照度为

$$E_V = \frac{\phi_V}{A} \tag{1-1-7}$$

在彩色显示方面，人眼对彩色的感受有三种效果：明度、色调与色饱和度。明度是人眼感受到的彩色的总的明亮程度。色调对应彩色的光谱主波长。色饱和度是彩色光所显示的颜色深浅程度或纯洁程度。对于同一色调的彩色光，色彩越纯，饱和度就越高。

饱和度越低，彩色就越浅。人眼这种对颜色的三种感受是由于人眼的视网膜上有三种颜色敏感的视锥细胞，它们分别对红色(R)、绿色(G)和蓝色(B)光敏感。如图 1-1-3 呈示了人眼红、绿、蓝三种视锥细胞的单色视见函数复合成明视见函数的原理。其中蓝色视见函数放大了 20 倍，将红、绿、蓝三色的视见函数值相加就成为总的明视见函数(明度曲线)值。

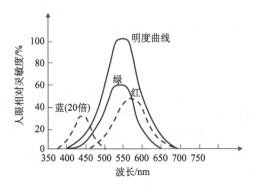

图 1-1-3　人眼单色视见函数与明视见函数的关系

实验表明，绝大部分颜色对人眼的刺激效果可用红 R(700nm)、绿 G(546.1nm)、蓝 B(435.8nm)三原色光按不同的比例强度混合来表示(三刺激理论)。颜色 C 可表示为

$$C = R(\text{R}) + G(\text{G}) + B(\text{B}) \tag{1-1-8}$$

式中，三原色红(R)对应光通量为 1lm 的波长为 700nm 的红光、三原色绿(G)对应光通量为 4.5907lm 的波长为 546.1nm 的绿光、三原色蓝(B)对应光通量为 0.0601lm 的波长为 435.8nm 的蓝光；R、G、B 依次为颜色 C 中等效的拥有三原色(R)(G)(B)的份额。当 $R = G = B = 1$ 时，颜色 C 是光通量为 5.6508lm 的白光。若每种颜色的份额用 $0 \sim 255$ 中的整数来表示，就可显示 $256 \times 256 \times 256$ 种颜色，即可显示 1677 万种以上的颜色。其中，$R = G = B = 0$ 时为黑色，$R = G = B = 255$ 时为最亮的白色，$0 < R = G = B < 255$ 为介于黑色与最亮白色之间的灰色。研究颜色的色度时，常用颜色中含有三原色(R)(G)(B)份额的相对比例 r、g、b 来表示。

$$c = r(\text{R}) + g(\text{G}) + b(\text{B}) \tag{1-1-9}$$

式中，

$$r = \frac{R}{R+G+B}, \quad g = \frac{G}{R+G+B}, \quad b = \frac{B}{R+G+B} \tag{1-1-10}$$

上述颜色模型称为 RGB 相加色混合模型，被广泛用于照明、视频、显示器等相关领域。

拓展：

伪彩色显示：在印刷制版、遥感和医学图像处理中，有时图像仅仅是一张灰度变化的单色图，并无真实的色彩。为了增强人眼的感受，将一定灰度值的地方用一定颜色着色，不同的灰度与不同的颜色对应，可形成一张感受深刻的彩色图片。

对于染料、涂料等领域，常用 C(青色)、M(品红)、Y(黄色)、K(黑色)相减色模型进行描述。

1.2　光在介质中的传输特性

光在介质中传输时，光波的波阵面向前推进，光波的振幅会发生改变。光在某些介质中传播时，其光矢量的振动方向还会发生旋转。

1.2.1　光的材料色散

复合光通过三棱镜时，不同颜色(波长)的光被三棱镜折向不同的方向，形成棱镜色散光谱。这主要是因为材料的折射率 n 是光的频率(或波长)的函数，频率不同，折射率也不同。研究结果表明，光在透明介质中传播时，其折射率随波长的减小(频率的增加)而增加，称正常色散。折射率与波长的关系可由柯西公式来表达

$$n = A + \frac{B}{\lambda^2} + \frac{C}{\lambda^4} \tag{1-2-1}$$

式中，A、B、C 为与具体材料有关的常数。介质在其他的一些波段中，折射率随波长的增加而增加，这种色散关系称反常色散。反常色散往往伴随较大的选择性吸收。

色散将引起光信号波形的畸变，对光信号的正确传输产生干扰，甚至引起误码。色散限制了准确进行光通信的传输速率。或者说，为了保持通信质量，光信号的有效传输距离将受到色散的限制。称 D_n 为材料色散系数，它的单位为 $\text{ps}/(\text{km}\cdot\text{nm})$[①]。由于光源发出的光有一定的波长宽度 $\Delta\lambda$，所以，光源发出的光脉冲在传输距离 L 后的时延差 $\Delta\tau$ 可表达为

$$\Delta\tau = D_n L \cdot \Delta\lambda \tag{1-2-2}$$

式中，材料色散系数 D_n 可表示为

$$D_n = \frac{\lambda}{c} \cdot \frac{d^2 n}{d\lambda^2} \tag{1-2-3}$$

式中，c 为真空中的光速。对于光纤通信，除了材料色散外，还存在其他色散形式，如波导色散、模间色散与偏振色散。光纤通信中，光电子探测器能分辨的光信号时延差 $\Delta\tau$ 应小于 BT，即

$$\Delta\tau < BT \tag{1-2-4}$$

式中，T 是光信号周期；B 是与光信号类型(模拟信号、数字信号)和信号码型(归零码、非归零码)等有关的常数。如对于非归零码的数字信号，$B = 0.7$；对于归零码的数字信号，$B = 0.35$。

【例 1-2-1】已知光源波长 $\lambda = 0.85\mu\text{m}$，半功率光谱宽度 $\Delta\lambda = 45\text{nm}$，$\dfrac{d^2 n}{d\lambda^2} =$

---

① $1\text{ps} = 10^{-12}\text{s}$。

$2.5 \times 10^{10}\,\mathrm{m}^{-2}$。采用非归零码进行数字通信。若光源脉冲的传输速率为 $10\mathrm{Mbit/s}$，只考虑材料色散。试求光信号有效传输的最大距离。

解：光脉冲间隔周期

$$T = \frac{1}{10 \times 10^6} = 1.0 \times 10^{-7}\,\mathrm{s}$$

单位长度的时延差为

$$\Delta\tau = D_{\mathrm{n}} \cdot \Delta\lambda = \frac{\lambda}{c} \cdot \frac{\mathrm{d}^2 n}{\mathrm{d}\lambda^2} \cdot \Delta\lambda = \frac{0.85 \times 10^{-6}}{3.0 \times 10^8} \times 2.5 \times 10^{10} \times 45 \times 10^{-9} = 3.2 \times 10^{-12}\,\mathrm{s/m}$$

有效传输的最大距离

$$L_{\max} = \frac{0.7T}{\Delta\tau} = \frac{0.7 \times 1.0 \times 10^{-7}}{3.2 \times 10^{-12}} = 2.18 \times 10^4\,\mathrm{m} = 21.8\mathrm{km}\ ^{①}$$

在折射率为 n 的材料中，光矢量传播方程(1-1-1a)可用复数表达为

$$\vec{E}(z,t) = \vec{E}_0 \exp\left[\mathrm{j}\left(2\pi\nu t - \frac{2\pi}{\lambda}nz\right)\right] = \vec{E}_0 \exp\left[\mathrm{j}\left(2\pi\nu t - \beta z\right)\right] \tag{1-2-5}$$

式中，$\mathrm{j} = \sqrt{-1}$ 为纯虚数；β 被称为传播常数

$$\beta = \frac{2\pi}{\lambda}n \tag{1-2-6}$$

传播常数表明光传播单位长度时，光波振动相位的减小量。不同的 β，传播相等长度时，相位的改变是不同的。光的强度与复光矢量的模的平方成正比。

思考：
光在自由空间中传输时，波矢的大小与传播常数有何关系？

1.2.2　光的增益与衰减

光在增益介质中传播时，由于受激辐射的影响，光功率会加强。从波动的角度看，光矢量振幅增大了。设一束光刚进入活性介质时的光功率为 P_0，传输一定距离后光功率为 P，则定义增益 G 为

$$G = \frac{P}{P_0} \tag{1-2-7a}$$

光的增益常发生在器件的有源层中，常用分贝为单位来描述增益的大小。

$$G' = 10\lg\frac{P}{P_0} \tag{1-2-7b}$$

如 $G' = 40\mathrm{dB}$ 时，$\dfrac{P}{P_0} = 10000$，光功率是原光功率的 10000 倍。一般地，器件的增益随波长而变，增益与波长之间的变化曲线常被称为增益曲线或增益谱。影响增益谱的因素有

---

① 为了保证通信质量，采用舍去末位的近似方法。

多个方面。泵浦方式与介质能级间的弛豫过程是决定增益谱的重要因素。增益介质几何结构等也对增益谱有一定的影响。

【例 1-2-2】 有一个两端面几乎平行、长为 L、折射率为 n、单程材料增益为 G_S 的固体材料构成法布里–珀罗(F-P)腔。设固体界面与空气间的反射率为 R。求证：最终增益为 $G = \dfrac{G_S(1-R)^2}{(1-G_S R)^2 + 4RG_S\sin^2\left(\dfrac{2\pi nL}{\lambda}\right)}$，式中，$\lambda$ 为真空中的波长。

证明：设入射光波为

$$\vec{E}_{\text{in}} = \vec{E}_0 \exp\left[\mathrm{j}(2\pi\nu t)\right]$$

如图 1-2-1 所示，设光波透入激活介质的透射系数为 t，从激活介质透出的透射系数为 t'，激活介质向内的反射系数为 r。则由几何光学的知识可知

$$tt' = 1 - r^2 = 1 - R \tag{1-2-8}$$

式中，R 为激活介质向内的反射率。设增益介质长 L，光波单程振幅增益为 g_S，于是光波射出增益介质的光矢量依次为

$$\vec{E}_1 = t\vec{E}_0 \cdot g_S t' \cdot \exp\left[\mathrm{j}(2\pi\nu t - \beta L)\right]$$

$$\vec{E}_2 = t\vec{E}_0 \cdot g_S^3 r^2 t' \cdot \exp\left[\mathrm{j}(2\pi\nu t - 3\beta L)\right]$$

$$\vec{E}_3 = t\vec{E}_0 \cdot g_S^5 r^4 t' \cdot \exp\left[\mathrm{j}(2\pi\nu t - 5\beta L)\right]$$

$$\cdots\cdots$$

将上面多个式子相加，得输出相干叠加的光矢量为

$$\begin{aligned}
\vec{E} &= t\vec{E}_0 \cdot g_S t' \cdot \exp\left[\mathrm{j}(2\pi\nu t - \beta L)\right] + t\vec{E}_0 \cdot g_S^3 r^2 t' \cdot \exp\left[\mathrm{j}(2\pi\nu t - 3\beta L)\right] \\
&\quad + t\vec{E}_0 \cdot g_S^5 r^4 t' \cdot \exp\left[\mathrm{j}(2\pi\nu t - 5\beta L)\right] + \cdots \\
&= tt'\vec{E}_0 \cdot g_S \cdot \exp\left[\mathrm{j}(2\pi\nu t - \beta L)\right] \cdot \left\{1 + g_S^2 r^2 \cdot \exp\left[\mathrm{j}(-2\beta L)\right] + g_S^4 r^4 \cdot \exp\left[\mathrm{j}(-4\beta L)\right] + \cdots\right\} \\
&= tt'\vec{E}_0 \cdot g_S \cdot \frac{1}{1 - g_S^2 r^2 \cdot \exp\left[\mathrm{j}(-2\beta L)\right]} \cdot \exp\left[\mathrm{j}(2\pi\nu t - \beta L)\right]
\end{aligned}$$

设单程功率增益为 $G_S = g_S^2$，于是，利用式(1-2-8)可将上式化为

$$\vec{E} = (1-R)\vec{E}_0 \cdot \sqrt{G_S} \cdot \frac{1}{1 - RG_S \cdot \exp\left[\mathrm{j}(-2\beta L)\right]} \cdot \exp\left[\mathrm{j}(2\pi\nu t - \beta L)\right]$$

于是，增益

$$G = \left|(1-R)\cdot\sqrt{G_S}\cdot\frac{1}{1 - RG_S\cdot\exp\left[\mathrm{j}(-2\beta L)\right]}\right|^2 = \frac{G_S(1-R)^2}{(1-G_S R)^2 + 4RG_S\sin^2\left(\dfrac{2\pi nL}{\lambda}\right)} \tag{1-2-9}$$

结论得证。

光在一般的介质中传播时，强度会逐渐下降。光的这种光功率的衰减现象可用损耗 (Loss) 来定量描述。

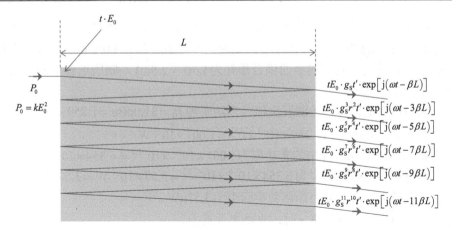

图 1-2-1　例 1-2-2 图

$$\text{Loss} = -10\lg\frac{P}{P_0} \tag{1-2-10}$$

式中，P_0 为射入时的光功率；P 为射出时的光功率。在光路中插入某器件，由于器件表面的反射、材料的散射、材料的吸收等原因，会引起光功率的衰退，这种损耗被称为插入损耗 IL（insertion loss）。插入损耗是光传输器件的主要技术参数之一。插入损耗越小，因器件插入光路中引起的光功率衰退就越少。光源发出的光被耦合进光路时，光路中的光被耦合进光电探测器时，也会有部分光能损失，此种损耗称为耦合损耗 CL（coupling loss）。插入损耗、耦合损耗的定量描述均采用式（1-2-10）。对于光纤，衰减系数（A）是描述光纤损耗的重要物理量，它被定义为

$$A = -\frac{10\lg\dfrac{P}{P_0}}{L} \tag{1-2-11}$$

式中，L 是光纤长度，常用 km 为单位。经过长达几十年的努力，石英光纤在波长为 1.55μm 处的衰减系数已降到很低，已达 0.2dB / km 以下。

有多种原因会引起这种损耗变化，如材料吸收、杂质散射等。

描述材料吸收现象的物理量是吸收系数 α。光进入材料时的功率为 P，经过 dz 距离后的增量为 $-\mathrm{d}P$，则吸收系数

$$\alpha = -\frac{\mathrm{d}P}{P\mathrm{d}z} \tag{1-2-12}$$

吸收系数在国际单位制中的单位为 m^{-1}，常用单位为 cm^{-1}。材料的吸收系数 α 取决于材料性质；α 与光的频率有密切关系，在某些频率上，α 很小，对光是透明的。在另外一些频率上，α 很大，在微观上发生较严重的光子被受激吸收形成光电子的过程。吸收反映了物质内部的微观结构，结构不同，吸收系数也有与之对应的差别；吸收决定物体的透过颜色；吸收规律也是制作某些光器件的重要依据。如可用吸收手段制作偏振器、调制器、传感器、光开关等。吸收过程是一切光接收器件的基础过程。由于微观吸收过程是微观发光过程的逆过程，因此，研究吸收光谱也将有利于研究光发射器件。

【例 1-2-3】某光源发射出功率为 $P_0 = 31.0\text{dB}\mu$ 的信号光，该光有 80%的光能被耦合进衰减系数为 $A = 2.2\text{dB/km}$ 的光纤中，该光在光纤中传输 $L = 10\text{km}$ 之后被耦合进光电探测器探测。若从光纤到探测器的耦合损耗为 $\text{Loss} = 2.5\text{dB}$，则所选择探测器的最小探测功率应小于多少微瓦？

解：采用国际单位制，光源发出信号光功率为 $P_0 = 31.0\text{dB}\mu = 1.259 \times 10^{-3}\,\text{W}$

耦合进光纤的光功率为 $1.259 \times 10^{-3} \times 0.8 = 1.007 \times 10^{-3}\,\text{W}$

传输 $L = 10\text{km}$ 后在光纤中的光功率为 $1.007 \times 10^{-3} \times 10^{-2.2} = 6.354 \times 10^{-6}\,\text{W}$

被耦合进探测器的光功率为 $6.354 \times 10^{-6} \times 10^{-0.25} = 3.57 \times 10^{-6}\,\text{W} = 3.57\mu\text{W}$

答：所选择探测器的最小探测功率应小于 $3.57\mu\text{W}$。

光在介质中传播一段距离 z 时，光功率关系为

$$P = P_0 \exp(-\alpha z) \tag{1-2-13}$$

固体介质有两个光学常数，一个是折射率 n，另一个是消光系数 κ，它们刚好组成一个复常数 $\hat{n}$，称复折射率。

$$\hat{n} = n - j\kappa \tag{1-2-14}$$

作为推广，将复折射率 $\hat{n}$ 代入式(1-2-5)中的 n，可得

$$\bar{E}(z,t) = \bar{E}_0 \exp\left(-\frac{2\pi\kappa}{\lambda}z\right) \cdot \exp\left[j(2\pi\nu t - \beta z)\right] \tag{1-2-15}$$

此式就是在存在吸收的介质中光矢量的传播方程。考虑到光强与光矢量模的平方成正比、光功率与光强的关系以及式(1-2-13)，可得吸收系数

$$\alpha = \frac{4\pi}{\lambda}\kappa \tag{1-2-16}$$

探究：

考虑频率为 ν、传播常数为 β 的光在激活介质中沿 z 传播，传播单位长度光功率相对增量为 $g(g > 1)$，则光矢量传播方程应为什么形式？

1.2.3　某些旋光材料的旋光性

某些材料，线偏振光在里面传播时，其振动方向会发生旋转。我们称此种物质为旋光物质，如石英等。迎着光线看，若振动方向做顺时针旋转，称右旋；若振动方向做逆时针旋转，称左旋。菲涅耳认为，平面偏振光传播时，可看成是左旋光与右旋光的叠加。当左旋光与右旋光传播时保持相同的传播速度(即左右旋折射率相等 $n_L = n_R$)，则平面偏振光振动面不旋转。当左旋光与右旋光以不同的传播速度(即左右旋折射率不相等 $n_L \neq n_R$)传播时，则平面偏振光传播时出现旋光现象。旋转角 θ 满足

$$\theta = \frac{\pi}{\lambda}(n_L - n_R)d = \alpha d \tag{1-2-17}$$

式中，d 为旋光晶体的厚度；α 为旋光率。表 1-2-1 列出了右旋石英晶体在几个特殊波长处的折射率与旋光率。石英晶体还存在左旋的。切割加工适当旋光晶体的厚度可构成晶体旋转器。一般旋转器的旋转角度为45°。

表 1-2-1　右旋石英晶体的几个典型值

λ /nm	n_L	n_R	α /(°/mm)
396.8	1.55821	1.55810	49.9
589.3	1.54427	1.54420	21.4
762.0	1.53920	1.53914	14.2

　　还有一些材料，一般情况下不显旋光性，当沿光传播方向加入一个磁场时，表现出旋光性。我们称此现象为法拉第效应，即磁致旋光效应。法拉第效应的理论解释是：线偏振光可看成是由左旋光与右旋光组成的，无磁场时，由于左旋光与右旋光有相等的折射率，所以传播过程中左右旋光叠加的结果还是线偏振光，振动面不旋转。当加上磁场时，由于磁场的作用，引起左右旋光的折射率不同，引起左右旋光传播速度不同，从而引起左右旋光叠加后的光矢量发生旋转。磁致旋光也有左旋与右旋之分，但磁致旋光方向只取决于磁感强度的方向，与光的传播方向无关，它是非互易性的。如图 1-2-2 所示，左边是天然晶体旋转器，(a)入射线偏振光经过旋转器后，振动方向转过 45°，(b)经平面镜反射后，再经过旋转器后，线偏振光又回到了原来的振动方向，所以天然旋光晶体旋转器是互易性器件(采用半波片，也能实现旋转器。详细结构与解释参见 1.3.3 节内容)；右边是磁致旋光物质，(c)入射线偏振光经过磁光晶体旋转器后振动方向转过 45°，(d)经平面镜反射后，再经磁光晶体旋转器时线偏振光仍在原来的旋转方向上继续转过 45°，造成振动方向与原振动方向正交。所以磁光晶体旋转器是非互易性器件。

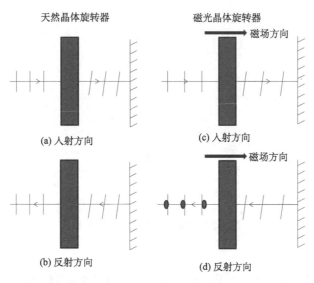

图 1-2-2　磁致旋光的非互易性

　　韦尔代对电介质的磁致旋光作了详细研究，他发现：当光的传播方向在磁场方向上时，磁致旋光的旋转角度(θ)与光传输的路径长度(L)和磁感强度(B)的乘积成正比，即

$$\theta = VLB \tag{1-2-18}$$

比例系数 V 称为韦尔代常数。若考虑光线方向与磁感强度方向有个微小的夹角 γ，则上式可修改为

$$\theta = VLB\cos\gamma \tag{1-2-19}$$

对于一般电介质磁致旋光物质，韦尔代常数均比较小，只有百分之几分每高斯(10^{-4}T)厘米。用这样的材料来制作磁致旋转器(要转 45°)是困难的。磁性材料，如钇铁石榴石(YIG)等，磁致旋光效应比较明显，如图 1-2-3 所示为磁致旋转角与磁场强度的关系图。当磁场强度较小时，磁致旋转角(θ)与磁场强度(H)关系是线性的，据此可制作磁光调制器；当磁场强度继续增加时，θ 与 H 就偏离线性关系，再继续增加 H 时出现饱和现象。即继续增加磁场强度 H 时，磁致旋转角不再增加。饱和时，磁致旋转角 θ 可表达为

$$\theta = \theta_F L \tag{1-2-20}$$

式中，θ_F 为比法拉第旋转角。法拉第旋转器是工作在饱和磁化区域的。对于 YIG，在波长 1550nm 附近，$\theta_F \approx 180°/\text{cm}$，实现 45° 旋转约需 2.5mm 厚度。又有新材料钆铋铁石榴石(GdBiIG)，比法拉第旋转角更大，是 YIG 的 10 倍左右，要实现 45° 旋转只需 $250\sim300\mu\text{m}$。要制作一个好的实用的法拉第旋转器，至少要考虑以下几个条件：①在该波长附近透明；②有较大的比法拉第旋转角；③饱和磁场强度较小；④有比较小的温度系数 $\dfrac{\partial\theta_F}{\partial T}$；⑤$\theta_F$ 随波长的变化$\left(\dfrac{\partial\theta_F}{\partial\lambda}\right)$较小。

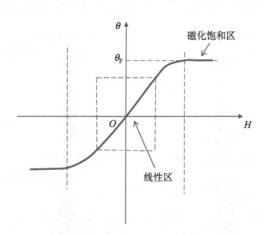

图 1-2-3　旋转角与磁场强度关系

探究：

　　为了提高磁性钇铁石榴石 YIG 的比法拉第旋转角 θ_F，设法掺杂适量的【　】离子能显著提高比法拉第旋转角。

　　(A)银 Ag　　　　(B)铋 Bi　　　　(C)铈 Ce　　　　(D)铜 Cu

　　(请参阅：纪荣进等，离子掺杂钇铁石榴石磁光材料研究进展，材料报道，2011，25(9))

1.3　光在介质表面的反射与折射

光在传输的路径上，会遇到各种各样的界面，这时光会反射与折射。入射光的入射角满足一定条件时还会发生全反射。对于某些晶体材料，还有双折射现象发生。

1.3.1　菲涅耳公式

如图 1-3-1 所示，光从介质 1（$\hat{n}_1 = n_1$）射向介质 2（$\hat{n}_2 = n_2 - \mathrm{j}\kappa_2$），分界面为 yOz。入射角 θ_i、反射角 θ_r、折射角 θ_t，以 $\vec{k}_i$、$\vec{k}_r$、$\vec{k}_t$ 依次表示入射光、反射光与折射光的波矢

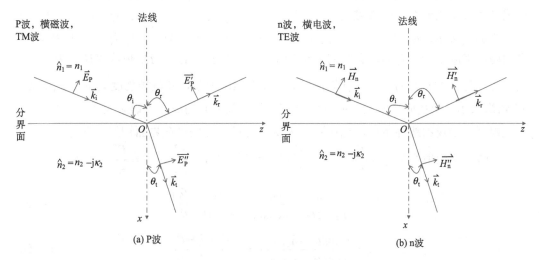

图 1-3-1　光的反射与折射

$$\vec{k}_i = \hat{n}_1 \frac{2\pi}{\lambda} \left(\cos\theta_i \vec{i} + \sin\theta_i \vec{k} \right) \tag{1-3-1a}$$

$$\vec{k}_r = \hat{n}_1 \frac{2\pi}{\lambda} \left(-\cos\theta_r \vec{i} + \sin\theta_r \vec{k} \right) \tag{1-3-1b}$$

$$\vec{k}_t = \hat{n}_2 \frac{2\pi}{\lambda} \left(\cos\theta_t \vec{i} + \sin\theta_t \vec{k} \right) \tag{1-3-1c}$$

式中，$\vec{i}$、$\vec{k}$ 依次是 x、z 方向的单位矢量。采用复数形式，入射光、反射光、折射光的传播方程依次可写为

$$\vec{E}_i = \vec{E}_{0i} \exp\left[\mathrm{j}\left(\omega t - \vec{k}_i \cdot \vec{r} \right) \right] \tag{1-3-2a}$$

$$\vec{E}_r = \vec{E}_{0r} \exp\left[\mathrm{j}\left(\omega t - \vec{k}_r \cdot \vec{r} \right) \right] \tag{1-3-2b}$$

$$\vec{E}_t = \vec{E}_{0t} \exp\left[\mathrm{j}\left(\omega t - \vec{k}_t \cdot \vec{r} \right) \right] \tag{1-3-2c}$$

根据在 $x = 0$ 的界面上，电磁场所有分量随 z 的变化应该相同，我们可以得到

$$n_1\sin\theta_i = n_1\sin\theta_r = \hat{n}_2\sin\theta_t \qquad (1\text{-}3\text{-}3)$$

上式就是反射定律与折射定律，具体地可表示为

$$\theta_i = \theta_r \qquad (1\text{-}3\text{-}4a)$$

$$n_1\sin\theta_i = \hat{n}_2\sin\theta_t \qquad (1\text{-}3\text{-}4b)$$

式(1-3-4a)即反射定律，意思是当光从透明介质射向有吸收介质的界面上时反射光线与入射光线分居在法线两侧，反射角等于入射角。式(1-3-4b)即折射定律，意思是当光从透明介质射向有吸收介质的界面上时折射光线与入射光线分居在法线两侧，折射角与入射角满足斯奈尔定律。因为计算出的折射角是一个复数，该复数的实部即折射角的大小，该复数的虚部与折射光线的等振幅面的传播方向相关。

将入射光线与法线构成的平面称为入射面，将光矢量平行于入射面的光称为 P 波（磁场强度垂直于入射面，即横磁波），以 $\vec{E}_P$、$\vec{E}'_P$、$\vec{E}''_P$ 依次表示入射 P 光、反射 P 光与折射 P 光的光矢量，如图 1-3-1(a)所示；将光矢量垂直于入射面的光称为 n 波（即横电波，它的磁场强度平行入射面，有些书上称为 s 波），以 $\vec{H}_n$、$\vec{H}'_n$、$\vec{H}''_n$ 依次表达入射 n 光、反射 n 光与折射 n 光的磁场强度矢量，如图 1-3-1(b)所示，其电场强度矢量用 $\vec{E}_n$、$\vec{E}'_n$、$\vec{E}''_n$ 依次表示，电场强度方向、磁场强度方向与波矢方向构成右手螺旋关系。

根据电磁场的边界条件，电场强度矢量、磁场强度矢量在界面切线方向分量应该连续，同时定义反射系数 $r_P = \dfrac{E'_P}{E_P}$、$r_n = \dfrac{E'_n}{E_n}$ 与透射系数 $t_P = \dfrac{E''_P}{E_P}$、$t_n = \dfrac{E''_n}{E_n}$，可以推得

$$r_P = \frac{\hat{n}_2\cos\theta_i - n_1\cos\theta_t}{\hat{n}_2\cos\theta_i + n_1\cos\theta_t} = \frac{\tan(\theta_i - \theta_t)}{\tan(\theta_i + \theta_t)} \qquad (1\text{-}3\text{-}5a)$$

$$r_n = \frac{n_1\cos\theta_i - \hat{n}_2\cos\theta_t}{n_1\cos\theta_i + \hat{n}_2\cos\theta_t} = -\frac{\sin(\theta_i - \theta_t)}{\sin(\theta_i + \theta_t)} \qquad (1\text{-}3\text{-}5b)$$

$$t_P = \frac{2n_1\cos\theta_i}{\hat{n}_2\cos\theta_i + n_1\cos\theta_t} \qquad (1\text{-}3\text{-}5c)$$

$$t_n = \frac{2n_1\cos\theta_i}{n_1\cos\theta_i + \hat{n}_2\cos\theta_t} \qquad (1\text{-}3\text{-}5d)$$

上式称为菲涅耳公式。给定入射角 θ_i，给定 n_1、$\hat{n}_2$，理论上可以计算出 θ_t 与 r 的值。一般地，r 值是个复数，可以表达为

$$r = \rho e^{j\phi} \qquad (1\text{-}3\text{-}6)$$

可以判断，反射率

$$R = |r|^2 = \rho^2 \qquad (1\text{-}3\text{-}7)$$

而 ϕ 是反射光线的相移。如 $r_n = 0.5e^{j45°}$，表示 n 光的反射率为 25%，该反射光的相移是 45°。又如 $r_n = 0.5$，表示该 n 光有 25%的反射率，反射光线无相移；$r_n = -0.5$，表示该 n 光有 25%的反射率，相移为 π。对于自然光，反射率可以表达为

$$R = \frac{1}{2}\left(R_P + R_n\right) = \frac{1}{2}\left(\left|r_P\right|^2 + \left|r_n\right|^2\right) \tag{1-3-8}$$

根据能量守恒与转化定律，可以算出透射率

$$T = 1 - R$$

式(1-3-5)在讨论全反射时是方便的，但在讨论入射角为 0（即垂直入射）附近的反射时，容易得出错误结论。下面以例子加以说明。

【例 1-3-1】 若 $n_1 = 1.0$，$\hat{n}_2 = 1.4$，试讨论自然光垂直入射时反射光的反射率与相移情况。

解：垂直入射时，$\theta_i = \theta_t = 0°$，由式(1-3-5a)与式(1-3-5b)可计算出

$$r_P = \frac{\hat{n}_2\cos\theta_i - n_1\cos\theta_t}{\hat{n}_2\cos\theta_i + n_1\cos\theta_t} = \frac{1.4 - 1.0}{1.4 + 1.0} = 0.1667$$

$$r_n = \frac{n_1\cos\theta_i - \hat{n}_2\cos\theta_t}{n_1\cos\theta_i + \hat{n}_2\cos\theta_t} = \frac{1.0 - 1.4}{1.0 + 1.4} = -0.1667$$

但注意到图 1-3-1(a)，当 $\theta_i = \theta_t = 0°$ 时，P 光的反射光线的电场强度方向与入射光线的电场强度方向正好相反。因此，若计算出 $r_P > 0$，实际上却为 $r_P < 0$，所以无论是 P 光，还是 n 光，反射光均有 π 相移。反射率 $R = \frac{1}{2}\left(R_P + R_n\right) = \left|r_P\right|^2 = \left|r_n\right|^2 = 2.78\%$。

思考：

若 $n_1 = 1.4$，$\hat{n}_2 = 1.0$，则自然光垂直入射时反射光的反射率与相移情况又如何？

【例 1-3-2】 试求波长 620.0nm 的自然光从空气垂直射入半导体 $Al_{0.32}Ga_{0.68}N$ 板（$n_2 = 3.690 - j0.145$）上的反射率与反射光的相移（$0 \sim 2\pi$）。

解：因为垂直入射，所以 $\theta_i = 0°$，$\theta_t = 0°$。设 $\hat{n}_2 = n_2 - j\kappa_2$ 成立，由式(1-3-5a)与式(1-3-5b)可得

$$r_P = \frac{\hat{n}_2 - n_1}{\hat{n}_2 + n_1} = \frac{(n_2 - n_1) - j\kappa_2}{(n_2 + n_1) - j\kappa_2} = \frac{(3.690 - 1.0) - j0.145}{(3.690 + 1.0) - j0.145} = \frac{2.694 e^{-j3.09°}}{4.692 e^{-j1.77°}} = 0.574 e^{-j1.32°}$$

$$r_n = \frac{n_1 - \hat{n}_2}{n_1 + \hat{n}_2} = \frac{(-n_2 + n_1) + j\kappa_2}{(n_2 + n_1) - j\kappa_2} = \frac{(-3.690 + 1.0) + j0.145}{(3.690 + 1.0) - j0.145} = \frac{2.694 e^{j176.91°}}{4.692 e^{-j1.77°}} = 0.574 e^{j178.68°}$$

与例 1-3-1 类同，r_P 本质上为 $r_P = -0.574 e^{-j1.32°} = 0.574 e^{j178.68°} = r_n$。因此，自然光的反　　射率

$$R = \frac{1}{2}\left(R_P + R_n\right) = \frac{1}{2}\left(\left|r_P\right|^2 + \left|r_n\right|^2\right) = 0.329$$

P 光与均 n 光反射率相等，均为 32.9%。所以总的反射率也为 32.9%。P 光与 n 光的相移相同，均为 178.68°。

拓展：

增透膜：由于半导体折射率较大，因此，直接暴露在空气中的半导体器件将有 30% 左右的反射损

耗，这对光学系统的许多应用来说是不能忍受的。为了增加光对器件的透过率，常用的方法是镀增透膜。如图 1-3-2 所示，半导体材料折射率为 n_2，增透膜厚 d、折射率 n_1，空气折射率为 $n_0 = 1.0$。在空气增透膜间的界面上的反射光与增透膜半导体间器件界面上的反射光应满足反射相消并且有相同的强度。

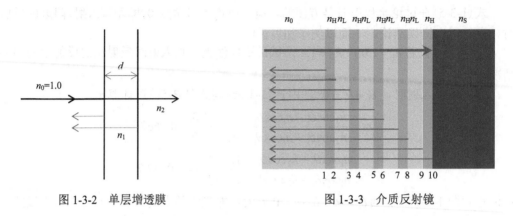

图 1-3-2　单层增透膜　　　　　　　图 1-3-3　介质反射镜

介质反射镜：如图 1-3-3 所示是 9 层的介质高反射镜结构示意图。其中，n_0 为下方所在位置对应的传输介质(如空气、玻璃、半导体等)的折射率；n_S 为下方所在位置对应的基质衬底的折射率；n_H 为下方所在位置对应的厚度 d_H 满足 $n_H d_H = \lambda/4$ 的介质层折射率；n_L 为下方所在位置对应的厚度 d_L 满足 $n_L d_L = \lambda/4$ 的介质层折射率；垂直入射的波长为 λ 的光，经多层界面 1、2、3、4、5、6、7、8、9、10 的反射光干涉增强，实现高反射率反射。

胶合棱镜偏振分束器：由式(1-3-5a)，当 $\theta_i + \theta_t = \pi/2$ 时，$r_P = 0$。即当入射角取某个合适值时，反射光中只有 n 光，没有 P 光。此谓布儒斯特定律，对应入射角为布儒斯特角。结合多层高反介质膜，就可实现偏振光垂直分束的功能。入射自然光垂直照射在立方体表面，进入多层介质膜后，在每一个界面上的入射角均为布儒斯特角，又设计介质层厚度恰当，实现干涉加强。于是，反射光中只有振动方向垂直于入射面的偏振光，透射光中只有振动方向平行于入射面的偏振光。反射光与透射光相互正交。如图 1-3-4 所示。

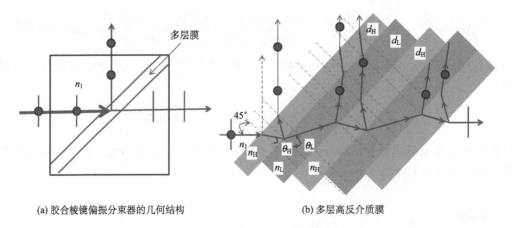

(a) 胶合棱镜偏振分束器的几何结构　　　　　(b) 多层高反介质膜

图 1-3-4　胶合棱镜偏振分束器

1.3.2　全反射

若不考虑吸收，即 $\hat{n}_1 = n_1$，$\hat{n}_2 = n_2$ 并且 $n_1 > n_2$，根据折射定律，折射角将大于入射角，当入射角大于临界角

$$\theta_c = \arcsin\left(\frac{n_2}{n_1}\right) \tag{1-3-9}$$

时，将出现全反射。当 $\theta_i > \theta_c$，由式(1-3-4b)可计算出折射角的正弦

$$\sin\theta_t = \frac{n_1}{n_2}\sin\theta_i \tag{1-3-10}$$

因而

$$\cos\theta_t = \pm\sqrt{1-\sin^2\theta_t} = \pm j\sqrt{\left(\frac{n_1}{n_2}\sin\theta_i\right)^2 - 1} \tag{1-3-11}$$

于是，由式(1-3-5a)可得

$$r_P = \frac{n_2\cos\theta_i - n_1\cos\theta_t}{n_2\cos\theta_i + n_1\cos\theta_t} = \frac{\tan(\theta_i - \theta_t)}{\tan(\theta_i + \theta_t)} = e^{j2\phi_{TM}} \tag{1-3-12}$$

可见，全反射时 TM 波光功率 100%地反射，相移为

$$2\phi_{TM} = 2\arctan\frac{n_1\sqrt{\left(\frac{n_1}{n_2}\sin\theta_i\right)^2 - 1}}{n_2\cos\theta_i} = 2\arctan\left[\left(\frac{n_1}{n_2}\right)^2\frac{\sqrt{(n_1\sin\theta_i)^2 - (n_2)^2}}{n_1\cos\theta_i}\right] \tag{1-3-13}$$

同理，式(1-3-5b)可得

$$r_n = \frac{n_1\cos\theta_i - n_2\cos\theta_t}{n_1\cos\theta_i + n_2\cos\theta_t} = -\frac{\sin(\theta_i - \theta_t)}{\sin(\theta_i + \theta_t)} = e^{j2\phi_{TE}} \tag{1-3-14}$$

全反射时 TE 波光功率也为 100%地反射，相移为

$$2\phi_{TE} = 2\arctan\frac{n_2\sqrt{\left(\frac{n_1}{n_2}\sin\theta_i\right)^2 - 1}}{n_1\cos\theta_i}$$

$$= 2\arctan\frac{\sqrt{(n_1\sin\theta_i)^2 - (n_2)^2}}{n_1\cos\theta_i} \tag{1-3-15}$$

式(1-3-13)与式(1-3-15)是不同的，也就是说相同入射角的 TM 波与 TE 波有不同的相移，仔细比较，可发现 $2\phi_{TM} > 2\phi_{TE}$。但当 $\theta_i \to \theta_c$ 时，两相移均趋向于 0；当 $\theta_i \to \pi/2$ 时，两相移均趋向于 π。如图 1-3-5 画出了反射光的相移情况。在入射角 θ_i 从 $\theta_c \to \frac{\pi}{2}$ 的变化过程中，发生全

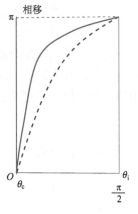

图 1-3-5　P 光相移(粗实线)和 n 光相移(粗虚线)

反射，相移均从 $0 \to \pi$，但 TM 的相移比 TE 的相移大。

由式(1-3-2)可将 n 光入射波表达为

$$\vec{E}_{ni} = \vec{E}_{n0i}\exp\left[j\left(\omega t - \vec{k}_i \cdot \vec{r}\right)\right]$$

因为 ωt 时间因子在推导过程中是不变的，所以在以后的表达式中将其隐去。于是入射 n 光可表达为

$$\vec{E}_{ni} = \vec{E}_{n0i}\exp\left[-j\left(\vec{k}_i \cdot \vec{r}\right)\right] \tag{1-3-16}$$

考虑到

$$k_i = k_r = k_1 = n_1 k,\ k_t = k_2 = n_2 k \tag{1-3-17}$$

再考虑到式(1-3-1)，于是入射 n 光表达为

$$\vec{E}_{ni} = \vec{E}_{n0i}\exp\left[-jk_1\left(\cos\theta_i x + \sin\theta_i z\right)\right] \tag{1-3-18a}$$

反射 n 光为

$$\vec{E}_{nr} = \vec{E}_{n0r}\exp\left[-jk_1\left(-\cos\theta_i x + \sin\theta_i z\right)\right] \tag{1-3-18b}$$

折射 n 光为

$$\vec{E}_{nt} = \vec{E}_{n0t}\exp\left[-jk_2\left(\cos\theta_t x + \sin\theta_t z\right)\right] \tag{1-3-18c}$$

结合式(1-3-14)可得在 n_1 介质中

$$\vec{E}_{n_1} = \vec{E}_{ni} + \vec{E}_{nr} = \vec{E}_{n0i}\exp\left[-jk_1\left(\cos\theta_i x + \sin\theta_i z\right)\right] + \vec{E}_{n0r}\exp\left[-jk_1\left(-\cos\theta_i x + \sin\theta_i z\right)\right]$$

$$= 2\vec{E}_{n0i}\cos\left(k_1\cos\theta_i x + \phi_{TE}\right)\cdot\exp\left[-j\left(k_1\sin\theta_i z - \phi_{TE}\right)\right] \tag{1-3-19}$$

从上式可以看到，在介质 1 中，波表达成 x 方向与 z 方向两个表达式的乘积。其中 x 方向呈现驻波形式，z 方向呈现行波形式。运用式(1-3-2c)、式(1-3-5)、式(1-3-11)、式(1-3-15)，隐去时间项，可将介质 2 中的光波表达为

$$\vec{E}_{n_2} = \vec{E}_{nt} = \vec{E}_{n0t}\exp\left[-jk_2\left(\cos\theta_t x + \sin\theta_t z\right)\right]$$

$$= 2\vec{E}_{n0i}\frac{n_1\cos\theta_i}{\sqrt{n_1^2 - n_2^2}}\exp\left(-\sqrt{\sin^2\theta_i - \sin^2\theta_c}\,k_1 x\right)\cdot\exp\left[-j\left(k_1\sin\theta_i z - \phi_{TE}\right)\right] \tag{1-3-20}$$

从上式可以看到，在介质 2 中，波也表达成 x 方向与 z 方向两个表达式的乘积。其中 x 方向呈现指数衰减的形式，z 方向呈现行波形式。而且，z 方向的传播表达式与式(1-3-19)中的一模一样。可定义衰减常数 α

$$\alpha = \sqrt{\sin^2\theta_i - \sin^2\theta_c}\,k_1 \tag{1-3-21}$$

全反射时，在介质 2 中穿透的有效深度 d 可表达为

$$d = \frac{1}{\alpha} = \frac{1}{\sqrt{\sin^2\theta_i - \sin^2\theta_c}\,k_1} \tag{1-3-22}$$

可以证明，在 $x = 0$ 处，光矢量是连续的。综合起来，在 x 方向上，两种介质中的波保持一个整体沿 z 方向以传播常数 $\beta = k_1\sin\theta_i$ 传播。如图 1-3-6 所示。

同理，研究 P 波(TM 波)，我们也能得到类似结论。只要把公式(1-3-16)～式(1-3-20)

中的电场强度改为磁场强度，相移 ϕ_{TE} 改为 ϕ_{TM} 即可。

在界面附近传输的电磁波被称为表面波或消逝波或倏逝波。

在全反射的过程中，光会进入光疏介质一定深度，从而引起反射光束的位置有一定的移动，此种现象称为古斯–汉欣位移，如图 1-3-7 所示。

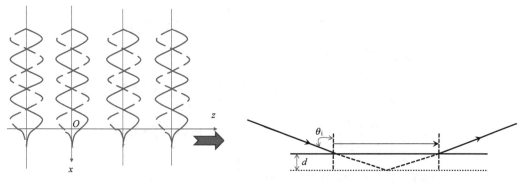

图 1-3-6　全反射波传输特性　　　　　　图 1-3-7　古斯–汉欣位移

思考：

上述结论仅在介质 2 的厚度很厚的情况下成立。若介质 2 层厚较薄，则即便入射角大于临界角，仍有部分光会透射到介质 2 的另一侧去。透到另一侧的光能的比例取决于入射角、折射率与介质 2 的厚度。利用这一点可制作的器件有【　　】。

(A)分束器　　　(B)衰减器　　　(C)色散器　　　(D)反光镜

【例 1-3-3】试计算波长 λ 的光自折射率为 $n_1=1.8$ 的介质射向折射率为 $n_2=1.3$ 的介质的全反射临界角。若入射角为 $\theta_i=80°$，试计算 TE 波反射光的相移、衰减常数、穿透有效深度以及介质 1、2 中的 TE 波的传输表达式。计算 TM 波的相移。

解：由式(1-3-9)，全反射临界角

$$\theta_c = \arcsin\left(\frac{n_2}{n_1}\right) = \arcsin\left(\frac{1.3}{1.8}\right) = 46.24°$$

由式(1-3-15)，TE 波的相移

$$2\phi_{TE} = 2\arctan\frac{\sqrt{\left(n_1\sin\theta_i\right)^2 - \left(n_2\right)^2}}{n_1\cos\theta_i} = 2\arctan\frac{\sqrt{\left(1.8\sin 80°\right)^2 - \left(1.3\right)^2}}{1.8\cos 80°} = 2.6340$$

由式(1-3-21)得 TE 波的衰减常数

$$\alpha = \sqrt{\sin^2\theta_i - \sin^2\theta_c}\,k_1 = \sqrt{\sin^2 80° - \sin^2 46.24°}\times\frac{2\pi}{\lambda}\times 1.8 = \frac{7.572}{\lambda}$$

由式(1-3-22)得穿透有效深度

$$d = \frac{1}{\sqrt{\sin^2\theta_i - \sin^2\theta_c}\,k_1} = \frac{1}{\alpha} = 0.132\lambda$$

由式(1-3-19)得介质 1 中的 TE 波

$$\vec{E}_{n_1} = 2\vec{E}_{n0i}\cos\left(k_1\cos\theta_i x + \phi_{TE}\right) \cdot \exp\left[-j\left(k_1\sin\theta_i z - \phi_{TE}\right)\right]$$

$$= 2\vec{E}_{n0i}\cos\left(\frac{2\pi}{\lambda}\cdot 1.8\cos 80°x + 1.3170\right) \cdot \exp\left[-j\left(\frac{2\pi}{\lambda}\cdot 1.8\sin 80°z - 1.3170\right)\right]$$

$$= 2\vec{E}_{n0i}\cos\left(\frac{1.964}{\lambda}x + 1.3170\right) \cdot \exp\left[-j\left(\frac{11.138}{\lambda}z - 1.3170\right)\right]$$

由式(1-3-20)得介质 2 中的 TE 波

$$\vec{E}_{n_2} = 2\vec{E}_{n0i}\frac{n_1\cos\theta_i}{\sqrt{n_1^2 - n_2^2}}\exp\left(-\sqrt{\sin^2\theta_i - \sin^2\theta_c}\,k_1 x\right) \cdot \exp\left[-j\left(k_1\sin\theta_i z - \phi_{TE}\right)\right]$$

$$= 2\vec{E}_{n0i}\frac{1.8\cos 80°}{\sqrt{1.8^2 - 1.3^2}}\exp\left[-\sqrt{\sin^2 80° - \sin^2 46.24°}\,\frac{2\pi}{\lambda}\times 1.8x\right]$$

$$\cdot \exp\left[-j\left(\frac{2\pi}{\lambda}\cdot 1.8\sin 80°z - 1.3170\right)\right]$$

$$= 2\vec{E}_{n0i}0.251\exp\left(-\frac{7.572}{\lambda}x\right) \cdot \exp\left[-j\left(\frac{11.138}{\lambda}z - 1.3170\right)\right]$$

显然，传输波在介质 1 中沿 x 方向是驻波，沿 z 方向是行波；在介质 2 中沿 x 方向是指数衰减波，沿 z 方向是行波。在分界面上波形是连续的，$\cos(-1.3170) = 0.251$ 成立。

由式(1-3-13)可得 TM 波的相移

$$2\phi_{TM} = 2\arctan\left[\left(\frac{n_1}{n_2}\right)^2\frac{\sqrt{(n_1\sin\theta_i)^2 - (n_2)^2}}{n_1\cos\theta_i}\right] = 2\arctan\left[\left(\frac{1.8}{1.3}\right)^2\frac{\sqrt{(1.8\sin 80°)^2 - (1.3)^2}}{1.8\cos 80°}\right]$$

$$= 2.8727$$

可见，TM 波的相移比 TE 波的略大一些。

1.3.3　双折射

一般地，一束光射到介质界面上会产生一束折射光，它的方向由斯奈尔定律描述，它的强度与相位由菲涅耳公式描述。但是，在一些特殊的晶体(如方解石晶体等)上，光的折射现象会复杂得多。对于方解石晶体，光沿某个特殊的方向上入射时，光只有一束折射光，且满足斯奈尔定律，我们称该入射光的方向为方解石的光轴方向。光沿其他方向入射，会产生两束折射光，其中一束满足斯奈尔定律，我们称之为寻常光(o 光)，另一束不满足斯奈尔定律，我们称之为非常光(e 光)。此现象称双折射现象。我们定义光轴与晶体表面法线组成的平面为主截面，光线与光轴组成的平面为主平面，当光轴位于入射面之内时，主截面与主平面重合，入射光线、法线、折射光线位于同一平面内。此时，o 光与 e 光均是线偏振光，且振动方向相互正交，o 光的振动方向与主平面垂直，e 光的振动方向与主平面平行。在这样的晶体中，o 光沿任何方向传播的速度均相等，其折射率均为 n_o；e 光沿光轴方向传播的折射率为 n_o，在垂直于光轴方向传播的折射率为 n_e。设想在晶体中有一点光源,则 o 光的波阵面为球面,而 e 光的波阵面为以光轴为转轴的旋转椭球面。e 光的椭球面与 o 光的球面在光轴上相切。

自然光正入射在双折射晶体(光轴在入射面内,且与表面的夹角 β 在 $0 < \beta < \pi/2$,如图 1-3-8、图 1-3-9 所示)的表面时,在双折射晶体内部被分为传播方向不同、偏振方向正交的两束光。当晶体为平行平板时,分开后的 o 光与 e 光出射时平行传播,该晶体板被称为平行偏振分束器,如图 1-3-8 所示。当晶体板有一楔角时,o 光与 e 光出射时,其传播方向夹一小角度,该晶体板被称为楔形偏振分束器,如图 1-3-9 所示。当自然光正入射在光轴与晶体表面平行的晶体平板上时,o 光与 e 光传播方向一致,传播速度不同,构成相位延迟器。

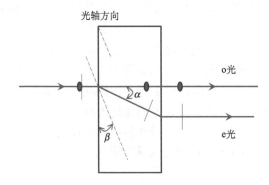 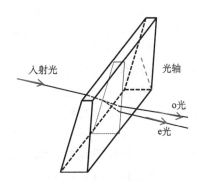

图 1-3-8　平行偏振分束器　　　　　　　　　　图 1-3-9　楔形偏振分束器

如图 1-3-8 所示,虚线是单轴双折射晶体的光轴方向,晶体界面与光轴夹角为 β,o 光折射率为 n_o,e 光折射率是 n_e,则垂直入射的自然光经界面双折射引起的离散角 α 满足

$$\tan\alpha = \frac{1}{2} \cdot \frac{n_o^2 - n_e^2}{n_e^2 \sin^2\beta + n_o^2 \cos^2\beta} \sin 2\beta \tag{1-3-23}$$

若取 $\beta = 45°$,方解石对 589nm 的光,$n_o = 1.658$,$n_e = 1.486$,则可算出 $\tan\alpha = 0.109$。若计算值为负,则表示 e 光向上偏折。也就是说,每 10mm 厚的方解石晶体,会引起 589nm 的 e 光与 o 光产生约 1.1mm 的剪切偏离。通常,我们称 $\Delta n = n_e - n_o > 0$ 的单轴晶体为正晶,$\Delta n = n_e - n_o < 0$ 的单轴晶体为负晶。由此可见,方解石属于负单轴晶体。

思考:

试画出 1550nm 的自然光经过厚 50mm 的钒酸钇 YVO₄($n_o = 1.9447$,$n_e = 2.1486$)平行偏振分束器($\beta = 45°$)的传输光路图。

探究:

根据式(1-3-23),欲实现最大离散角 α,则 β 应取多少值?钒酸钇 YVO₄ 在 1550nm 处的光 $n_o = 1.9447$,$n_e = 2.1486$,制作平行偏振分束器,则 β 应取多少值?$\tan\alpha$ 为多少?

拓展：

偏振分束器常常是一些较复杂器件的组成部分，它协助其他元件或与其他元件一起完成光路变换、调节光束功率、实现器件功能的任务，在隔离器、环形器、滤波器等器件中起不可缺少的重要作用。而隔离器、环形器、滤波器在光纤通信中也发挥着重要作用。在应用场合，偏振分束器往往成对出现，既能分束，也能合束。偏振分束器的光路是可逆的。用两块双折射晶体胶合成的复合偏振分束器，如改进的格兰-汤普森(Glan-Thompson)棱镜、沃拉斯顿(Wollaston)棱镜等，分束功能更强大。想了解它们的结构、工作原理与应用，读者可查阅《物理光学》或《工程光学》等书籍。

当双折射晶体平板的光轴与界面平行，垂直入射的线偏振光就会被分解为传播方向一致、偏振方向相互垂直的线偏振光 o 光与 e 光。由于 o 光、e 光的传播速度不同，当平板的厚度 d 满足一定条件时，出射时两光叠加可形成振动方向转过一定角度的线偏振光。该平板器件具有旋光特性。对于负晶，振动方向平行于主截面方向的 e 光传播速度较大，我们称 e 光的振动方向，即光轴方向为快轴方向；对于正晶，振动方向垂直于主截面的 o 光传播速度较大，快轴方向位于垂直于主截面的 o 光的振动方向。

如图 1-3-10 所示，设双折射晶体为负晶，板厚为 d。入射线偏振光振动方向与光轴夹角 θ，入射晶体后 e 光的光矢量振幅 $A_e = E_0\cos\theta$，o 光光矢量振幅 $A_o = -E_0\sin\theta$，光轴方向为快轴，取 y 方向。光矢量的传输可写成

$$\vec{E} = -E_0\sin\theta\vec{i}\exp\left[j\left(-\frac{2\pi}{\lambda}n_o d\right)\right] + E_0\cos\theta\vec{j}\exp\left[j\left(-\frac{2\pi}{\lambda}n_e d\right)\right]$$

$$\vec{E} = \left\{-E_0\sin\theta\vec{i}\exp\left[j\left(-\frac{2\pi}{\lambda}(n_o - n_e)d\right)\right] + E_0\cos\theta\vec{j}\right\}\exp\left[j\left(-\frac{2\pi}{\lambda}n_e d\right)\right] \tag{1-3-24}$$

若满足

$$(n_o - n_e)d = (2m+1)\lambda/2 \qquad m = 0,1,2,3,\cdots \tag{1-3-25}$$

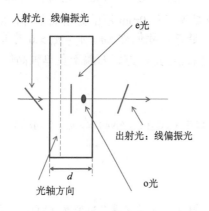

(a) 半波片的旋光功能

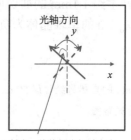

(b) 迎着光线看偏振方向的改变

图 1-3-10　半波片的旋光性质

即 o 光、e 光光程差为半波长的奇数倍时，所对应的晶体片称半波片。式(1-3-24)可为

$$\vec{E} = \left(E_0\sin\theta\vec{i} + E_0\cos\theta\vec{j} \right)\exp\left[j\left(-\frac{2\pi}{\lambda}n_e d \right) \right] \tag{1-3-26}$$

即出射光与入射光的偏振方向夹 2θ 角，若 $\theta = 22.5°$ 时，偏振方向跨过快轴转过 $45°$。我们常称此类半波片为晶体旋转器(BR 或 BCR)。

思考：

若 $\theta = 67.5°$ 时，偏振方向跨过快轴将转过多少度？一块半波片能否同时将正入射的两个相互垂直的光振动右旋 $45°$？

常见的相位延迟片还有四分之一波片。它将正入射的偏振光分为传播方向一致、相位差为 $(m+0.5)\pi$ (m 为整数) 的两个相互垂直的偏振光的叠加。它的作用是将线偏振光变为椭圆偏振光(或圆偏振光)，将圆偏振光(椭圆偏振光)变为线偏振光。

BCR 旋转器与法拉第旋转器配合，可实现光路的非互易性，如图 1-3-11 所示。图 1-3-11(a)是立体传输图，法拉第旋转器使水平偏振的线偏振光的振动方向右旋 $45°$，双折射晶体旋转器快轴与水平方向夹角 $67.5°$，被转过 $45°$ 角的光振动与快轴夹角 $22.5°$，经过 BCR 继续右旋 $45°$。于是偏振方向便在竖直方向上了。反行光线，竖直方向的光振动与 BCR 快轴夹角 $22.5°$，经过 BCR 左旋 $45°$，但遇到法拉第旋转器，被左旋 $45°$，于是光的偏振方向又回到了竖直方向。图 1-3-11(b)是正向传输光的偏振方向变化图，可迎着光研判偏振方向。图 1-3-11(c)是反向传输光的偏振方向变化图，也是迎着光来研判的。这种磁致旋光片加半波片的结构，能使正向传输光的偏振方向旋转 $90°$，而反向传输光的偏振方向不变。

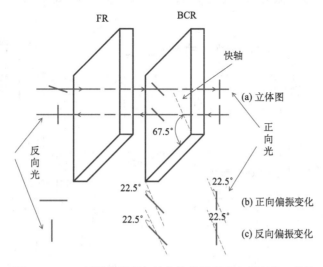

图 1-3-11　双折射旋转器与法拉第旋转器配合实现非互易性

【例 1-3-4】方解石对 589nm 的光，$n_o = 1.658$，$n_e = 1.486$。取最大离散角，制作偏振分束器。试计算其 e 光的离散角 α。利用这样的方解石晶体的平行偏振分束器与半波片组成一个能将一束自然光分为两束间距为 9.33mm 的传播方向一致、相位相同、振动方向均平行于两光束连线的光学系统，试设计平行偏振分束器的厚度与半波片光轴的取向和厚度。

解：由式（1-3-23）可算出最大离散角时的 β 满足

$$\beta = \arctan\left(\frac{n_o}{n_e}\right) = \arctan\left(\frac{1.658}{1.486}\right) = 48.13°$$

$$
\begin{aligned}
\tan\alpha &= \frac{1}{2} \cdot \frac{n_o^2 - n_e^2}{n_e^2 \sin^2\beta + n_o^2 \cos^2\beta} \sin 2\beta \\
&= \frac{1}{2} \cdot \frac{1.658^2 - 1.486^2}{1.486^2 \sin^2(48.13°) + 1.658^2 \cos^2(48.13°)} \sin(2 \times 48.13°) = 0.1097
\end{aligned}
\tag{1-3-27}
$$

$$\alpha = \arctan(0.1097) = 6.26°$$

如图 1-3-8 所示的平行偏振分束器，能实现将一束自然光分为两束振动方向垂直、有一定剪切距离的平行光束。但两光的光程不同。考虑到用两块一样的平行偏振分束器可克服这个缺点。如图 1-3-12 所示，前偏振分束器的光轴在 Oxz 平面内，后偏振分束器的光轴在 Oyz 平面内。这样，前偏振分束器中的 o 光就是后偏振分束器的 e 光。前偏振分束器中的 e 光就是后偏振分束器的 o 光。这样能实现两光束等光程。再采用两块半波片分别将光矢量振动方向旋转45°，一半顺时针，另一半逆时针。可实现两光束振动方向平行，且与两光束连线平行。图 1-3-12 中，(a)、(b)、(c)、(d)、(e)、(f) 依次表示器件表面位置。前偏振分束器的作用是将 x 方向振动的 e 光逆 x 方向移动 L 距离，后偏振分束器的作用是将 y 方向振动的 e 光逆 y 方向移动 L 距离。在(d)、(e)界面上，两光点间

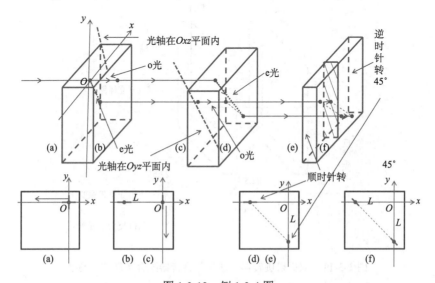

图 1-3-12　例 1-3-4 图

距 $\sqrt{2}L$，振动方向正交。由题意 $\sqrt{2}L=9.33\text{mm}$，剪切距离 $L=6.60\text{mm}$。根据式(1-3-27)可算出，偏振分束器的厚度为 $d_1=60\text{mm}$。半波片光轴位于 xOy 平面内，其取向如图 1-3-13 所示。光轴与 y 轴棱边夹角 $\beta_1=22.5°$，$\beta_2=67.5°$。半波片厚度取 $d_2=(2m+1)\lambda/\big[2(n_\text{o}-n_\text{e})\big]=(2m+1)1.712\mu\text{m}$（$m$ 为正整数）。

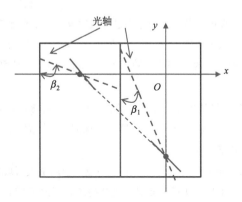

图 1-3-13　例 1-3-4 中半波片光轴位置

习　题　1

1-1. 如题图所示，(a)图是以光的偏振方向来携带信息的序列，若以竖直偏振为 0，水平偏振为 1，试将该偏振序列携带的信息填在(b)图中。又若定义高光功率为 1，低光功率为 0，试将该信息序列用相应的高低光功率画在(c)图中。

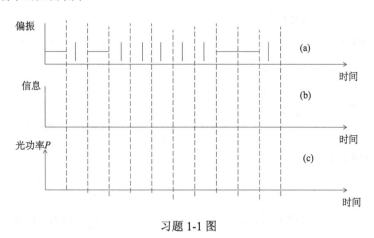

习题 1-1 图

1-2. 某束光由 435.8nm、546.1nm、736.5nm 的三种色光组成，其功率依次为 8.0mW、6.0mW、5.0mW。试计算：

(1) 该三种色光的视见函数值；

(2) 该光束的光通量。

1-3. 若某种发光二极管(light emitting diode，LED)正常发光时光功率为 P，试指出两种不同的以该

LED 为显示单元的灰度等级至少为 8 级的数码显示方法。

1-4. 若 $C = 64(R) + 64(G) + 64(B)$ 为白色，则 $C_1 = 0(R) + 0(G) + 0(B)$ 为什么色？ $C_2 = 24(R) + 24(G) + 24(B)$ 又为什么色？试计算 $C_3 = 34(R) + 20(G) + 10(B)$ 的光通量？

1-5. 已知光源波长 $\lambda = 1.55\mu m$，半功率光谱宽度 $\Delta\lambda = 75nm$，$\dfrac{d^2 n}{d\lambda^2} = 1.1 \times 10^{10}\,m^{-2}$。若只考虑材料色散，信号传输长度为 $L = 100km$。若采用归零码进行数字通信，试求光信号的最大传输速率。

1-6. 设 F-P 增益腔的单程功率增益 $G_S = 1.5$，反射率 $R = 0.30$。试计算 F-P 增益腔中最大增益与最小增益的大小。若腔内等效折射率为 $n = 3.5$，腔长为 $400\mu m$，试计算从 $500 \sim 510nm$ 间出现极大值的个数。

1-7. 输出功率为 1mW 的光源辐射出的光经透镜耦合（耦合效率 80%）入衰减系数为 $A = 0.6dB/km$ 的光纤中。若光纤中的光也有 80% 被耦合到探测器中，探测器能探测到的最小光功率为 –30dBm，则光源与探测器间的最长光纤长度有多长？

1-8. 如题图所示是有人设想的反射式旋转器的结构图，使用重火石玻璃作为磁光材料。设玻璃厚 $t = 5.0mm$，韦尔代常数为 $V = 0.05'/\left(10^{-4}\,T \cdot cm\right)$，处在磁感强度为 $0.25T$ 的磁场中，则线偏振光的振动方向转过多少度？某磁性材料，比法拉第旋转角为 $\theta_F = 1800°/cm$，则欲使透射光的光矢量振动方向转过 45°，则该磁性材料的厚度为多少？

1-9. 某材料对波长 666.0nm 的光的折射率为 1.342，消光系数为 1.77。试计算传播常数与吸收系数并表达该光波光矢量的传播方程。

1-10. 如题图给折射率为 n_3 的材料镀膜，已知空气的折射率 $n_1 = 1.0$。为保证薄膜的两侧面有相等的反射率，试计算镀层的最佳折射率 n_2（设光垂直入射）。

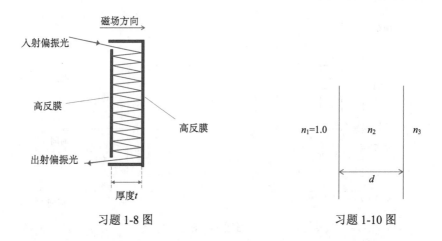

习题 1-8 图   习题 1-10 图

1-11. 胶合棱镜偏振分束器可将自然光分为偏振方向正交、传播方向垂直的两束线偏振光，如题图所示。在折射率为 n_1 的等腰直角三棱镜斜面上镀由高、低折射率分别为 n_H、n_L 的材料交替组成的介质多层膜，然后沿斜面方向胶合构成立方体。正入射自然光在多层膜上的反射光是完全偏振的，振动方向垂直于入射面。经过多层高反之后，透射光也是完全偏振的，振动方向平行于入射面。

（1）设高折射率材料为硫化锌，其折射率为 $n_H = 2.38$。低折射率材料为冰晶石，其折射率为 $n_L = 1.25$，为了使正入射自然光在多层膜间界面上的反射是完全偏振的，则 n_1 应为多少？

(2) 设定工作波长为 $\lambda = 600\text{nm}$ ，为了实现高反，则高、低介质层的最小厚度 d_H 、 d_L 应为多少？

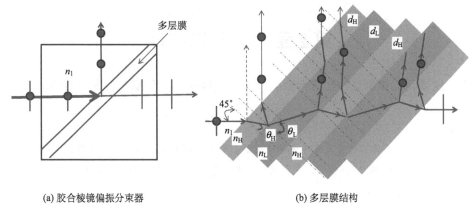

(a) 胶合棱镜偏振分束器　　　　　　　　　(b) 多层膜结构

习题 1-11 图

1-12. 若 $\hat{n}_1 = 1.5$ ， $\hat{n}_2 = 1.2$ ，波长为 λ 的 TE 波入射角为 $\theta_i = 85°$ 时，试表达在界面两侧的光波传输表达式，并计算穿透深度。

1-13. 如题图所示，双折射晶体的光轴在晶面 Oxy 平面内，o 光折射率为 1.658，e 光折射率为 1.486，入射光波长 589.3nm，入射线偏振光的偏振方向为 y 方向，晶体光轴与 y 轴夹角为 22.5° ，设晶体片为半波片。试求：

(1) 晶体薄片的最小厚度 d ；

(2) 出射光的偏振方向；

(3) 若入射光自右向左垂直入射，偏振方向仍在 y 方向，则出射光的偏振方向又如何？

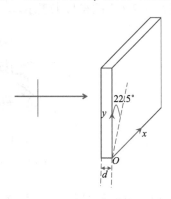

习题 1-13 图

1-14. 方解石对 1.064μm 的光 $n_\text{o} = 1.642$ ， $n_\text{e} = 1.480$ ，取 $\beta = 45°$ ，制作平行偏振分束器。试计算这种 10mm 厚的平行偏振分束器的剪切距离为多少？利用这样的方解石晶体平行偏振分束器与半波片组成一个能将一束自然光分为两束间距为 6.00mm 的传播方向一致、相位相同、振动方向均垂直于两光束连线的光学系统。试算出平行偏振分束器的厚度与半波片光轴的取向和厚度。

第2章　光传输器件

本章主要讨论控制光传输方向(路径)与在这些路径上分配光功率的器件。

导引:

在电子电路中,晶体二极管具有单向导通性能,它能控制沿其正向有较大的电流(导通),而在相反方向上电流近乎为0(截止)。那么,在现代光路中,是否也存在单向导光的器件呢?回答是肯定的。那就是光隔离器与光环形器。

2.1　光隔离器　光环形器

光隔离器与光环形器均是非互易性器件,随着激光技术、光通信技术的发展,光隔离器与光环形器已成为现代光路中不可缺少的重要器件。

2.1.1　光隔离器

光隔离器 ISO(isolator)是维持光单向传输的器件。在光路中,光隔离器可确保光沿某方向无损耗地传输,严重衰减相反方向传输的光,类似电路中晶体二极管的单向导通特性。在光路中,光隔离器用如图 2-1-1 的符号来表示。

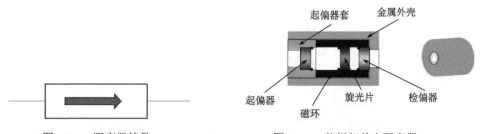

图 2-1-1　隔离器符号　　　　　图 2-1-2　偏振相关光隔离器

光隔离器可分为偏振相关型与偏振无关型两类。图 2-1-2 是常见的偏振相关光隔离器的结构图。它由两个偏振化方向夹 45° 角的偏振器与一个法拉第旋转器组成,其核心元件是法拉第旋转器。图 2-1-3 所示为偏振相关光隔离器的工作原理图。如图,偏振器 P1 与 P2,偏振化方向夹角 45°,法拉第旋转器使光矢量右旋 45°。于是,对于正向光,自然光经 P1 成为振动方向在竖直方向的线偏振光,经法拉第旋转器右旋 45°,振动方向与 P2 偏振器的偏振化方向一致,无衰减地通过。反过来,光路中的反射光经偏振器 P2变为斜向 45° 角的线偏振光,经法拉第旋转器左旋 45° 角,振动方向变为水平方向,恰与 P1 的偏振化方向正交,被完全吸收。反向光严重衰减,无法通过光隔离器。

　　偏振相关光隔离器可以让入射的偏振方向与隔离器中起偏器的偏振化方向一致的线偏振光足额通过,让下游光路中反向传输的光不通过。这种性质可由插入损耗 IL(如 1.2.2 节所述,典型值为 0.5dB)与隔离度 I_{so}(isolation,典型值为 35dB)这两个指标定量描述。隔离度可表达为

$$I_{\text{so}} = -10\lg\frac{P_{\text{Rout}}}{P_{\text{Rin}}} \tag{2-1-1}$$

式中, P_{Rin} 是反向输入光功率; P_{Rout} 是反向输出光功率。显然,理想时, $I_{\text{so}} = \infty$。实际光隔离器的隔离度应大于 30dB。

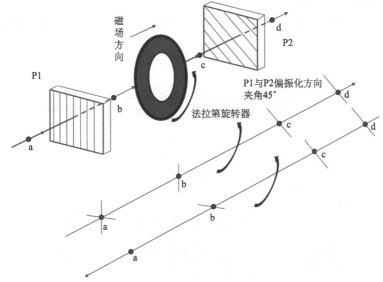

图 2-1-3　偏振相关光隔离器的工作原理

思考:

1. 影响隔离器插入损耗的因素有【　　】。

(A)界面的菲涅耳反射　　　　　(B)材料的吸收

(C)装配旋转角度有误差　　　　(D)中心轴不对准

如何克服?

2. 影响隔离器隔离度的因素有【　　】。

(A)界面的菲涅耳反射　　　　　(B)中心轴不对准

(C)进入的反向光光功率大小　　(D)装配旋转角度有误差

如何克服?

　　偏振相关光隔离器的常见应用是放置在半导体偏振激光器输出端的外侧,它与耦合透镜、半导体激光器等构成一个固定输出模块。设置隔离器输入端偏振器的偏振化方向与激光束光矢量的振动方向一致。于是该激光输出模块可输出稳定的偏振激光,来自光路下游的反射光被阻止进入激光器中,避免了反射光对激光器正常工作的干扰(激光器输出频率波动、输出功率波动、加大噪声),确保半导体激光器正常稳定工作。

思考：

对于隔离器输入端口的反射，如何处置？

回波损耗 RL（return loss）可定量描述隔离器本身反射光光功率的大小

$$RL = -10\lg\frac{P_{\text{Rout}}}{P_{\text{in}}} \tag{2-1-2}$$

式中，P_{in} 是正向输入光功率；P_{Rout} 是反向输出光功率（即在输入端口出现的反射光光功率）。显然，理想时，$RL = \infty$。其典型值为 60dB。

图 2-1-4 所示为偏振无关光隔离器结构一。器件主要由三块双折射晶体平行板 P1、

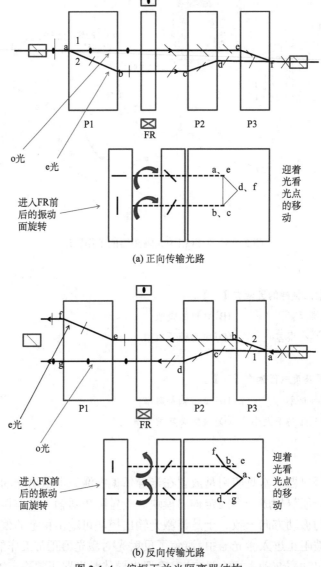

(a) 正向传输光路

(b) 反向传输光路

图 2-1-4　偏振无关光隔离器结构一

P2、P3（平行偏振分束器）与一个法拉第旋转器（FR）组成。双折射晶体平行板 P1、P2、P3 的厚度有如下关系：

$$L_{P1} = \sqrt{2}L_{P2} = \sqrt{2}L_{P3} \tag{2-1-3}$$

P2 的光轴相对 P1 的光轴转过 45° 角，P3 的光轴相对 P2 的光轴转过 90° 角。图 2-1-4(a) 示出了正向传输光的光路图。从光纤输入端输入的自然光经过 P1 分为 1、2 两光束。1 号光在 P1 中是 o 光，直行，经过法拉第旋转器振动方向转过 45° 角，因 P2 相对 P1 的光轴也已转过 45° 角，于是该光在 P2 中还是 o 光，于是，1 号光继续直行，直到 P3 变为 e 光（因为 P3 的光轴相对 P2 转过 90°）被折向光纤输出口。2 号光在 P1 中是 e 光，被下折，经过法拉第旋转器振动方向转过 45° 角，因 P2 相对 P1 的光轴也已转过 45° 角，于是 2 号光继续是 e 光，被折向，到 P3 变为 o 光（因为 P3 的光轴相对 P2 转过 90°）直行。最后，1 号光与 2 号光叠合一起传输，通过光纤输出口。图 2-1-4(b) 示出了反向传输光路图。从光纤输出口反向进入的光在 P3 分为 1、2 两束光。1 号光在 P3 中是 o 光，直行，在 P2 中为 e 光，被折向离散方向，经法拉第旋转器转过 45° 角，偏振方向垂直于纸面，到 P1 变为 o 光，直行，不通过光纤输入端口。同样，2 号光在 P3 中是 e 光，被折向，在 P2 中为 o 光，直行，经法拉第旋转器转过 45° 角，振动方向平行于纸面，在 P1 中属于 e 光，继续被折向离散，同样不经过光纤输入端口。本结构图中，采用 P1、P2、P3 厚度之间的合适关系式(2-1-3)，使得正向 1、2 号光重叠在一起输出。反向传输光反复走离，避开光纤输入端口，实现反向传输光的严重衰减。

探究：

在偏振无关光隔离器结构一中，输入端与输出端是否共轴？设光斑直径为 $d = 0.5\text{mm}$，光波长为 1550nm，YVO_4 材料的平行分束器处于最大离散角状态。若反向光斑中心离开输入端口中心 1.5d 时恰好隔离，则 L_{P1} 取多少？

图 2-1-5 是偏振无关光隔离器结构二。该器件由两块等厚的双折射晶体平板（P1、P2）、一个法拉第旋转器（FR）与一个天然晶体旋转器（RR）组成。其中图(a)和(b)是正向传输光路图，从光纤输入端口进入的光，在 P1 被分为两束光（1、2），1 号光为 o 光，振动方向垂直于主平面，在 P1 中直行，进入天然晶体旋转器 RR 被转过 45°，再经过法拉第旋转器 FR 继续转过 45°，振动方向被转到平行于主平面，在 P2 中是 e 光，被下折；2 号光为 e 光，振动方向平行于主平面，在 P1 中下折，进入天然晶体旋转器 RR 被转过 45°，再经过法拉第旋转器 FR 继续转过 45°，振动方向被转到垂直于主平面，在 P2 中是 o 光直行。最后，1、2 号光束合束进入光纤输出端口输出。图(c)和(d)是反向传输光的光路图。反向传输的光从光纤输出端射入，进入 P2 也分为 1、2 两束光。1 号光是 o 光，光矢量振动方向垂直于主平面，直行，进入 FR 转过 45° 角，再进入 RR 反过来转过 45° 角，光矢量振动方向仍然回到垂直于主平面，在 P1 中还是 o 光，直行，不通过光纤输入端口。同样，2 号光是 e 光，光矢量转动方向平行于主平面，经过 FR 转过 45° 角，再经过 RR 反过来转过 45° 角，最后，光矢量振动方向平行于主平面，在 P1 中仍为 e 光，走离，

不通过光纤输入端口。实现正向无损耗地通过，反向走离，严重衰减，不能通过。

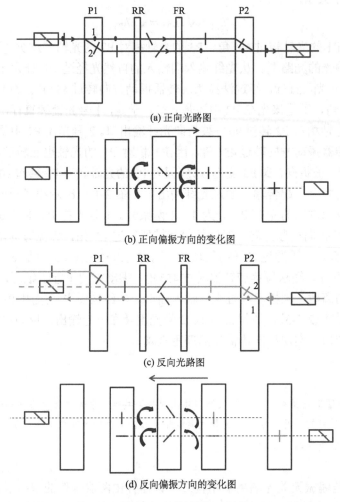

(a) 正向光路图

(b) 正向偏振方向的变化图

(c) 反向光路图

(d) 反向偏振方向的变化图

图 2-1-5　偏振无关光隔离器结构二

　　图 2-1-6 是偏振无关光隔离器结构三，wedge 型走离结构。该结构只有三个元件，两块楔形偏振分束器(P1、P2)与一个法拉第旋转器(FR)。P2 的光轴相对 P1 转过 45°角。图 2-1-6(a)是正向传输光路图。从光纤输入端口输入的光，在 P1 被分为两束光：光束 1 与光束 2。1 号光束振动方向垂直于主平面，是 o 光，经法拉第旋转器，振动方向转 45°角，恰遇 P2 的光轴也转了 45°角。于是，1 号光线在 P2 中也是 o 光，水平输出。2 号光线在 P1 中是 e 光，振动方向平行于主平面，经过 P1 较大下折，再经过 FR，振动方向转过 45°角，在 P2 中也是 e 光，经 P2 也被折向水平输出，1、2 号光束不完全重合，有个微小的位移，但可经光纤透镜聚焦合束有效输出。反向光经过光纤输出端进入后，在 P2 也被分为两束光。如图 2-1-6(b)所示。1 号光是 o 光，光矢量振动方向垂直于主平面，光略上折，经 FR，振动方向转过 45°角，在 P1 中属于 e 光，被下折，不经过光纤输入端。2 号光线是 e 光，光矢量振动方向平行于主平面，以较大角上折，在 FR 中，振动方向转过 45°角，在

P1 中为 o 光，被上折，也不经过光纤输入端。反向光走离，严重损耗。

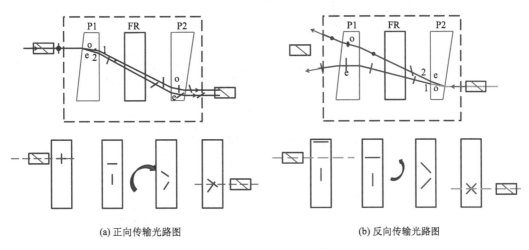

(a) 正向传输光路图　　　　　　　　　　　　　(b) 反向传输光路图

图 2-1-6　偏振无关光隔离器结构三

思考：

偏振无关光隔离器结构一、结构二与结构三有何共同点，有何不同点？

　　Wedge 型偏振无关光隔离器虽然有缺陷，但它的优势是明显的。它包含的光学元件少，组装也相对容易，不失为一个光隔离器的流行款式。该款式的主要缺陷是 1、2 两束光不重叠，有一个小的位移。为了克服这个缺陷，可将该隔离器进行级联，级联后的隔离器的光束是重叠的。图 2-1-7 示出了级联 wedge 型偏振无关光隔离器的结构与工作原理。P11、FR1、P12 构成一个 wedge 型结构，P21、FR2、P22 构成另一个 wedge 型结构，设计安装时，保持 P12 与 P21 的光轴转过 90°，使得正向传输的光在前一个结构中的 o 光射入后一个结构中变为 e 光，在前一个结构中的 e 光射入后一个结构中变为 o 光，在两个结构中，相互补偿，最后实现正向光的重叠输出。对于反向光，两个结构级联，使反向光反复走离，实现严重损耗。

　　偏振无关光隔离器的主要应用场合是置于光放大器内部，阻止反向光进入放大器内部引起对光放大的干扰，保证信号光得到准确的放大。

　　偏振无关光隔离器的主要技术指标除了前面提到的插入损耗 IL、隔离度 I_{so}、回波损耗 RL 之外，还有偏振相关损耗 PDL（polarization dependent loss）、偏振模色散 PMD（polarization mode dispersion）等。理想情况下，保持其他条件不变，当输入光的偏振态发生改变时，输出光光功率应该不变，即 PDL = 0 。实际上，做不到。

$$PDL = IL_{max} - IL_{min} \qquad (2\text{-}1\text{-}4)$$

式中，IL_{max} 是最大损耗；IL_{min} 是最小损耗。引起 PDL 的主要原因是准直器对偏振态不同的耦合损耗。由于光隔离器元件各个界面均镀有增透膜，各界面不同的菲涅耳折射系数引起的损耗差异可以忽略。PDL 的典型值为 0.05dB。偏振模色散 PMD 的主要诱因是双折射晶体中正常光折射率与非常光折射率的不同，典型值为 0.20ps。

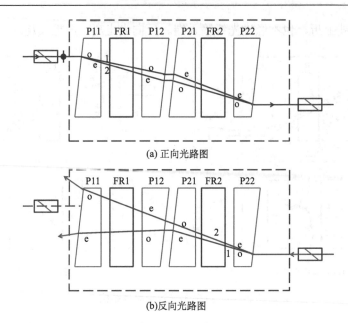

(a) 正向光路图

(b)反向光路图

图 2-1-7　级联 wedge 型偏振无关光隔离器

上面所述光隔离器均属于块状型结构。该结构由多个独立的元件(如法拉第旋转器、偏振器、双折射晶体等)组成，通过自聚焦透镜连接到光纤链路中。该结构的光隔离器已投入实际应用。光隔离器还有波导型结构(包括光纤型)，尚处于实验室研发阶段，有关技术指标有待于改进与提高。

现今的光隔离器的发展方向是小型化、集成化、高技术指标化与实用化。

2.1.2　光环形器

光环形器(circulator)也是一种非互易器件，相当于由多个隔离器组合而成。光从端口 A 到端口 B、从端口 B 到端口 C，从端口 C 到端口 A 的正向传输无损耗地通过，而倒过来的传输，如从端口 B 到端口 A、从端口 C 到端口 B 的传输，将出现严重衰减。这是闭合的三端口光环形器。许多应用场合，只需从端口 A 到端口 B、从端口 B 到端口 C 的传输，我们称这种结构为三端口开环光环形器，如图 2-1-8(a) 所示。三端口光环形器用如图 2-1-8(b) 所示的符号来表示。

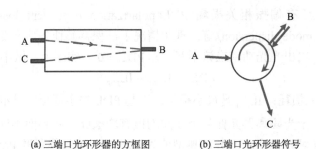

(a) 三端口光环形器的方框图　　　　(b) 三端口光环形器符号

图 2-1-8　三端口光环形器

　　图 2-1-9 所示是环形器结构一。该环形器由两个偏振合束(分束)器 PBS1、PBS2,两个三棱镜(1、2)、一个法拉第旋转器 FR 与一个天然晶体旋转器 AR 组成。偏振分束(合束)器是在三棱镜斜面上用镀膜技术制作多层膜,然后由两块三棱镜粘起来的稳定结构。它能将自然光分为两束,一束光矢量振动方向在入射面内的,直行;另一束,偏振方向垂直于入射面的,被反射(具体细节参见 1.3.1 节中的介绍)。如图 2-1-9 所示,当光从端口 A 输入时,振动方向在入射面内的光直行,经 FR 转过 45° 角,再经 AR 继续转过 45° 角,结果振动方向垂直于入射面,经三棱镜 2 反射,再经 PBS2 反射向端口 B。从 PBS1 出来的偏振方向与入射面垂直的光,经三棱镜 1 反射,再经 FR 转过 45° 角,再经 AR 又转过 45° 角,结果偏振方向变为入射面内,在 PBS2 中直行通过。由于结构的对称性,两束光在 PBS2 重叠并在端口 B 输出,实现从端口 A 到端口 B 的传输。同样,端口 B 输入的光,在 PBS2 中也分为两束光,一束光,偏振方向在入射面内,直行,经 AR 转过 45° 角,再经 FR 反过来转 45° 角,偏振方向仍平行于入射面,经三棱镜 1 反射,进入 PBS1 直行;PBS2 的另一束光,振动方向垂直于入射面,被 PBS2 反射,再经三棱镜 2 反射,进入 AR,振动方向转过 45° 角,再经过 FR 反转 45° 角,最后振动方向还是垂直于入射面,进入 PBS1 并被反射。最后,两束光在 PBS1 重叠沿端口 C 出射,实现从端口 B 向端口 C 的传输。

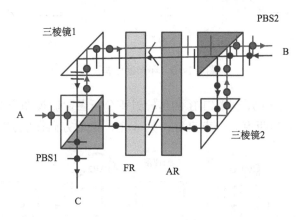

图 2-1-9　环形器结构一

　　上述环形器具有三个端口,是 Takao Matsumoto 所建议的。常见的环形器还有四端口的。与光隔离器类同,光环形器的特性参数也有插入损耗 IL(典型值 0.7dB)、回波损耗 RL(典型值 55dB)、隔离度 I_{so}(典型值 45dB)、偏振相关损耗 PDL(典型值 0.1dB)、偏振模色散 PMD(典型值 0.05ps)等。除此之外,由于光环形器是多端口的,串扰 CT(cross talk)是一个特色指标。从端口 A 输入的光,没有全部进入端口 B,在端口 C 也有部分输出,这构成了对端口 C 信号的干扰。串扰 CT 被定义为

$$CT = -10\lg\frac{P_{Cout}}{P_{Ain}} \tag{2-1-5}$$

式中,P_{Ain} 是环形器端口 A 的输入光功率;P_{Cout} 是环形器端口 C 的输出光功率。CT 的

典型值为50dB。

思考：

在环形结构一中，试分析在端口 B 输入的光传输到端口 A 输出的可能性。

图 2-1-10 是环形器结构二。该环形器是三端口的（A、B、C），由三块双折射晶体（BC1、BC2、BC3）、两个组合天然晶体旋转器（AR1、AR2）、两个法拉第旋转器（FR1、FR2）组成。其中 BC1、BC2 用于偏振光的合束与分束，BC3 用于光路的直通与下折的改变。FR1 与 FR2 的旋光方向相反。AR1、AR2 是相同的两个组合天然晶体旋转器，分别由 PAR 与 NAR 组成。PAR 与 NAR 是一对旋光方向正好相反、旋转角度均为 45° 的天然晶体旋转器。

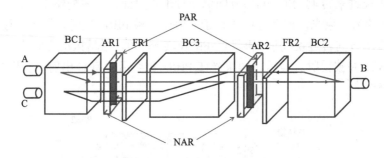

图 2-1-10　环形器结构二

图 2-1-11 是光从端口 A 到端口 B 的传输过程分析图。俯视图中看到，从端口 A 进入的光在 BC1 中被分为两束。一束直行，为 o 光，振动方向在竖直方向，经 PAR1 右

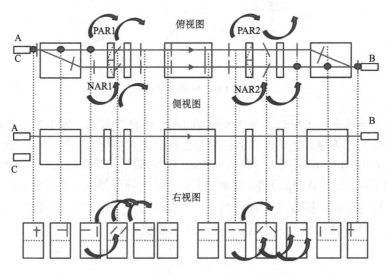

图 2-1-11　从端口 A 到端口 B 的传输

旋 45°角，再经 FR1 再右旋 45°角，结果振动方向变为水平方向。水平方向的振动，对于 BC3 来说是 o 光，直通，再到 PAR2 右旋 45°角，但在 FR2 左旋 45°角，结果振动方向仍为水平方向，水平方向的偏振对 BC2 来说是 e 光，被折向 B 端口。俯视图中，BC1 出射的另一束光属于 e 光，偏振方向在水平方向，被折离 o 光，经 NAR1 左旋 45°角，再经 FR1 右旋 45°角，结果偏振方向仍为水平方向，水平方向的偏振光在 BC3 中属于 o 光，直通，到 NAR2 左旋 45°角，再经 FR2 又左旋 45°角，结果振动方向变为竖直方向，竖直方向的偏振光在 BC2 中属于 o 光，直通。这样从端口 A 输入的光分为振动方向相互垂直的偏振光，经历一系列变化，又变为两个相互垂直的偏振光在端口 B 叠合同向输出。从侧视图，也是正视图，可以看到光从端口 A 到端口 B 的传输过程中，光线的高度是不变的。右视图是迎着光看，虚线对应位置处记录了光的偏振方向。读者可结合俯视图与右视图，一起核对体会光矢量方向的旋转。

　　图 2-1-12 是光从端口 B 到端口 C 的传输过程分析图。首先看侧视图，晶体 BC3 改变了光的传输高度，端口 B 位于端口 C 上方。在俯视图中看到，从端口 B 进入的光在 BC2 中被分为两束。一束直行，为 o 光，振动方向在竖直方向上，经 FR2，右旋 45°角，又经 NAR2 左旋 45°角，结果振动方向不变，仍为竖直方向，竖直方向的振动对于 BC3 来说是 e 光，下折，再到 FR1 左旋 45°角，在 NAR1 处再左旋 45°角，结果振动方向变为水平方向，水平方向的偏振光对 BC1 来说是 e 光，被折向端口 C。俯视图中，BC2 出射的另一束光属于 e 光，偏振方向在水平方向，被折离 o 光，经 FR2 右旋 45°角，再经 PAR2 右旋 45°角，结果偏振方向转过 90°，变为竖直方向，竖直方向的偏振光在 BC3 属于 e 光，下折，到 FR1 左旋 45°角，再经 PAR1 右旋 45°角，结果振动方向不变，仍为竖直方向，竖直方向的偏振光在 BC1 中属于 o 光，直通。这样从端口 B 输入的光分为振动方向相互垂直的偏振光，经历一系列变化，又变为两个相互垂直的偏振光在端口 C 叠合同向输出。左视图是迎着光看，虚线对应位置处记录了光的偏振方向。

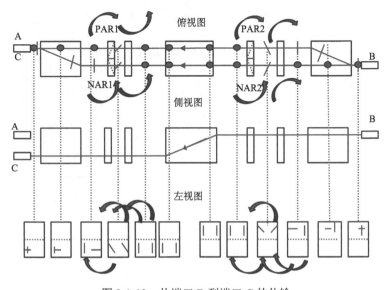

图 2-1-12　从端口 B 到端口 C 的传输

思考:

在环形器结构二中的用双折射晶体制作的平行偏振分束器与结构一中的胶合棱镜偏振分束器相比,有什么优势?

光环形器的基本应用是从入射光路中分离出反向传输的光束,以便于运用、分析、测量反向运行的光束。在光时域反射仪 OTDR 中,运用脉冲光在待测光纤中传输时的反射光(回波:遭遇光纤中细小颗粒的散射或微小界面的反射)来分析待测光纤的质量与故障,而反射光的引出可由光环形器来实现,如图 2-1-13 所示。从 S 发出的脉冲光通过光环形器进入待测光纤 F,在 F 中被反射,反射光通过环形器进入弱光探测器 D。若回波均匀衰退,说明光纤无故障;若回波出现突然增加,说明遭遇较强反射,反射面离开端面的距离可通过回波时间来计算。在图 2-1-14 中,设计者运用两个光环形器 C_1、C_2,使用同一波长,在同一光纤 F 的两端,实现双向通信。S_1 光发射机通过环形器 C_1 进入光纤 F,在光环形器 C_2 中,光传播到检测器 D_1 被检测;同样,S_2 光发射机通过环形器 C_2 进入光纤 F,在光环形器 C_1 中,光传播到检测器 D_2 被检测。光环形器可以与布拉格光纤光栅组合实现光的上下光路,光环形器还可以与啁啾光纤光栅组合实现色散补偿,具体可参见本章第 4 节的内容。

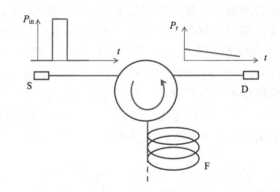

图 2-1-13　OTDR 原理

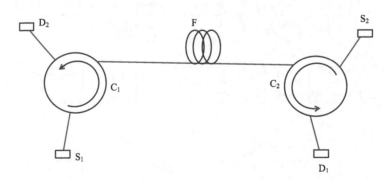

图 2-1-14　双向通信

2.2　光波导器件

介质光波导可分为平面光波导与条形光波导。光纤属于圆柱形光波导,它是条形光波导的一种特殊形式。

2.2.1　平面光波导

平面光波导,又称二维光波导,光在一个方向上受到约束后,可在平面内无约束地传输,如图 2-2-1 所示。折射率 n_1 最大,所在的介质层被称为波导层。折射率 n_2 的介质层位于波导层的下方,被称为衬底层。折射率 n_3 的介质层位于波导层的上方,被称为覆盖层,有时,波导层上方无固体介质,一般是空气覆盖层, $n_3 = 1$ 。

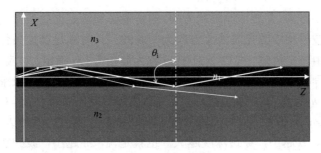

图 2-2-1　平面光波导

设 $n_1 > n_2 > n_3$ 成立,如图 2-2-1 所示,若在波导层中光的入射角 $\theta_i < \arcsin\left(\dfrac{n_3}{n_1}\right)$,则波导层中的光就会折射到覆盖层,称此模式为覆盖层辐射模;若在波导层中光的入射角满足 $\arcsin\left(\dfrac{n_3}{n_1}\right) < \theta_i < \arcsin\left(\dfrac{n_2}{n_1}\right)$,则波导层中的光就会折射到衬底层,称此模式为衬底辐射模;若在波导层中光的入射角 $\theta_i > \arcsin\left(\dfrac{n_2}{n_1}\right)$,则波导层中的光在上下两个界面上均发生全反射,称此模式为导模。

思考:

将光从空气射入波导端面后能引起导模传输的最大入射角的正弦与空气折射率 n_0 的乘积定义为波导的数值孔径 N.A.,则 N.A. =【　】。

(A) $\sqrt{n_1^2 - n_0^2}$　　　　(B) $\sqrt{n_1^2 - n_2^2}$　　　　(C) $\sqrt{n_1^2 - n_3^2}$　　　　(D) $\sqrt{n_2^2 - n_3^2}$

当然,不是所有满足 $\theta_i > \arcsin\left(\dfrac{n_2}{n_1}\right)$ 的光均能在波导层中稳定传输的。波导层中的光还应满足驻波条件。

如图 2-2-2 所示,设波导层厚度为 d,波线 ABCD 与波线 A′B′C′D′ 入射角 θ_i 相同,BB′ 位于同一波阵面上,CC′ 也位于同一波阵面上。BC 间的相位改变为 $2n_1k\overline{BC} - 2\phi_{12} - 2\phi_{13}$,B′C′ 间的相位改变为 $2n_1k\overline{B'C'}$,可以推出两光线的相位差

$$\Delta = \left(2n_1k\overline{BC} - 2\phi_{12} - 2\phi_{13}\right) - \left(2n_1k\overline{B'C'}\right) = 2n_1kd\cos\theta_i - 2\phi_{12} - 2\phi_{13}$$

该相位差应为 2π 的整数倍,即

$$2n_1kd\cos\theta_i - 2\phi_{12} - 2\phi_{13} = 2m\pi \qquad m = 0,1,2,3,\cdots \qquad (2\text{-}2\text{-}1)$$

上式称为导波的特征方程。记波导层中波矢的 x 分量

$$k_{1x} = k_1\cos\theta_i = n_1k\cos\theta_i \qquad\qquad (2\text{-}2\text{-}2)$$

式(2-2-1)可表达为

$$k_{1x}d - \phi_{12} - \phi_{13} = m\pi \qquad m = 0,1,2,3,\cdots \qquad (2\text{-}2\text{-}3)$$

上式表明,波在 x 方向(光波传输限制方向)的传输必须满足谐振条件,即考虑到界面反射的相位改变,波导层中的光波沿 x 方向为一驻波。只有满足谐振条件(特征方程)的光波才能在波导层中稳定传输。式(2-2-3)中 m 称为波指数。m 确定,对应的入射角也确定,对应一个确定的导模模式。对于一定的波长与折射率分布,我们可以求解出一定数量满足全反射条件的 m 与 θ_i,可以确定波导中可能存在的导模模式。$m = 0$,称基模。m 值较小,称为低阶模;m 值较大,称为高阶模。m 越小,k_{1x} 越小,θ_i 越大,穿透深度越小;m 越大,k_{1x} 越大,θ_i 越小,穿透深度越大。也就是说,m 越小,波的能量透入约束层的深度就越浅,能量就越集中;m 越大,波的能量透入约束层的深度就越深,能量就越分散。在波导层中,x 方向为驻波形式 $\cos\left(k_{1x}x + \phi\right)$,$m$ 越小,k_{1x} 越小,变化的空间频率就越小,出现的波节数目将越小;m 越大,k_{1x} 越大,变化的空间频率就越大,出现的波节数目将越多。m 实际上为驻波的节点数目。设波导层位于 $-X_A < x < X_B$,TE 模导模的传输方程可写为

$$E_1 = E_{10}\cos\left(k_{1x}x + \phi\right)\exp\left[-\mathrm{j}\left(\beta z - \phi\right)\right] \quad -X_A < x < X_B \qquad (2\text{-}2\text{-}4a)$$

$$E_2 = E_{20}\exp\left[\alpha_2\left(X_A + x\right)\right]\exp\left[-\mathrm{j}\left(\beta z - \phi\right)\right] \quad x < -X_A \qquad (2\text{-}2\text{-}4b)$$

$$E_3 = E_{30}\exp\left[-\alpha_3\left(-X_B + x\right)\right]\exp\left[-\mathrm{j}\left(\beta z - \phi\right)\right] \quad x > X_B \qquad (2\text{-}2\text{-}4c)$$

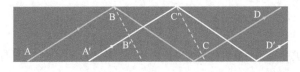

图 2-2-2　导波相位差

由于 TE 模与 TM 模的相移 ϕ_{12}、ϕ_{13} 是不同的,所以 TE 模与 TM 模的 θ_i 也略有差异。如图 2-2-3 展示出了 TE 模,$m=0$、1、2 的波形。在两侧约束层中,指数下降;在波导层中为驻波形式,$m=0$ 无节点,$m=1$ 有一个节点,$m=2$ 有两个节点。m 越小,穿透越浅,能量越集中;m 越大,穿透越深,能量光斑越大。对于 TM 模,情形也类同。

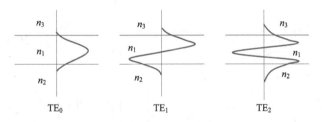

图 2-2-3　TE 低阶模

当光波波长与折射率分布一定时，波导中存在的模式的种类与数目是一定的。外界不同的激励方式可以激励出不同强度的导模模式，但不能改变波导中固有存在的导模模式。

思考：
对于 TE 波，增加波导层厚度或增加波导层折射率，会引起波导层中的导模数量如何改变？

当 θ_1 小于 θ_{C12} 时，在衬底界面的全反射将被打破，波导导模将不存在。对应波长称截止波长，根据式(2-2-3)，令 $\phi_{12}=0$，$k_{1x}=2\pi/\lambda\cdot n_1\cos\theta_{C12}$，可推得

$$\lambda_C=\frac{2\pi d\sqrt{n_1^2-n_2^2}}{m\pi+\phi_{13}} \tag{2-2-5}$$

m 越大，截止波长越短，只有 $\lambda<\lambda_C$ 的光才能在 m 阶导模中传输。$m=0$ 时，截止波长最长。由于 TE 波、TM 波的相角 ϕ_{13} 略有差异，所以 TE 波与 TM 波的 λ_C 也略有差异，TE_0 的截止波长最长。当波长介于 TE_0 模的截止波长与 TM_0 模的截止波长之间时，只有 TE_0 模可以传输，此即单模传输。

若 $n_2=n_3$，此种波导称为对称波导。截止波长为

$$\lambda_C=\frac{2d\sqrt{n_1^2-n_2^2}}{m} \tag{2-2-6}$$

$m=0$ 时，$\lambda_C=\infty$，无截止现象。

【例 2-2-1】 若厚度为 $d=5.00\mu m$ 的平板介质光波导的波导层折射率为 $n_1=3.480$，衬底层折射率为 $n_2=3.250$，覆盖层折射率为 $n_3=3.150$。试分别求出 TE 模、TM 模的两个最低的模的截止波长。指出该波导能单模传输的波长。

解：由式(1-3-15)可推得临界 TE 模的半相移

$$\phi_{13}=\arctan\sqrt{\frac{(n_2)^2-(n_3)^2}{(n_1)^2-(n_2)^2}}=\arctan\sqrt{\frac{(3.250)^2-(3.150)^2}{(3.480)^2-(3.250)^2}}=0.5714$$

$m=0$ 阶 TE 模的截止波长

$$\lambda_{CTE0}=\frac{2\pi d\sqrt{n_1^2-n_2^2}}{\phi_{13}}=\frac{2\pi\times5.00\times\sqrt{(3.480)^2-(3.250)^2}}{0.5714}=68.4039\mu m$$

$m=1$ 阶 TE 模的截止波长

$$\lambda_{CTE1} = \frac{2\pi d \sqrt{n_1^2 - n_2^2}}{\pi + \phi_{13}} = \frac{2\pi \times 5.00 \times \sqrt{(3.480)^2 - (3.250)^2}}{\pi + 0.5714} = 10.5268\mu m$$

由式（1-3-13）可推得临界 TM 模的相移

$$\phi_{13} = \arctan\left[\left(\frac{n_1}{n_3}\right)^2 \sqrt{\frac{(n_2)^2 - (n_3)^2}{(n_1)^2 - (n_2)^2}}\right] = \arctan\left[\left(\frac{3.480}{3.150}\right)^2 \sqrt{\frac{(3.250)^2 - (3.150)^2}{(3.480)^2 - (3.250)^2}}\right] = 0.6654$$

$m = 0$ 阶 TM 模的截止波长

$$\lambda_{CTM0} = \frac{2\pi d \sqrt{n_1^2 - n_2^2}}{\phi_{13}} = \frac{2\pi \times 5.00 \times \sqrt{(3.480)^2 - (3.250)^2}}{0.6654} = 58.7406\mu m$$

$m = 1$ 阶 TM 模的截止波长

$$\lambda_{CTM1} = \frac{2\pi d \sqrt{n_1^2 - n_2^2}}{\pi + \phi_{13}} = \frac{2\pi \times 5.00 \times \sqrt{(3.480)^2 - (3.250)^2}}{\pi + 0.6654} = 10.2669\mu m$$

该波导能单模传输的波长为 $58.7406 \sim 68.4039\mu m$。

【例 2-2-2】厚度为 $d = 4.50\mu m$ 的平板介质光波导的波导层折射率为 $n_1 = 3.590$，衬底层折射率为 $n_2 = 3.450$，覆盖层折射率为 $n_3 = 3.450$。试分别求出波长为 $\lambda = 980nm$ 的 TE 模与 TM 模的模式个数。指出该波长实现单模传输的波导层厚度。

解：取相移

$$\phi_{13} = \phi_{12} = 0$$

由式（2-2-3）可得临界状态时

$$k_{1x}d = m\pi$$

临界状态时

$$k_{1x} = \frac{2\pi}{\lambda}n_1\cos\theta_i = \frac{2\pi}{\lambda}n_1\sqrt{1 - \left(\frac{n_2}{n_1}\right)^2} = \frac{2\pi}{\lambda}\sqrt{n_1^2 - n_2^2}$$

于是，TE 模的 m 满足 $\frac{2\pi}{\lambda}\sqrt{n_1^2 - n_2^2}d = m\pi$

$$m = \frac{2d}{\lambda}\sqrt{n_1^2 - n_2^2} = \frac{2 \times 4.50 \times 10^{-6}}{980 \times 10^{-9}}\sqrt{(3.590)^2 - (3.450)^2} = 9.12$$

取 $m = 9$。即 TE 模共有 10 个模。同理，TM 模也有 10 个模。TE 模与 TM 模的模式总数为 20 个。

单模时，$m < 1$，于是

$$d < \frac{1}{\sqrt{n_1^2 - n_2^2}} \cdot \frac{\lambda}{2} = \frac{980 \times 10^{-9}}{2\sqrt{(3.590)^2 - (3.450)^2}} = 4.94 \times 10^{-7}m = 0.494\mu m$$

2.2.2　条形光波导

条形光波导，又称沟道光波导。光波在两个方向上得到约束。如图 2-2-4 所示，条形光波导分为加载型、脊型、掩埋型三种。

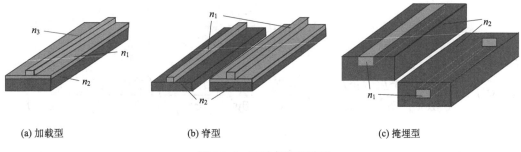

(a) 加载型　　　　　　　　　(b) 脊型　　　　　　　　　(c) 掩埋型

图 2-2-4　三种条形光波导

　　下面，用电磁场理论来讨论光在条形光波导中的传输问题。设介质为非磁性介质，即介质介电常数

$$\varepsilon = \varepsilon_0 \varepsilon_r(\vec{r}) \tag{2-2-7a}$$

式中，$\varepsilon_0 = 8.85 \times 10^{-12} \mathrm{C}^2/(\mathrm{N}\cdot\mathrm{m}^2)$ 为真空中的介电常数；ε_r 是相对介电常数，它在本问题中是各向同性介质的常数，在以后的一些讨论中是空间位置的变量。考虑非磁性介质，磁导率

$$\mu = \mu_0 \tag{2-2-7b}$$

式中，$\mu_0 = 4\pi \times 10^{-7}\mathrm{T}\cdot\mathrm{m/A}$，也就是真空中的磁导率。电磁场物理量间的关系为

$$\vec{D} = \varepsilon_0\vec{E} + \vec{P} = \varepsilon_0\vec{E} + \vec{P}_0 + \Delta\vec{P} = \varepsilon_0\varepsilon_r\vec{E} + \Delta\vec{P} \tag{2-2-8a}$$

$$\vec{B} = \mu_0\vec{H} \tag{2-2-8b}$$

$\vec{P}$ 是介质的电极化强度；$\vec{P}_0$ 是理想情况下或不受扰动时的电极化强度；$\Delta\vec{P} = \vec{P} - \vec{P}_0$ 是电极化强度相对理想情况下的微小扰动量。在讨论波导导模模式耦合问题时，将导模能量的变化看作是因 $\Delta\vec{P}$ 而起的，以后会用到。$\vec{D}$ 是介质中的电位移矢量；$\vec{B}$ 是介质中的磁感强度。电磁场物理量间的关系遵守麦克斯韦方程组

$$\nabla \cdot \vec{D} = 0 \tag{2-2-9a}$$

$$\nabla \times \vec{E} = -\frac{\partial \vec{B}}{\partial t} \tag{2-2-9b}$$

$$\nabla \cdot \vec{B} = 0 \tag{2-2-9c}$$

$$\nabla \times \vec{H} = \frac{\partial \vec{D}}{\partial t} \tag{2-2-9d}$$

将式 (2-2-8) 代入上式后进行旋度操作并可整理为下式：

$$\nabla^2\vec{E} - \mu_0\varepsilon\frac{\partial^2\vec{E}}{\partial t^2} = \mu_0\frac{\partial^2(\Delta\vec{P})}{\partial t^2} \tag{2-2-10a}$$

对于无扰动的均匀介质 $\Delta\vec{P} = 0$，上式为

$$\nabla^2\vec{E} - \mu_0\varepsilon\frac{\partial^2\vec{E}}{\partial t^2} = 0 \tag{2-2-10b}$$

我们同样可以推得磁场强度 $\vec{H}$ 满足

$$\nabla^2 \vec{H} - \mu_0 \varepsilon \frac{\partial^2 \vec{H}}{\partial t^2} = 0 \tag{2-2-10c}$$

式中的符号 $\nabla^2 \vec{E}$、$\nabla^2 \vec{H}$ 记为

$$\nabla^2 \vec{E} = \vec{i}\left(\frac{\partial^2 E_x}{\partial x^2} + \frac{\partial^2 E_x}{\partial y^2} + \frac{\partial^2 E_x}{\partial z^2}\right) + \vec{j}\left(\frac{\partial^2 E_y}{\partial x^2} + \frac{\partial^2 E_y}{\partial y^2} + \frac{\partial^2 E_y}{\partial z^2}\right) + \vec{k}\left(\frac{\partial^2 E_z}{\partial x^2} + \frac{\partial^2 E_z}{\partial y^2} + \frac{\partial^2 E_z}{\partial z^2}\right)$$

$$\tag{2-2-11a}$$

$$\nabla^2 \vec{H} = \vec{i}\left(\frac{\partial^2 H_x}{\partial x^2} + \frac{\partial^2 H_x}{\partial y^2} + \frac{\partial^2 H_x}{\partial z^2}\right) + \vec{j}\left(\frac{\partial^2 H_y}{\partial x^2} + \frac{\partial^2 H_y}{\partial y^2} + \frac{\partial^2 H_y}{\partial z^2}\right) + \vec{k}\left(\frac{\partial^2 H_z}{\partial x^2} + \frac{\partial^2 H_z}{\partial y^2} + \frac{\partial^2 H_z}{\partial z^2}\right)$$

$$\tag{2-2-11b}$$

对于如图 2-2-5 所示沿 z 向全同的矩形条形波导的横截面 Oxy 上的电介质分布，我们可以应用式(2-2-10b)和式(2-2-10c)进行处理。设

$$\vec{E}(x,y,z,t) = \vec{E}(x,y)\exp\left[\mathrm{j}(\omega t - \beta z)\right] \tag{2-2-12a}$$

$$\vec{H}(x,y,z,t) = \vec{H}(x,y)\exp\left[\mathrm{j}(\omega t - \beta z)\right] \tag{2-2-12b}$$

$$\varepsilon_r = n^2 \tag{2-2-12c}$$

将式(2-2-12)代入式(2-2-10b)和式(2-2-10c)，整理可得

$$\nabla_t^2 \vec{E}(x,y) + \left(n^2 k^2 - \beta^2\right)\vec{E}(x,y) = 0 \tag{2-2-13a}$$

$$\nabla_t^2 \vec{H}(x,y) + \left(n^2 k^2 - \beta^2\right)\vec{H}(x,y) = 0 \tag{2-2-13b}$$

此式就是波导场方程。式中，

$$\nabla_t^2 \vec{E}(x,y) = \vec{i}\left(\frac{\partial^2 E_x}{\partial x^2} + \frac{\partial^2 E_x}{\partial y^2}\right) + \vec{j}\left(\frac{\partial^2 E_y}{\partial x^2} + \frac{\partial^2 E_y}{\partial y^2}\right) + \vec{k}\left(\frac{\partial^2 E_z}{\partial x^2} + \frac{\partial^2 E_z}{\partial y^2}\right) \tag{2-2-14a}$$

$$\nabla_t^2 \vec{H}(x,y) = \vec{i}\left(\frac{\partial^2 H_x}{\partial x^2} + \frac{\partial^2 H_x}{\partial y^2}\right) + \vec{j}\left(\frac{\partial^2 H_y}{\partial x^2} + \frac{\partial^2 H_y}{\partial y^2}\right) + \vec{k}\left(\frac{\partial^2 H_z}{\partial x^2} + \frac{\partial^2 H_z}{\partial y^2}\right) \tag{2-2-14b}$$

在理论上，条形波导的模式研究，就是在一定边界条件下求解波导场方程式(2-2-13)。波导场方程类似于本征值方程，电磁场量对应于本征函数，$\left(n^2 k^2 - \beta^2\right)$ 或 β 对应于本征值。根据方程(2-2-13)以及相应的边界条件，可以求出电磁场量 $\vec{E}(x,y)$、$\vec{H}(x,y)$ 以及 β 的值。当一个波导的折射率分布确定，它的电磁模式的种类与数量就客观确定了，与外界激励的方式方法无关。一个电磁场分布与传播常数的解，就对应一个电磁模式。表面上看，每一个电磁模式有 E_x、E_y、E_z 与 H_x、H_y、H_z 6 个电磁场物理量。但实际上，这 6 个量由麦克斯韦方程组关联着，它们并非独立。我们只需求解其中的一个量就能确定其他的电磁量。比如，矩形条形波导常见的模式 E_{mn}^x 就只需求解 H_y 的波导场方程：

$$\left(\frac{\partial^2 H_y}{\partial x^2} + \frac{\partial^2 H_y}{\partial y^2}\right) + \left(n^2 k^2 - \beta^2\right) H_y = 0 \tag{2-2-15}$$

而其他的电磁场分量可通过下式求解:

$$H_x = 0 \tag{2-2-16a}$$

$$H_z = -\frac{\mathrm{j}}{\beta}\frac{\partial H_y}{\partial y} \tag{2-2-16b}$$

$$E_x = \frac{\omega\mu_0}{\beta} H_y + \frac{1}{\omega\varepsilon\beta}\cdot\frac{\partial^2 H_y}{\partial x^2} \tag{2-2-16c}$$

$$E_y = \frac{1}{\omega\varepsilon\beta}\cdot\frac{\partial^2 H_y}{\partial x \partial y} \tag{2-2-16d}$$

$$E_z = -\frac{\mathrm{j}}{\varepsilon\omega}\frac{\partial H_y}{\partial x} \tag{2-2-16e}$$

探究:

写出 TE 波的波导场方程在平面波导(如图 2-2-1 所示,波导层 $-\frac{d}{2} < x < \frac{d}{2}$)各层中的表达式,讨论其解的形式以及电磁场边界条件所表现的形式。

马卡梯里将矩形条形光波导分为 9 个区域,如图 2-2-5 所示。1 区为波导区(折射率 n_1,长 $X_A + X_B$,宽 $W_A + W_B$),2 区(折射率 n_2)、3 区(折射率 n_3)、4 区(折射率 n_4)、5 区(折射率 n_5)与波导区均有较宽的接触边界,起到对波导区光波约束的主要作用,6、7、8、9 区与波导区接触非常少,可忽略光波在这些区域的能量。对于 1 区,可写出波导场方程

$$\left(\frac{\partial^2 H_y}{\partial x^2} + \frac{\partial^2 H_y}{\partial y^2}\right) + \left(k_{1x}^2 + k_{1y}^2\right) H_y = 0 \tag{2-2-17}$$

显然

$$k_{1x}^2 + k_{1y}^2 = k_1^2 - \beta^2 = n_1^2 k^2 - \beta^2 \tag{2-2-18}$$

成立。式(2-2-17)可分离变量,它的解为

$$H_{y1}(x, y) = H_1 \cos\left(k_{1x} x + \phi_x\right) \cdot \cos\left(k_{1y} y + \phi_y\right) \tag{2-2-19}$$

在 2、3 区,波导场方程为

$$\left(\frac{\partial^2 H_y}{\partial x^2} + \frac{\partial^2 H_y}{\partial y^2}\right) + \left(k_{1x}^2 - \alpha_i^2\right) H_y = 0 \qquad i = 2,3 \tag{2-2-20}$$

并且有关系

$$\left(k_{1x}^2 - \alpha_i^2\right) = k_i^2 - \beta^2 = n_i^2 k^2 - \beta^2 \qquad i = 2,3 \tag{2-2-21}$$

式(2-2-20)也可分离变量，考虑到 y 无穷远处，场量为 0。在 2 区，其解为

$$H_{y2}(x,y) = H_2\cos(k_{1x}x + \phi_x) \cdot \exp\left[\alpha_2(W_B + y)\right] \tag{2-2-22a}$$

在 3 区，其解为

$$H_{y3}(x,y) = H_3\cos(k_{1x}x + \phi_x) \cdot \exp\left[-\alpha_3(-W_A + y)\right] \tag{2-2-22b}$$

在 4、5 区，波导场方程为

$$\left(\frac{\partial^2 H_y}{\partial x^2} + \frac{\partial^2 H_y}{\partial y^2}\right) + \left(k_{1y}^2 - \alpha_i^2\right)H_y = 0 \qquad i = 4,5 \tag{2-2-23}$$

并且有关系

$$k_{1y}^2 - \alpha_i^2 = k_i^2 - \beta^2 = n_i^2 k^2 - \beta^2 \qquad i = 4,5 \tag{2-2-24}$$

式(2-2-23)也可分离变量，考虑到 x 无穷远处，场量为 0。在 4 区，其解为

$$H_{y4}(x,y) = H_4\cos(k_{1y}y + \phi_y) \cdot \exp\left[-\alpha_4(-X_A + x)\right] \tag{2-2-25a}$$

在 5 区，其解为

$$H_{y5}(x,y) = H_5\cos(k_{1y}y + \phi_y) \cdot \exp\left[\alpha_5(X_B + x)\right] \tag{2-2-25b}$$

电磁场模式在 5 个表达式(2-2-19)、式(2-2-22)和式(2-2-25)中有 14 个待定量（k_{1x}、k_{1y}、$k_{1z} = \beta$、ϕ_x、ϕ_y、$H_i(i=1,2,3,4,5)$、$\alpha_i(i=2,3,4,5)$），恰巧也有 14 个条件与之匹配，它们是电磁场在四个边界的 8 个独立方程（分别是 H_y 连续与 H_y 的一次导数关系）及式(2-2-18)、式(2-2-21)、式(2-2-24)的 5 个独立方程，外加波导中传输的总功率条件（或归一化）。这样从理论上，求解波导场方程可求出波导的各种导模模式。

图 2-2-6 所示为 E_{11}^x 模式的磁场强度 H_y 分布图，H_y 在中心附近最强，到边沿较弱，有一些进入了周围约束层。对于 E_{mn}^x，主要的电磁场量为 E_x 与 H_y，m 表示 x 方向的极大值数目，n 表示 y 方向的极大值数目。图 2-2-7 展示了几个低阶的电磁模 E_{11}^x、E_{12}^x、E_{21}^x、E_{11}^y、E_{12}^y、E_{21}^y 的电场强度与磁场强度的分布。图中的闭合曲线表示磁场强度，箭头直线表示电场强度。E_{mn}^y 的主要电磁场量是 E_y 与 H_x。

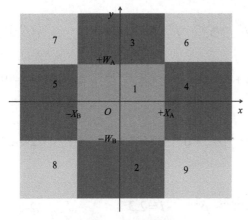

图 2-2-5　马卡梯里模型

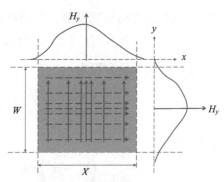

图 2-2-6　E_{11}^x 模式的磁场分布

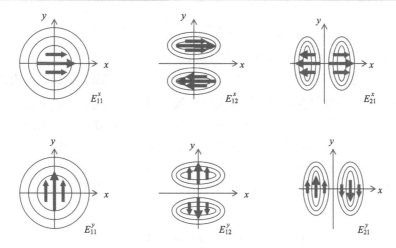

图 2-2-7 几个低阶电磁模

思考：

如图 2-2-8 所示，在多模条形波导输出横截面上，光斑花样最可能的是【 】。

(A)　　　　　　　(B)　　　　　　　(C)　　　　　　　(D)

图 2-2-8 多模条形波导的光斑花样

一般地，我们可以用 ψ 来表示电磁场物理量，如 E_x、H_y、E_y、H_x 等。这样做是方便的。我们也可以对电磁方程进行改造。如式（2-2-10b）可改为

$$\nabla^2\psi\left(x,y,z,t\right)=\mu_0\varepsilon\frac{\partial^2\psi\left(x,y,z,t\right)}{\partial t^2} \tag{2-2-26}$$

考虑到

$$\psi\left(x,y,z,t\right)=\psi\left(x,y,z\right)\exp\left(\mathrm{j}\omega t\right) \tag{2-2-27}$$

代入式（2-2-26）可得

$$\nabla^2\psi\left(x,y,z\right)+n^2k^2\psi\left(x,y,z\right)=0 \tag{2-2-28}$$

波导场方程（2-2-13）可改写为

$$\nabla_{\mathrm{t}}^2\psi\left(x,y\right)+\left(n^2k^2-\beta^2\right)\psi\left(x,y\right)=0 \tag{2-2-29}$$

于是，波导中的电磁模的传输方程可表达为

$$\psi_m\left(x,y,z\right)=\psi_m\left(x,y\right)\exp\left(-\mathrm{j}\beta_m z\right) \tag{2-2-30}$$

式中，m 是电磁模的模参量，在平面波导中就是 m，在条形波导中代表 mn。显然，$\psi_m\left(x,y\right)$ 满足式（2-2-29），成为

$$\nabla_t^2 \psi_m(x,y) + \left(n^2 k^2 - \beta_m^2\right)\psi_m(x,y) = 0 \qquad (2\text{-}2\text{-}31)$$

即 $\psi_m(x,y)$ 是波导场方程式(2-2-29)的本征解。

从上式可以看到，不同模式的传播常数 β_m 是不同的，因而会引起不同模式的光信号在波导中传输所花的时间也不同。这种现象称为模间色散。另外，由于光源所发的光并非单色光，这样满足同一本征值量 $n^2 k^2 - \beta_m^2$ 的 β_m 也有一定分布，引起同一模式的光脉冲信号出现脉冲展宽。这种现象被称为模内色散。色散会引起对光通信码速的限制。技术上，存在多种抵消或减小色散的方法，称为色散补偿。

与量子物理中的力学量算符的本征态类同，式(2-2-31)中不同本征模式的电磁模式之间是正交的，可表示为

$$\iint_S \psi_m(x,y)\psi_l^*(x,y)\mathrm{d}x\mathrm{d}y = 0 \qquad m \neq l \qquad (2\text{-}2\text{-}32)$$

我们可以分析出若 $\psi_m(x,y)$ 为 m 模式的电场强度分布，则积分 $\iint_S \psi_m(x,y)\psi_m^*(x,y)\mathrm{d}x\mathrm{d}y$ 的意义与流过波导截面 S 的功率相关联。于是，定义波导电磁模式的正交归一化是方便的。即

$$c\iint_S \psi_l^*(x,y)\psi_m(x,y)\mathrm{d}x\mathrm{d}y = \delta_{lm} \qquad (2\text{-}2\text{-}33)$$

式中，c 是归一化常数，它与 ψ 代表的电磁量有关。若 ψ 是电场强度，则 $c = \dfrac{\beta_m}{2\omega\mu_0}$。

2.2.3 光波导的应用

光纤是最常见的光波导器件。在一些常规应用中，光纤的主要功能就是传输光。光纤中也有导波模式的概念。我们称只允许传输基模的光纤为单模光纤，允许多个模传输的光纤为多模光纤。单模光纤的纤芯直径只有几微米，包层直径125μm；多模光纤纤芯直径达几十微米，包层直径也为125μm，可允许几十个甚至几百个导模传输。折射率阶跃改变的光纤为阶跃光纤，折射率逐渐改变的光纤为渐变光纤。当圆柱体材料的折射率满足

$$n(r) = n_0\left(1 - \frac{A}{2}r^2\right) \qquad (2\text{-}2\text{-}34)$$

时，可制作自聚焦透镜(GRIN lens)。式中，n_0 为渐变折射率圆柱体中心的折射率；r 为离开材料中心的半径方向距离；A 为取决于材料性质与加工工艺的常数。当自聚焦透镜的厚度 d 等于四分之一节距

$$d = \frac{1}{4}\cdot\frac{2\pi}{\sqrt{A}} = \frac{\pi}{2\sqrt{A}} \qquad (2\text{-}2\text{-}35)$$

时，可实现聚焦光束与扩束准直功能，如图 2-2-9 所示。自聚焦透镜可用于光隔离器、光环形器的输入、输出端口，如 2.1 节的叙述。还被广泛应用于光纤传感、光复印机、医用微型内窥镜等设备系统中。

光波导器件还常被用在半导体发光器件中。运用平面光波导、条形光波导，可以约

束光的传输空间，提高光束的输出质量，优化发光器件的电气性质。读者可阅读第 4 章
的内容加以了解。另外，我们可巧妙地利用光波导中光的传输特性制成其他的光传输功
能器件，如定向耦合器、光纤光栅器件、光开关、光滤波器等，读者可继续阅读本章内
容进行学习。

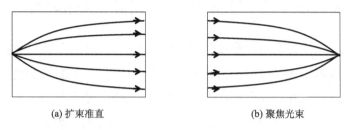

(a) 扩束准直　　　　　　　　　　　　　　(b) 聚焦光束

图 2-2-9　自聚焦透镜

2.3　定向耦合器

定向耦合器是一种具有方向性的功率分配器。在所有的定向耦合器中，以四端口定
向耦合器最为基本。它有两个输入端口与两个输出端口。在输入端口输入的光信号只在
输出端口有输出，而在另一个输入端口无输出。光在四端口定向耦合器中的传输特性可
由耦合模理论进行简单的分析。

2.3.1　耦合模理论

理想波导中任意导波可以表达成本征模式(2-2-30)的线性组合

$$\psi(x,y,z,t)=\sum_m A_m\psi_m(x,y,z)\exp(\mathrm{j}\omega t)=\sum_m A_m\psi_m(x,y)\exp\left[\mathrm{j}(\omega t-\beta_m z)\right] \quad (2\text{-}3\text{-}1)$$

式中，线性组合系数 A_m 是仅仅取决于 m 的常数，与 x、y、z 无关。显然，式(2-3-1)必
满足波导场方程(2-2-29)，是它的解。若波导出现不理想情况，例如，①制作工艺不完
善，包括波导截面粗细不均、界面不光滑有毛刺、折射率错位等；②使用环境不理想，
如因重力作用而下弯；③人为故意加入，如光纤光栅等，则系数 A_m 将不再是常数。因此
式(2-3-1)可修改为

$$\psi(x,y,z,t)=\sum_{mp} A_m^p(z)\psi_m^p(x,y,z)\exp(\mathrm{j}\omega t)=\sum_{mp} A_m^p(z)\psi_m^p(x,y)\exp\left[\mathrm{j}(\omega t-p\beta_m z)\right] \quad (2\text{-}3\text{-}2)$$

式中，$p=\pm 1$，表示波传播的方向，以 $p=+1$ 表示波沿 z 轴正向传播，反之，以 $p=-1$ 表
示波沿 z 轴逆向传播。当波导不理想程度不太严重时，组合系数 A_m 将是随 z 变化缓慢的
函数。即

$$\frac{\mathrm{d}^2 A_m^p(z)}{\mathrm{d}z^2}\ll\left|2\beta_m\frac{\mathrm{d}A_m^p(z)}{\mathrm{d}z}\right| \quad (2\text{-}3\text{-}3)$$

设理想波导的折射率分布为 n_0，受到不理想扰动后的折射率分布为 n，则将式(2-3-2)中

的 ψ 以 E_y 分量的形式代入式(2-2-10a)，运用式(2-2-31)、通过简单的近似(式(2-3-3))，然后两边乘以 $\psi_l^{q*}(x,y)$，最后积分并运用正交归一化条件式(2-2-33)经整理后可得(具体细节可参见附录1)

$$\left[-\frac{\mathrm{d}A_l^{(+)}(z)}{\mathrm{d}z}\exp(-\mathrm{j}\beta_l z) + \frac{\mathrm{d}A_l^{(-)}(z)}{\mathrm{d}z}\exp(\mathrm{j}\beta_l z) \right] = \mathrm{j}\frac{\omega}{4}\int \psi_l^{(+)*}(x,y)\Delta P(\bar{r})\mathrm{d}s \tag{2-3-4}$$

式中，$\Delta P(\bar{r})$ 是波导不完美对电极化强度引起的扰动。从上式中可以看到，波导纵向非均匀性会引起 $\Delta P(\bar{r})$，$\Delta P(\bar{r})$ 的存在会激励 $A_l^{(+)}(z)$、$A_l^{(-)}(z)$ 随 z 的变化，从而引起各传导模式的强弱交替变化。实际上，由于 $\Delta P(\bar{r})$ 的存在，引起模式之间的相互影响，随着模式在波导内的传输，各模式之间就会交换能量，从而实现模式耦合。

2.3.2 定向耦合器的基本结构与工作原理

在两个正规波导相互平行靠近时，波导之间会发生横向耦合。其物理过程可看成是波导1中的模通过进入波导2中，引起波导2中的电介质极化，从而影响了波导2中的导模。反方向同理，波导2中的模通过进入波导1中，引起波导1中的电介质极化，从而影响了波导1中的导模。显然，当两波导的间距足够大时，波导各自的模式场独立传播，其分布不会改变，称两波导之间无耦合。

如图 2-3-1 所示，考虑两波导均为单模波导，传输常数依次为 β_1、β_2，波导传输方程为

$$\psi_1 = \psi_{10}\exp(-\mathrm{j}\beta_1 z) \tag{2-3-5a}$$

$$\psi_2 = \psi_{20}\exp(-\mathrm{j}\beta_2 z) \tag{2-3-5b}$$

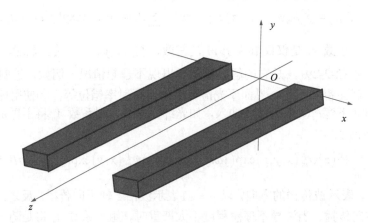

图 2-3-1　两条形波导间的耦合

当两波导距离很远时，两导模不会相互影响，它们独立传输。在两波导之间的距离不太远也不太近时，波导之间的相互影响较小，耦合较弱。在这弱耦合条件下，波导中传输的光场可认为是两独立模式的线性组合，而组合系数随传播距离 z 缓慢改变。

$$\psi = A_1(z)\psi_1 + A_2(z)\psi_2 \tag{2-3-6}$$

设波导 1、波导 2 的折射率依次为 n_1、n_2，波导外的折射率为 n_3，波导 2 对波导 1 的微小扰动 $\Delta P(\bar{r})$（在波导 2 区域内）可表示为

$$\Delta P(\bar{r}) = \varepsilon_0 \left(n_2^2 - n_3^2 \right) \left[A_1(z)\psi_1 + A_2(z)\psi_2 \right] \tag{2-3-7}$$

设 ψ_1 的值在波导 2 内非常小，以至于 $|\psi_{10}|^2 \to 0$，于是式 (2-3-4) 可表达为

$$\frac{\mathrm{d}A_1}{\mathrm{d}z} = -jK_{12}A_2 \exp\left[j(\beta_1 - \beta_2)z \right] \tag{2-3-8a}$$

式中，

$$K_{12} = \frac{\varepsilon_0 \left(n_2^2 - n_3^2 \right)\omega}{4} \int\limits_{\text{波导}2} \psi_{10}^*(x,y)\psi_{20}(x,y)\mathrm{d}s \tag{2-3-8b}$$

积分在波导 2 的横截面里积。同理，波导 2 受波导 1 的影响，可写为

$$\frac{\mathrm{d}A_2}{\mathrm{d}z} = -jK_{21}A_1 \exp\left[j(\beta_2 - \beta_1)z \right] \tag{2-3-9a}$$

式中，

$$K_{21} = \frac{\varepsilon_0 \left(n_1^2 - n_3^2 \right)\omega}{4} \int\limits_{\text{波导}1} \psi_{20}^*(x,y)\psi_{10}(x,y)\mathrm{d}s \tag{2-3-9b}$$

积分在波导 1 的横截面里积。因为 A_1、A_2 是随 z 缓慢变化的函数，而 $\exp\left[j(\beta_1 - \beta_2)z \right]$ 随 z 剧烈振荡。于是式 (2-3-8a) 和式 (2-3-9a) 有明显意义解的条件是

$$\beta_1 = \beta_2 = \beta \tag{2-3-10}$$

上式称匹配条件。考虑两波导折射率完全相同，则有[①]

$$K_{12} = K_{21} = K \tag{2-3-11}$$

将式 (2-3-10) 和式 (2-3-11) 代入式 (2-3-8a) 与式 (2-3-9a) 可解出

$$A_1(z) = A_1(0)\cos(Kz) - jA_2(0)\sin(Kz) \tag{2-3-12a}$$

$$A_2(z) = -jA_1(0)\sin(Kz) + A_2(0)\cos(Kz) \tag{2-3-12b}$$

设 $A_2(0) = 0$，则

$$A_1(z) = A_1(0)\cos(Kz) \tag{2-3-13a}$$

$$A_2(z) = -jA_1(0)\sin(Kz) \tag{2-3-13b}$$

根据上式的结论，人们构造了定向耦合器，原理结构如图 2-3-2 所示。其中 1-3 称为直通臂，1-4 称为交叉臂。若耦合长度 L 满足 $KL = \pi/4$，则 $A_1 = A_1(0)/\sqrt{2}$，$A_2 = A_1(0)/\sqrt{2}\exp\left(-j\frac{\pi}{2}\right)$。即若在端口 1 的输入光功率 $P_1(0) = |A_1(0)|^2$，端口 2 无输入，则经过 $L = \pi/(4K)$ 后，端口 3 输出光功率为 $0.5P_1(0)$，端口 4 的输出光功率也为 $0.5P_1(0)$，

---

① 原则上，耦合系数 K 为复数，但为了方便，可权且认为是实数。后面的耦合系数也类同处理。

但相位改变 90°。此种定向耦合器常被称为 3dB 耦合器。若 $KL = \pi/2$，则 $A_1 = 0$，$A_2 = -\mathrm{j}A_1(0) = A_1(0)\exp\left(-\mathrm{j}\dfrac{\pi}{2}\right)$，即若在端口 1 的输入光功率 $P_1(0) = |A_1(0)|^2$，端口 2 无输入，则经过 $L = \pi/(2K)$ 后，端口 3 输出光功率为 0，端口 4 的输出光功率为 $P_1(0)$，但相位改变 90°，将光功率切换到交叉臂，同时直通臂输出为 0。当耦合长度为 L 时，端口 3 与端口 1 的光功率之比为 $\cos^2(KL)$，端口 4 与端口 1 的光功率之比为 $\sin^2(KL)$。如图 2-3-3 所示。几种情况中端口 2 均无输出，这是理想定向耦合器的工作情况。应该注意到，端口 2 也可以作为光信号输入端使用。端口 3、端口 4 也可以作为定向耦合器的输入端使用。

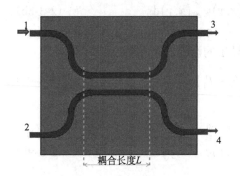

图 2-3-2　定向耦合器

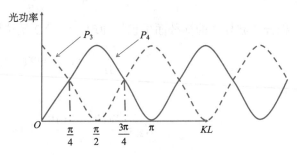

图 2-3-3　功率分配曲线

探究：

若端口 1 输入 P_1、端口 2 无输入 $P_2 = 0$，则端口 3 输出 P_3 与端口 4 输出 P_4，此即功率分配器。若反过来，端口 3 输入 P_3 与端口 4 输入 P_4，则端口 1、端口 2 输出多少？

定向耦合器的主要技术指标有插入损耗 IL、附加损耗 EL（excess loss）、分光比 CR（coupling ratio）、方向性 D（directivity）等。其中插入损耗要具体到某出口。附加损耗 EL 可表达为

$$\mathrm{EL} = -10\lg \frac{P_{3\mathrm{out}} + P_{4\,\mathrm{out}}}{P_{1\mathrm{in}}} \tag{2-3-14}$$

式中，$P_{1\mathrm{in}}$ 为输入端口 1 的输入功率；$P_{3\mathrm{out}}$、$P_{4\mathrm{out}}$ 依次为在输入端口 1 输入 $P_{1\mathrm{in}}$ 时，输出端口 3 与 4 的输出功率。分光比 CR 定义为

$$\mathrm{CR} = -10\lg \frac{P_{3\,\mathrm{out}}}{P_{4\,\mathrm{out}}} \tag{2-3-15}$$

方向性 D 定义为

$$D = -10\lg \frac{P_{2\,\mathrm{out}}}{P_{1\mathrm{in}}} \tag{2-3-16}$$

式中，$P_{1\mathrm{in}}$ 是输入端口 1 的输入功率；$P_{2\,\mathrm{out}}$ 是在输入端口 1 输入 $P_{1\mathrm{in}}$ 时，在输入端口 2 的输出功率。

　　定向耦合器的波导既可以是条形波导，也可以是平面波导，还可以是圆柱形波导。图 2-3-4 示出了熔融双锥渐细定向耦合器的结构原理图。将两根相同的单模裸光纤靠近、加热、拉制可形成如图 2-3-4 所示的耦合器。在耦合区，两光纤距离较近，一支光纤的光消逝波对另一支光纤有影响，激励出另一支光纤中的导模，完成光功率的转换。具体过程如下：在输入端口 1 进入的光波，沿光纤传输，到光纤的下行渐细区，光波的消逝场渐大，进入包层的深度越深，到耦合区，行进中的光波逐渐激励出另一支光纤的导波，到上行渐细区，光纤纤芯越粗，光波逐渐脱离，单独传输，最后在输出 1 与输出 2 分别输出光波。控制适当的 KL 值就能实现适当的功率分配。

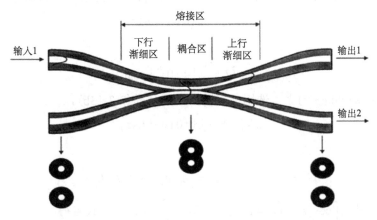

图 2-3-4　熔融双锥渐细定向耦合器

2.3.3　定向耦合器的应用

　　利用定向耦合器的这些性质，我们可以构建多种器件，如功率分配器(本节例 2-3-1)、波分复用器(本节例 2-3-2)、光开关与光滤波器(本章 2.5 节)等。

　　【例 2-3-1】试设计一搭线功率为 10% 的光学分路器。已知工作波长 $\lambda=1.55\mu m$，耦合系数 $K=8.0m^{-1}$。求最低耦合长度 L。

　　解：根据式(2-3-13)可知，直通臂的功率为

$$P_1(z)=\left|A_1(z)\right|^2=\left|A_1(0)\right|^2\left[\cos(Kz)\right]^2$$

交叉臂的功率为

$$P_2(z)=\left|A_2(z)\right|^2=\left|A_1(0)\right|^2\left[\sin(Kz)\right]^2$$

由题意可知，交叉臂得 10% 的功率

$$\frac{P_2(L)}{P_1(0)}=0.1$$

所以

$$\left[\sin(KL)\right]^2=0.1$$

解上式可得

$$L = \frac{\arcsin\left(\sqrt{0.1}\right)}{K} = \frac{\arcsin\left(\sqrt{0.1}\right)}{8.0} = 4.022 \times 10^{-2}\,\text{m} = 4.022\text{cm}$$

【例 2-3-2】 试设计一耦合器。波长为 $\lambda_1 = 1550\text{nm}$ 的光在如图 2-3-2 所示的端口 1 输入，波长为 $\lambda_2 = 980\text{nm}$ 的光在端口 2 输入。两束光均在端口 3 输出，而端口 4 无输出。已知波长为 1550nm 的光的耦合系数 $K_1 = 1.047\text{cm}^{-1}$，波长为 980nm 的光的耦合系数 $K_2 = 2.618\text{cm}^{-1}$。试求最短耦合长度 $L_{\min}$。

解：对于波长为 $\lambda_1 = 1550\text{nm}$ 的光，选用直通臂，使用公式(2-3-13a)，

$$A_1(z) = A_1(0)\cos(K_1 z)$$

功率表达式为

$$P_1(L) = \left|A_1(L)\right|^2 = \left|A_1(0)\right|^2 \left[\cos(K_1 L)\right]^2$$

对于波长为 $\lambda_2 = 980\text{nm}$ 的光，选用交叉臂，使用公式(2-3-13b)，

$$A_2(z) = -\text{j}A_1(0)\sin(K_2 z)$$

功率表达式为

$$P_2(L) = \left|A_2(L)\right|^2 = \left|A_1(0)\right|^2 \left[\sin(K_2 L)\right]^2$$

于是耦合器应满足 $\left[\cos(K_1 L)\right]^2 = 1$、$\left[\sin(K_2 L)\right]^2 = 1$，解上式可得

$$L = \frac{\pi}{K_1}m_1 = 3.0 \times 10^{-2} m_1$$

$$L = \frac{\pi}{K_2}\left(m_2 - \frac{1}{2}\right) = 1.2 \times 10^{-2}\left(m_2 - \frac{1}{2}\right)$$

m_1、m_2 均取正整数。于是最小耦合长度为

$$L_{\min} = 3.0 \times 10^{-2}\,\text{m}$$

2.4　光纤光栅器件

随着科学技术的发展，人们不仅制造出了折射率沿径向有一定变化的光纤器件(如单包层阶跃光纤、双包层阶跃光纤、渐变折射率光纤等)，还制造出了纤芯折射率沿轴向有一定分布结构的光纤，后者被称为光纤光栅器件。

2.4.1　布拉格光纤光栅

布拉格光纤光栅是一种纤芯折射率结构最简单的光纤光栅器件，它的纤芯折射率沿轴向周期性地改变，并且空间周期较短。

有多种方法可制作光纤光栅器件。其中，最典型的方法是利用光纤纤芯(常掺锗元素)的紫外光敏感性来制作。给光纤纤芯照射紫外光，紫外光被纤芯物质吸收，会永久性地

改变纤芯物质的化学结构，从而实现折射率的改变。图 2-4-1 展示了制作光纤光栅器件的相位掩模法原理。单色平行的紫外光垂直照射到空间周期为 2Λ 的相位掩模板上，从相位掩模板出射的 ±1 级衍射光相互干涉，在单模光纤位置附近形成平行等间距(Λ)的干涉条纹。干涉条纹中光的强弱决定了光纤纤芯上相应位置的曝光强弱。这种方法制作的是布拉格光纤光栅，光栅常数较小且均匀。布拉格光纤光栅的光栅常数只取决于掩模板的周期，而与紫外光的波长无关。其折射率调制满足余弦函数形式

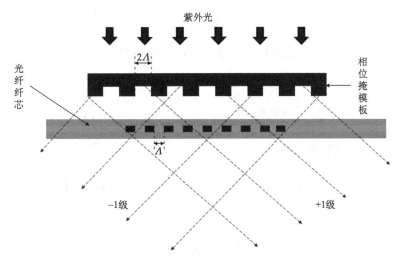

图 2-4-1　相位掩模法制作光纤光栅

$$\Delta n = \Delta n_{\text{eff}} + \delta n_{\text{eff}} \cos\left(\frac{2\pi}{\Lambda}z\right) \tag{2-4-1}$$

式中，Δn 是调制折射率；Δn_{eff} 是折射率调制的直流分量；δn_{eff} 是折射率调制的交流分量调幅值。为了研究方便，设原来纤芯折射率为 n_{co}，经调制后的折射率为

$$n = n_{\text{co}} + \Delta n = n_{\text{eff}} + \delta n_{\text{eff}} \cos\left(\frac{2\pi}{\Lambda}z\right) \tag{2-4-2}$$

式中，$n_{\text{eff}} = n_{\text{co}} + \Delta n_{\text{eff}}$，为光纤纤芯的有效折射率。设在纤芯 n_{eff} 下的单模传播常数为 β，于是，光纤光栅中的光波可写为

$$\psi = A_+ \psi_+ \exp(-\text{j}\beta z) + A_- \psi_- \exp(\text{j}\beta z) \tag{2-4-3}$$

其中 $\psi_+ \exp(-\text{j}\beta z)$ 为正向传输模，$\psi_- \exp(\text{j}\beta z)$ 为反向传输模。布拉格光纤光栅中光波可表达成正向传输模与反向传输模的线性组合。式(2-3-4)中右边电极化强度的扰动可表示为

$$\Delta P(\bar{r}) = \varepsilon_0 \left(n^2 - n_{\text{eff}}^2\right)\left[A_+ \psi_+ \exp(-\text{j}\beta z) + A_- \psi_- \exp(\text{j}\beta z)\right]$$
$$\approx \varepsilon_0 n_{\text{eff}} \delta n_{\text{eff}}\left[\exp\left(\text{j}\frac{2\pi}{\Lambda}z\right) + \exp\left(-\text{j}\frac{2\pi}{\Lambda}z\right)\right] \cdot \left[A_+ \psi_+ \exp(-\text{j}\beta z) + A_- \psi_- \exp(\text{j}\beta z)\right] \tag{2-4-4}$$

结合式(2-3-4)，扰动对 A_+ 有明显效应的是

$$-\frac{\mathrm{d}A_+(z)}{\mathrm{d}z}\exp(-\mathrm{j}\beta z)=\mathrm{j}\frac{\omega}{4}\int\psi_+^*(x,y)\varepsilon_0 n_{\mathrm{eff}}\delta n_{\mathrm{eff}}\exp\left(-\mathrm{j}\frac{2\pi}{\Lambda}z\right)\cdot A_-\psi_-\exp(\mathrm{j}\beta z)\mathrm{d}s \qquad (2\text{-}4\text{-}5)$$

只要满足

$$\beta=\frac{2\pi}{\Lambda}-\beta$$

即

$$\beta=\frac{\pi}{\Lambda} \qquad (2\text{-}4\text{-}6)$$

即可，此式称匹配条件。于是满足匹配条件时，式 (2-4-5) 可写成

$$\frac{\mathrm{d}A_+}{\mathrm{d}z}=-\mathrm{j}K_{+-}A_- \qquad (2\text{-}4\text{-}7\mathrm{a})$$

$$K_{+-}=\frac{\omega\varepsilon_0 n_{\mathrm{eff}}\delta n_{\mathrm{eff}}}{4}\int_{\text{纤芯}S}\psi_+^*(x,y)\psi_-(x,y)\mathrm{d}s \qquad (2\text{-}4\text{-}7\mathrm{b})$$

同理，扰动对 A_- 有明显效应的是

$$\frac{\mathrm{d}A_-(z)}{\mathrm{d}z}\exp(\mathrm{j}\beta z)=\mathrm{j}\frac{\omega}{4}\int\psi_-^*(x,y)\varepsilon_0 n_{\mathrm{eff}}\delta n_{\mathrm{eff}}\exp\left(\mathrm{j}\frac{2\pi}{\Lambda}z\right)\cdot A_+\psi_+\exp(-\mathrm{j}\beta z)\mathrm{d}s \qquad (2\text{-}4\text{-}8)$$

满足匹配条件式 (2-4-6) 效果最佳。此时满足

$$\frac{\mathrm{d}A_-}{\mathrm{d}z}=\mathrm{j}K_{-+}A_+ \qquad (2\text{-}4\text{-}9\mathrm{a})$$

此耦合系数 K_{-+} 为

$$K_{-+}=\frac{\omega\varepsilon_0 n_{\mathrm{eff}}\delta n_{\mathrm{eff}}}{4}\int_{\text{纤芯}S}\psi_-^*(x,y)\psi_+(x,y)\mathrm{d}s \qquad (2\text{-}4\text{-}9\mathrm{b})$$

可简单认为

$$K_{-+}=K_{+-}=K \qquad (2\text{-}4\text{-}10)$$

重新书写式 (2-4-7a) 与式 (2-4-9a)，可得

$$\frac{\mathrm{d}A_+}{\mathrm{d}z}=-\mathrm{j}A_-K \qquad (2\text{-}4\text{-}11\mathrm{a})$$

$$\frac{\mathrm{d}A_-}{\mathrm{d}z}=\mathrm{j}A_+K \qquad (2\text{-}4\text{-}11\mathrm{b})$$

利用初始条件 $z=0$，$A_+=A_+(0)$；$z\to\infty$，$A_+\to 0$，求解微分方程组 (2-4-11) 可得解

$$A_+=A_+(0)\exp(-Kz) \qquad (2\text{-}4\text{-}12\mathrm{a})$$

$$A_-=-\mathrm{j}A_+(0)\exp(-Kz) \qquad (2\text{-}4\text{-}12\mathrm{b})$$

以上的传输理论比较简单与粗糙，布拉格光纤光栅无限长，正向传播的光波被全部耦合到反向传播的模式中去，结果在布拉格波长处的反射率为 1。实际的情况要复杂得多。首先，光纤光栅不是无限长；其次，光纤光栅有一定的自耦合。图 2-4-2 示出了布拉格波长附近的反向传输光谱。考虑到光纤光栅的有限长度 L，其峰值反射率 R 可表达为

$$R = \tanh^2 (KL)^{①} \tag{2-4-13}$$

显然，布拉格光纤光栅可看作反射率随波长改变的分布式反射镜。在光纤通信中，布拉格光纤光栅可作为反射式带通滤波器，透射光可作为带阻滤波器，如图 2-4-3 所示。

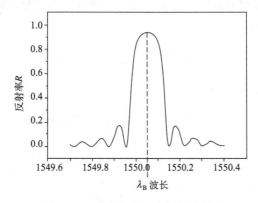

图 2-4-2　布拉格光纤光栅的反射谱

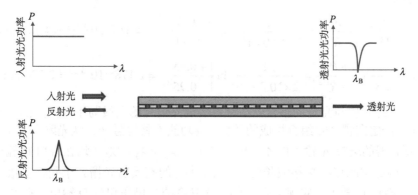

图 2-4-3　布拉格光纤光栅用作滤波器

思考：

波长为 λ_B 的滤波信号与入射光信号在同一光纤中，传播方向相反。在输入光纤上安装什么器件能取出 λ_B 的光信号？

探究：

布拉格波长会受应力、温度等因素的改变而改变。利用这一点，我们可以制作波长可调的窄带滤波器。类似的原理，请读者设计能长期监测建筑某处压力的传感探测系统。

【例 2-4-1】利用光纤光栅器件可制作二色镜，这在光泵浦的光纤激光器中是非常重要的元件。最简单的方法是将两个光纤光栅器件串联熔接在一起。用相位掩模法制作光纤光栅器件，希望对波长为 $\lambda_P = 980\text{nm}$ 的泵浦光有 $R_P = 99.9\%$ 以上的反射率，对波长为

---

① 双曲正切函数 $\tanh(x) = \dfrac{e^x - e^{-x}}{e^x + e^{-x}}$。

$\lambda_s = 1550 \text{nm}$ 的激射光有 $R_s = 95.0\%$ 的反射率。问掩模板的空间周期应为多少？制作的光纤光栅器件的长度有什么要求？设光纤光栅器件的有效折射率均为1.468，耦合系数均为 10.0cm^{-1}。

解：由式(2-4-6)与相位掩模板周期是光纤光栅器件的光栅常数的 2 倍可知，泵浦光掩模板的空间周期 Λ_P 为

$$\Lambda_P = 2\frac{\lambda_{BP}}{2n_{eff}} = \frac{0.980}{1.468} = 0.6676 \mu\text{m}$$

激射光掩模板的空间周期 Λ_s 为

$$\Lambda_s = 2\frac{\lambda_{Bs}}{2n_{eff}} = \frac{1.550}{1.468} = 1.056 \mu\text{m}$$

由式(2-4-13)可得

$$L = \frac{1}{2K}\ln\frac{1+R^{1/2}}{1-R^{1/2}}$$

由上式可解得

$$L_P > \frac{1}{2K}\ln\frac{1+R_P^{1/2}}{1-R_P^{1/2}} = \frac{1}{2\times10.0\times10^2}\ln\frac{1+0.999^{1/2}}{1-0.999^{1/2}} = 4.147\times10^{-3}\text{m} = 4.147\text{mm}$$

$$L_s = \frac{1}{2K}\ln\frac{1+R_s^{1/2}}{1-R_s^{1/2}} = \frac{1}{2\times10.0\times10^2}\ln\frac{1+0.95^{1/2}}{1-0.95^{1/2}} = 2.178\times10^{-3}\text{m} = 2.178\text{mm}$$

布拉格光纤光栅与光定向耦合器组合可实现光信号的上线与下线。如图 2-4-4 所示是 FBG 与光纤定向耦合器组合构成的器件，其功能为将信号光 λ_3 从光路中取出。当无光栅时，从耦合器的端口 A 输入的 4 路信号光 λ_1、λ_2、λ_3、λ_4，均在端口 D 输出。然后在耦合器中心部位制作布拉格波长为 λ_3、长为 L_G 的高反射光栅。于是，参数合适时，λ_3 的光就在端口 C 输出，实现 λ_3 的下线，而其余的光仍在端口 D 输出。在 B 端输入的

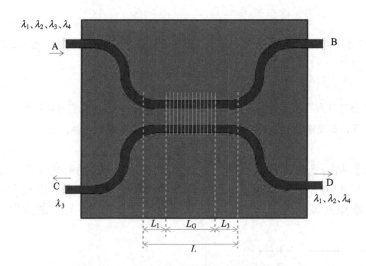

图 2-4-4　光纤光栅器件与定向耦合器组合

λ_3 光也会在 D 端输出，实现 λ_3 光的上线。已制成的器件长度参数为 $L=10\text{mm}$、$L_1=4.7\text{mm}$、$L_2=L_\text{G}=2.5\text{mm}$、$L_3=2.8\text{mm}$。布拉格光纤光栅与光环形器组合也可实现光信号的上下路，如图 2-4-5 所示。信号光 λ_1、λ_2、λ_3、λ_4 从环形器 C_1 的 D_1 进入后，从 D_2 端口射出，其中 λ_1、λ_3、λ_4 透过布拉格波长为 λ_2 的光纤光栅继续传输，而 λ_2 光信号被布拉格光纤光栅反射回环形器 C_1，再在端口 D_3 射出，实现 λ_2 光信号的下线；信号光 λ_2 从环形器 C_2 的 A_1 进入后，从 A_2 端口射出，遇到布拉格波长为 λ_2 的光纤光栅，结果 λ_2 光信号被布拉格光纤光栅反射回环形器 C_2，与信号光 λ_1、λ_3、λ_4 一起再在环形器 C_2 的端口 A_3 射出，实现 λ_2 光信号的上线传输。光纤光栅还可以与半导体激光器组合，实现激光的单纵模输出。在光纤激光器中，一对光纤光栅可形成激光器谐振腔。

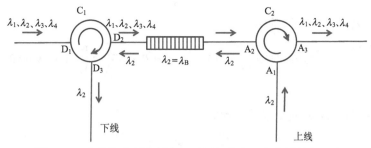

图 2-4-5　布拉格光纤光栅与环形器组合实现光信号的上下路

2.4.2　长周期光纤光栅

长周期光纤光栅与布拉格光纤光栅的主要区别是光栅常数比较大，达几百微米。从物理机制上，长周期光纤光栅属于纤芯模与包层高阶模之间的同向耦合。

我们可表达纤芯模为

$$\psi_\text{co}=\psi_1(x,y)\exp(-\text{j}\beta_\text{co}z) \tag{2-4-14}$$

某一个包层高阶模为

$$\psi_\text{cl}=\psi_2(x,y)\exp(-\text{j}\beta_\text{cl}z) \tag{2-4-15}$$

光场为

$$\psi=A_\text{co}\psi_\text{co}+A_\text{cl}\psi_\text{cl}=A_\text{co}\psi_1(x,y)\exp(-\text{j}\beta_\text{co}z)+A_\text{cl}\psi_2(x,y)\exp(-\text{j}\beta_\text{cl}z) \tag{2-4-16}$$

根据式 (2-3-4)，式 (2-3-4) 中右边电极化强度的扰动可表示为

$$\Delta P(\bar{r})=\varepsilon_0\left(n^2-n_\text{eff}^2\right)\left[A_\text{co}\psi_1(x,y)\exp(-\text{j}\beta_\text{co}z)+A_\text{cl}\psi_2(x,y)\exp(-\text{j}\beta_\text{cl}z)\right]$$

$$\approx\varepsilon_0 n_\text{eff}\delta n_\text{eff}\left[\exp\left(\text{j}\frac{2\pi}{\varLambda}z\right)+\exp\left(-\text{j}\frac{2\pi}{\varLambda}z\right)\right]$$

$$\cdot\left[A_\text{co}\psi_1(x,y)\exp(-\text{j}\beta_\text{co}z)+A_\text{cl}\psi_2(x,y)\exp(-\text{j}\beta_\text{cl}z)\right] \tag{2-4-17}$$

结合式 (2-3-4)，扰动对 A_co 有明显效应的是

$$-\frac{\text{d}A_\text{co}(z)}{\text{d}z}\exp(-\text{j}\beta_\text{co}z)=\text{j}\frac{\omega}{4}\int\psi_1^*(x,y)\varepsilon_0 n_\text{eff}\delta n_\text{eff}\exp\left(-\text{j}\frac{2\pi}{\varLambda}z\right)$$

$$\cdot A_\text{cl}\psi_2\exp(-\text{j}\beta_\text{cl}z)\text{d}s \tag{2-4-18}$$

只要满足 $\beta_{co} = \dfrac{2\pi}{\Lambda} + \beta_{cl}$ ，即

$$\beta_{co} - \beta_{cl} = \frac{2\pi}{\Lambda} \tag{2-4-19}$$

此式是长周期光纤光栅的匹配条件。满足匹配条件时，式(2-4-18)可写成

$$\frac{\mathrm{d}A_{co}}{\mathrm{d}z} = -\mathrm{j}K_{co\,cl}A_{cl} \tag{2-4-20a}$$

式中，耦合系数 $K_{co\,cl}$ 为

$$K_{co\,cl} = \frac{\omega\varepsilon_0 n_{\mathrm{eff}}\delta n_{\mathrm{eff}}}{4}\int_{\text{纤芯}S}\psi_{co}^{*}(x,y)\psi_{cl}(x,y)\mathrm{d}s \tag{2-4-20b}$$

同理，扰动对 A_{cl} 有明显效应的是

$$-\frac{\mathrm{d}A_{cl}(z)}{\mathrm{d}z}\exp(-\mathrm{j}\beta_{cl}z) = \mathrm{j}\frac{\omega}{4}\int\psi_2^{*}(x,y)\varepsilon_0 n_{\mathrm{eff}}\delta n_{\mathrm{eff}}\exp\left(\mathrm{j}\frac{2\pi}{\Lambda}z\right)\cdot A_{co}\psi_1\exp(-\mathrm{j}\beta_{co}z)\mathrm{d}s \tag{2-4-21}$$

满足匹配条件式(2-4-19)效果最佳。此时满足

$$\frac{\mathrm{d}A_{cl}}{\mathrm{d}z} = -\mathrm{j}K_{cl\,co}A_{co} \tag{2-4-22a}$$

此耦合系数 $K_{cl\,co}$ 为

$$K_{cl\,co} = \frac{\omega\varepsilon_0 n_{\mathrm{eff}}\delta n_{\mathrm{eff}}}{4}\int_{\text{纤芯}S}\psi_2^{*}(x,y)\psi_1(x,y)\mathrm{d}s \tag{2-4-22b}$$

可简单认为

$$K_{cl\,co} = K_{co\,cl} = K \tag{2-4-23}$$

重新书写式(2-4-20a)与式(2-4-22a)，可得

$$\frac{\mathrm{d}A_{co}}{\mathrm{d}z} = -\mathrm{j}A_{cl}K \tag{2-4-24a}$$

$$\frac{\mathrm{d}A_{cl}}{\mathrm{d}z} = -\mathrm{j}A_{co}K \tag{2-4-24b}$$

设 $A_{cl}(0) = 0$ ，则

$$A_{co}(z) = A_{co}(0)\cos(Kz) \tag{2-4-25a}$$

$$A_{cl}(z) = -\mathrm{j}A_{co}(0)\sin(Kz) \tag{2-4-25b}$$

上式表面上看来与定向耦合器的结果类同，但本质上差异极大。因为由于折射率的轴向周期性分布，包层模与辐射模也存在耦合，进入包层中的光能会泄漏掉，而不是重新转换到纤芯模中去。长周期光纤光栅既不会像定向耦合器那样，光功率在两个模之间转换，也不会像布拉格光纤光栅那样，从正向模转换成反向模，长周期光纤光栅不存在反射谱。从应用的角度看，长周期光纤光栅的透射谱可看成一个带阻滤波器。

思考:

根据匹配条件分析长周期光纤光栅的透射谱与布拉格光纤光栅的透射谱的差异。

2.4.3　啁啾光纤光栅

光纤光栅器件是近几十年来发展最快的光无源器件。人们不仅研究出制作光纤光栅器件的多种多样的加工工艺,还研究出来了能满足更高更精确要求的光纤光栅器件。啁啾光纤光栅就是其中之一。如图 2-4-6 所示,啁啾光纤光栅的光栅常数是沿 z 方向单调递增(或递减)的,它的布拉格波长因此也随 z 的变化而变化。啁啾光纤光栅主要应用是利用光纤光栅的反射特性,将不同波长的光在光纤光栅的不同位置上反射,使得不同波长的反射光出射时所走过的光程不同。人

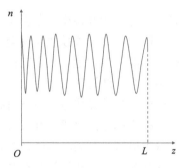

图 2-4-6　啁啾光纤光栅的波导结构

们可用光纤光栅进行色散补偿。如图 2-4-7 所示,信号光脉冲可以看作几个邻近波长的光脉冲之和,经过相当长的光纤之后,光脉冲被色散展宽,波长较短的脉冲跑在前边,波长较长的脉冲跑在后边,通过如图所示的啁啾光纤光栅,让波长较长的少跑一段距离,波长较短的多跑一段距离,最后同时到达环形器的出光端口,实现光脉冲瘦身。

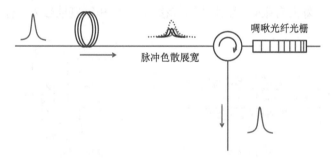

图 2-4-7　色散补偿

2.4.4　光纤光栅的主要应用

光纤光栅器件的主要应用领域有光纤通信与光纤传感两个方面。在光纤通信的应用方面,除了前面提到的给光纤激光器提供谐振腔(例 2-4-1)、实现光信号的上下线、完成色散补偿外,还有许多应用,如实现分布反馈光纤激光器,实现半导体激光器单纵模输出,在光放大器中起稳频滤波作用,反射泵浦光,给光放大器提供增益平坦器等。

在光纤传感方面,利用布拉格波长随温度而变化的关系,用测定布拉格波长的改变量来确定温度;同样,根据布拉格波长随压力而变化的关系,也能测定被监测结构中压力的值。人们还设计出了一定的光纤光栅传感网络系统,实现同时多点对被监测体(如飞

机、桥梁、建筑楼宇等)的实时监测。

2.5 光开关 光滤波器

2.5.1 光开关

光开关是一种具有一个或多个可选择的传输端口，可对光传输线路或集成光路中的光信号进行相互转换或逻辑操作的器件。目前，光开关主要被用作光交换系统和主备倒换，即利用光开关技术实现全光层面上的路由选择、波长选择、光交叉连接以及自愈保护等功能。具体地，使用它：①将某一光纤通道的光信号切断或开通；②将某波长光信号由一光纤通道转换到另一光纤通道去；③在同一光纤通道中将一种波长的光信号转换为另一波长的光信号(波长转换器)。

按驱动方式可将光开关分为机械式光开关与非机械式光开关。按工作原理可将光开关分为机械光开关、电光开关、热光开关和声光开关。按交换介质可将光开关分为自由空间交换光开关和波导交换光开关。

1. 机械光开关

如图 2-5-1 所示，机械光开关是由电磁铁、压电陶瓷等驱动手段来移动光纤、移动三棱镜、移动反射镜等以实现光路切换的器件。其优点有结构简单、插入损耗低(<2dB)、隔离度好(>45dB)，而且不受偏振和波长的影响。其缺点有开关时间较长(一般为 0.1～1ms 数量级)、开关寿命有限(因开关结构有移动部分)和重复性较差，有的还存在回跳抖动等问题。

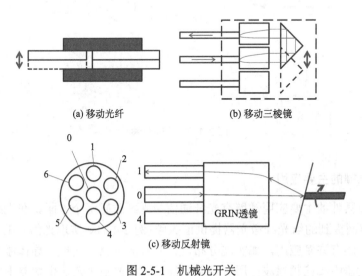

图 2-5-1 机械光开关

2. 电光开关

电光开关是利用波导材料的电光效应来实现对波导折射率的调制，改变光传输路径达到开关的目的。与机械光开关相比，其主要优点是开关时间较短，可以达到微秒甚至纳秒量级，重复性好、寿命较长。

常见的用于光开关的电光效应是 Pockels 效应（1893 年）。某些晶体，可称为电光晶体，如 $LiNbO_3$、ADP（$NH_4H_2PO_4$）、KDP（KH_2PO_4）等，加上外电场后，单轴晶体成为双轴晶体，折射率的改变量 Δn 与电场强度成正比。

$$\Delta n = -\frac{\gamma n^3}{2}E \qquad (2\text{-}5\text{-}1)$$

式中，E 为电场强度；γ 为电光系数。下面介绍两种典型的波导型光开关：定向耦合器光开关与马赫-曾德尔（M-Z）干涉型光开关。

如图 2-5-2 所示是定向耦合器光开关的典型结构，它是由一对条形波导以及分布在条形波导上的表面电极构成。通过施加电场改变波导臂的折射率导致两个相邻波导之间的能量耦合来实现传输通道的转换。

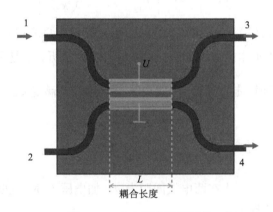

图 2-5-2　定向耦合器光开关

由 2.3 节的讨论可知，定向耦合器遵守式（2-3-8）和式（2-3-9）的微分关系。选择耦合长度 $L = \pi/(2K)$，在不施加电场时，端口 1 输入的光波将全部在端口 4 输出，端口 3 无输出。当电极上加上电压时，两波导内将产生大小相等、方向相反的电场。这样一个波导的传播常数增加，另一个波导的传播常数减小，出现相位失配 $\Delta\beta = \beta_1 - \beta_2$。方程（2-3-8a）和（2-3-9a）可写为

$$\frac{dA_1}{dz} = -jK_{12}A_2\exp(j\Delta\beta z) \qquad (2\text{-}5\text{-}2a)$$

$$\frac{dA_2}{dz} = -jK_{21}A_1\exp(-j\Delta\beta z) \qquad (2\text{-}5\text{-}2b)$$

式中，K_{12} 与 K_{21} 不再相等。但仍可记为

$$K^2 = K_{12}K_{21} \qquad (2\text{-}5\text{-}3)$$

设 $A_2(0) = 0$，求解微分方程组（2-5-2）可得

$$A_1(z) = A_1(0)\exp\left(\mathrm{j}\frac{\Delta\beta}{2}z\right) \cdot \left[\cos(\kappa z) - \mathrm{j}\frac{\Delta\beta}{2\kappa}\sin(\kappa z)\right] \qquad (2\text{-}5\text{-}4\mathrm{a})$$

$$A_2(z) = -\mathrm{j}\sqrt{\frac{K_{21}}{K_{12}}}A_1(0)\exp\left(-\mathrm{j}\frac{\Delta\beta}{2}z\right) \cdot \left[\frac{K}{\kappa}\sin(\kappa z)\right] \qquad (2\text{-}5\text{-}4\mathrm{b})$$

$$\kappa = \sqrt{K^2 + \left(\frac{\Delta\beta}{2}\right)^2} \qquad (2\text{-}5\text{-}4\mathrm{c})$$

在端口 3 的输出功率为

$$P_3(L) = P_1(0)\left[\cos^2(\kappa L) + \sin^2(\kappa L)\left(\frac{\Delta\beta}{2\kappa}\right)^2\right] \qquad (2\text{-}5\text{-}5\mathrm{a})$$

在端口 4 的输出功率为

$$P_4(L) = P_1(0)\left[\frac{K_{21}}{K_{12}}\sin^2(\kappa L)\left(\frac{K}{\kappa}\right)^2\right] \qquad (2\text{-}5\text{-}5\mathrm{b})$$

显然，若 $\kappa L = \pi$，则 $P_4(L) = 0$，而 $P_3(L) = P_1(0)$，光波走直通臂。下面对直通所施加的电压做简单估计。设不加电压时的 K^2 与加电压时的 K^2 接近，于是不加电压时走交叉臂，满足 $KL = \pi/2$。加电压时，走直通臂。由式 (2-5-5a) 可知，须满足 $\kappa L = \sqrt{K^2 + \left(\dfrac{\Delta\beta}{2}\right)^2}\, L = \pi$，则

$$\Delta\beta = \sqrt{3}\frac{\pi}{L} \qquad (2\text{-}5\text{-}6)$$

根据图 2-5-2 与式 (2-5-1)，当在两电极间距为 d，加电压 U 时，在两不同波导中施加等大反向的电场，引起折射率差

$$\Delta n = \frac{\gamma n^3}{d}U \qquad (2\text{-}5\text{-}7)$$

$$\Delta\beta = \frac{2\pi}{\lambda}\Delta n = \sqrt{3}\frac{\pi}{L} \qquad (2\text{-}5\text{-}8)$$

所以可得出需加电压

$$U = \frac{\sqrt{3}}{2}\frac{\lambda d}{\gamma n^3 L} \qquad (2\text{-}5\text{-}9)$$

于是，定向耦合器光开关在不加电压时，光波走端口 4；加电压 U 时，光波走端口 3，完成光路切换。

思考：
在定向耦合器光开关中，能否设置不加电压时在直通臂输出，加电压时在交叉臂输出？

探究：
若光波导是在铌酸锂上扩散 Ti 形成的，电极能否安置在耦合区波导两侧？

图 2-5-3 所示是马赫-曾德尔干涉型光开关的典型结构。它由两个 3dB 耦合器(DC1、DC2)与两个对称等臂波导($L_1 = L_2$)组成。通过电极,可在两波导上加上相反电场,用于改变两波导中的光程差,通过干涉的方法,实现光传输的光路切换。不加电场时,在输入 1 输入的光经 DC1 分成功率相等的两束,其中下波导的光相比上波导相位改变 $\pi/2$,经等臂波导不改变相位差,再进入 DC2,两束光均分为上、下等功率的两束,进入输出 1 的光正好反相,干涉相消,无光输出,而进入输出 2 的光则同相,干涉加强,有光输出。加电压 U 后,改变两波导间的相位差

$$\Delta\varphi = \Delta\beta \cdot L = \pi \tag{2-5-10}$$

于是,在输出 1 两光束同相干涉加强,有光输出;而在输出 2 两光束反相干涉相消,无光输出。

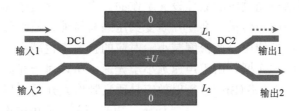

图 2-5-3　马赫-曾德尔干涉型光开关

光开关的主要特性参数有插入损耗 IL、开关时间 ST(switching time)、消光比 ER(extinction ratio)。IL 的定义与其他光传输器件类同。ST 被定义为从控制信号的启动到光信号的切换所需要的时间。一般定义从电信号开启到最大光功率90% 所需的时间为开启时间,从电信号关闭到最大光功率的10% 所需的时间为关闭时间。ER 被定义为

$$ER = -10\lg\frac{P_{2\,out}}{P_{1\,out}} \tag{2-5-11}$$

式中,$P_{1\,out}$ 为在一定入射光下光开关连通时的输出光功率;$P_{2\,out}$ 为在同一入射光下光开关断开时的输出光功率。

3. 热光开关

热光开关是根据热光效应来设计制造的光开关。介质的光学性质(如折射率)随着温度变化而发生变化的物理效应,称热光效应。典型材料如铌酸锂、硅、二氧化硅等,热光系数 $\frac{\partial n}{\partial T} \approx 10^{-4}\,K^{-1}$。热光开关的优点有制作简单、成品率高、成本低、易于集成等。但也有缺点,如开关时间长、功耗大、器件尺寸较大等。热光开关可分为干涉型光波导热光调制开光和非干涉型光波导热光调制开关。本节只介绍马赫-曾德尔干涉型热光调制开关,图 2-5-4 是其原理图。马赫-曾德尔热光开关是由两个 3dB 耦合器(DC1、DC2)与两个等臂的光波导组成的,在其中的一个臂上镀有金属薄膜加热器,用作相位延时器。不加热时,在端口 1 输入的光经过两个 3dB 耦合器与等臂光波导后在端口 3 相消而在端

口4相长干涉输出。给金属薄膜加热器加到一定温度使其相位延迟 π，于是就变成在端口4相消而在端口3相长干涉输出。

图 2-5-4　马赫-曾德尔干涉型热光调制开关

4. 声光开关

声光开关是根据声光效应的原理设计制作的。声波在介质中传播分为行波和驻波两种形式。声波在介质中传播时会使介质受到压缩与拉伸，压缩使介质密度增大，相应的折射率也增大；拉伸使介质密度减小，对应的折射率也减小。对于光来说，声行波相当于一个行进的体光栅。由于声速远小于光速，所以对于光而言，可将这个体光栅看作瞬时静止的。布拉格(Bragg)衍射效应是适宜制作光开关的声光效应。如图 2-5-5

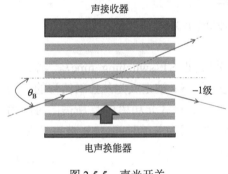

图 2-5-5　声光开关

所示，声光开关主要由电声换能器、声介质与声接收器组成。超声波由电声换能器发射，在其对面安装声接收器，若是行波，则选吸声材料，若是驻波，则选反射材料。有声时，介质是个体光栅，入射光与体光栅平面夹角为布拉格角(θ_B)时，该体光栅是个有效的闪耀光栅，衍射光能量几乎全部集中在–1级衍射光上。无声时，光走透射方向；有声时，光在–1级衍射方向。

2.5.2　光滤波器

光滤波器是只允许一定波长的光信号通过的器件。光滤波器可分为固定的和可调谐的两种。固定光滤波器允许一个固定的、预先确定的波长通过，而可调谐的光滤波器可动态地选择波长。

滤波器有带阻、带通滤波器之分。带阻滤波器是阻止一定波长范围内的光透过(有较低的透过率)的器件,带通滤波器是允许一定波长范围内的光透过(有较高的透过率)的器件。滤波器的基本应用是滤除环境的噪声光，选择合适波长的光进入光学系统，确保光学系统健康、稳定、有效地工作。滤波可根据光的吸收、光的反射与折射、光的干涉与衍射等相关规律来实施。例如，在数码相机、电脑摄像头等光学系统中，常用人造水晶薄膜(光的吸收规律)作为带通滤波器，滤除噪声光，选择合适可见光进入光学系统。传统的光纤通信用光滤波器是依据角色散原理设计制作的。用角色散元件三棱镜(光的折射规律)或光栅(光的衍射规律)，将不同波长的光按空间角度展开，然后在确定的角度方向取出相应的光即完成光滤波，如图 2-5-6 所示。图中，若只有一根输出光纤，这是传统意义的光滤波器，即从众多光信号中取出某波长的信号。若有多个输出光纤的，就是将众多光信号分开后依次取出、全部加以利用，我们可称之为解波分复用器。

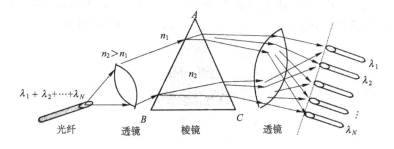

(a) 三棱镜型

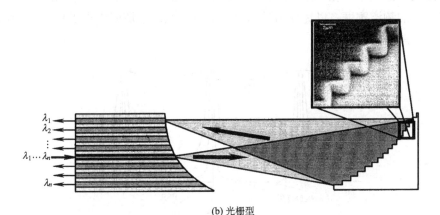

(b) 光栅型

图 2-5-6　传统光滤波器

干涉型滤波器是现代光滤波器的一大部分，主要有 F-P 光滤波器、多层膜光滤波器与光纤光栅光滤波器。

F-P 光滤波器本质上就是 F-P 干涉仪，是平行平板间的多光束干涉。当入射光波的频率与腔长(L)满足

$$2nL = m\frac{c}{v} \tag{2-5-12}$$

时，光波可形成稳定振荡。式中，m 是正整数，此时，输出光波之间会产生多光束干涉，最后输出等间隔的梳状波形(对应的滤波曲线为梳状)，如图 2-5-7 所示。图中，画出了F-P 腔界面反射率依次为 5%、70% 与 90% 的透射率滤波曲线，从中可以看到，反射率越低，滤波曲线越平坦，反射率越高，滤波曲线越尖锐。有三个特性参数可用来评价滤波器的品质，它们是自由谱区 FSR(free spectral range)、3dB 带宽 ΔF(3dB bandwidth)与精细度 F(fineness)。FSR 可用公式

$$\text{FSR} = \frac{c}{2nL} \qquad (2\text{-}5\text{-}13)$$

计算。FSR 只与介质折射率 n 和腔长 L 有关，与反射率无关，如图 2-5-7 所示，三种曲线的 FSR 是相同的。3dB 带宽 ΔF 是滤波曲线峰值一半处所对应的频率间隔，从图 2-5-7 中可看出，反射率越大，ΔF 就越小。研究表明，3dB 带宽 ΔF 可用公式

$$\Delta F = \frac{c(1-R)}{2\pi nL\sqrt{R}} \qquad (2\text{-}5\text{-}14)$$

表示。精细度 F 是自由谱区与 3dB 带宽之比，它可表示为

$$F = \frac{\text{FSR}}{\Delta F} = \frac{\pi\sqrt{R}}{1-R} \qquad (2\text{-}5\text{-}15)$$

精细度越高，说明滤波能力越强。光纤通信中，密集波分复用（dense wavelength division multiplexing，DWDM）系统对 F-P 光滤波器参数的要求有：自由谱区 FSR 必须大于多信道复用信号的频谱宽度，以免使信号重叠，造成混乱；信道间距小于1.6nm，所以要求 F-P 腔有较窄的带宽 ΔF。

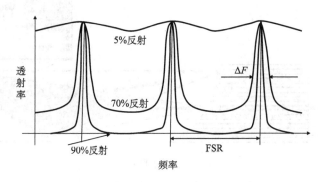

图 2-5-7　F-P 光滤波器的滤波曲线

多层介质膜光滤波器是通过多层膜的光干涉实现在一定的波长范围内产生高能量的反射光束，在这一范围之外，则反射很小。这样通过多层介质膜的干涉，反射某一波长，通过其他波长，如图 2-5-8(a) 所示。图 2-5-8(b) 展示了多层膜滤波器进行滤波的原理。滤波器 1 反射 λ_1 通过其他波长、滤波器 2 反射 λ_2 通过其他波长，这样同一光路中的三个信道 λ_1、λ_2、λ_3 的信号被滤波器 1 滤出 λ_1，被滤波器 2 滤出 λ_2，最后信道 λ_3 直通。

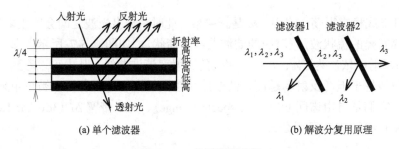

(a) 单个滤波器　　　　　　　　　(b) 解波分复用原理

图 2-5-8　多层膜滤波器

思考：

F-P 光滤波器与多层介质膜滤波器的滤波原理是【　　】。

(A)双光束干涉　　　(B)多光束干涉　　　(C)单缝衍射　　　(D)光的偏振

马赫-曾德尔滤波器是很重要的波导干涉型滤波器。如图 2-5-9 所示，它由两个 3dB 耦合器(DC1、DC2)与两个不等臂波导(L_1、L_2)组成。在端口输入 1 进入的光，到端口输出 1 输出时两束光的相位差为

$$\frac{\pi}{2} + \beta\Delta L + \frac{\pi}{2} = \beta\Delta L + \pi \qquad (2\text{-}5\text{-}16)$$

在端口输出 2 出射时两束光的相位差为

$$\frac{\pi}{2} + \beta\Delta L - \frac{\pi}{2} = \beta\Delta L \qquad (2\text{-}5\text{-}17)$$

对于同一 λ，端口输出 1 与输出 2 的相位差总是反相的。若有 λ_1、λ_2 复合光进入端口输入 1，只要同时保证端口输出 1 λ_1 光的相位差为 2π 的整数倍，即

$$\beta_1\Delta L + \pi = m_1 2\pi \qquad (2\text{-}5\text{-}18)$$

也就是说，在直通臂中的干涉加强输出的光满足其传播常数与 ΔL 的乘积加 π 等于 2π 的整数倍。若保证在端口输出 2 处，波长为 λ_2 的光的相位差为 2π 的整数倍，即

$$\beta_2\Delta L = m_2 2\pi \qquad (2\text{-}5\text{-}19)$$

此时，波长为 λ_2 的光信号在端口输出 2 干涉加强输出。在交叉臂中的干涉加强输出的光满足其传播常数与 ΔL 的乘积等于 2π 的整数倍。此时，在端口输出 1 有 λ_1 相长输出，在端口输出 2 有 λ_2 相长输出。实现光的滤波目的。

在马赫-曾德尔滤波器中，光路是可逆的。若从端口输出 1 中输入 λ_1 的光束，从端口输出 2 中输入 λ_2 的光束，则两束光在端口输入 1 合束输出，在端口输入 2 无输出。

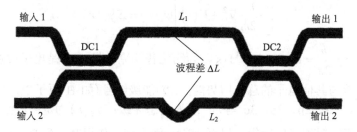

图 2-5-9　马赫-曾德尔干涉型滤波器

思考：

马赫-曾德尔干涉型滤波器与干涉型光开关有什么异同点？

探究：

请用 3 个马赫-曾德尔干涉型滤波器组成一个具有 2 个输入端口、4 个输出端口的滤波网。设有频率为 ν、$\nu+\Delta\nu$、$\nu+2\Delta\nu$、$\nu+3\Delta\nu$ 的复合光进入这个滤波网的同一个输入端口，如何设置这三个滤

波器的参数 ΔL 才能实现 4 个输出端口每个端口只输出一种频率的光。

　　光纤光栅滤波器是近几十年来发展非常快的滤波器件。其中，布拉格光纤光栅可作为窄带带通滤波器，长周期光纤光栅可作为带阻滤波器。如图 2-5-10 所示，两个布拉格波长均为 λ_2 的布拉格光纤光栅与一个 3dB 耦合器组成一个迈克耳孙型带通滤波器。λ_1、λ_2、λ_3、λ_4、λ_5、λ_6、λ_7、λ_8 8 个信道的信号进入 3dB 耦合器，在 2 个输出端口上各输出一半功率，但 λ_2 被布拉格光纤光栅滤出。λ_2 反向进入 3dB 耦合器，由于光路的逆行，两束光在端口 1 相干叠加抵消，在端口 2 相干叠加相长输出。

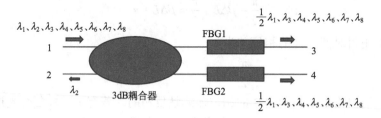

图 2-5-10　迈克耳孙型带通滤波器

2.6　光子晶体器件

2.6.1　电子晶体

　　物质是由分子、原子组成的。当固体物质中的粒子(原子、离子等)在空间长程有序排列时，就构成晶体。由于晶体的性质主要取决于其中运动电子的状态，同时，为了与光子晶体区分，我们称这样的晶体为电子晶体。近代量子理论告诉我们，原子中电子的运动状态可通过求解薛定谔方程

$$\left[-\frac{\hbar^2}{2m}\nabla^2 + V(r)\right]\psi_i(\bar{r}) = E_i\psi_i(\bar{r}) \tag{2-6-1}$$

得到。式中，$\hbar = \frac{h}{2\pi} = 1.055\times10^{-34}\text{J}\cdot\text{s}$，为约化普朗克常量；$m$ 是电子质量；$V(r)$ 为电子受到的原子核与其他电子的总作用势能；i 为能级编号(如 H 原子中，$i=n$、l、m，也可以表达为 1s、2s、2p、3p、3d 等)，E_i 为定态能级；$\psi_i(\bar{r})$ 为定态波函数。当体系中有许许多多原子，且原子间距很大以至于原子间无相互作用时，各原子中的电子能级均相等。将系统的空间大小逐渐缩小，原子中的电子就会受到其他原子中的原子核和电子的作用，距离越近，作用就越强，电子所受到的作用势能 $V(r)$ 也会略有改变，从而就会导致电子能级 E_i、电子运动波函数 $\psi_i(\bar{r})$ 也发生相应的变化。当体系空间体积继续缩小到原子间距为纳米甚至零点几纳米，且原子在很大空间范围内做周期性堆积排列时，晶体就形成了。在晶体中，原子的内层电子围绕着自身原子核做运动，其他原子的作用相对较弱，其能级变化较小；对于原子中的外层电子，其他原子的作用相对较大，这时电

子能级的变化较大。对于那些在整个晶体范围内做共有化运动的电子，则变化更甚。考虑到周期性势场的影响，整个晶体的电子能级分布成为带状结构，用公式(2-6-2)表示。

$$\left[-\frac{\hbar^2}{2m}\nabla^2 + U(r)\right]\psi_{i\vec{k}}(\vec{r}) = E_{i\vec{k}}\psi_{i\vec{k}}(\vec{r}) \tag{2-6-2}$$

式中，$U(r)$ 是在原来 $V(r)$ 的基础上又附加了其他的原子核与电子的作用后的总作用势能；$\vec{k}$ 可以看作是电子运动的波矢，由于原子排列的周期性，$\vec{k}$ 也有一定的平移不变性。

$$\vec{k} = \frac{l_1}{N_1}\vec{b}_1 + \frac{l_2}{N_2}\vec{b}_2 + \frac{l_3}{N_3}\vec{b}_3 \quad l_1, l_2, l_3 = 1, 2, 3, \cdots \tag{2-6-3}$$

式中，$\vec{b}_1$、$\vec{b}_2$、$\vec{b}_3$ 为晶体的倒格矢；N_1、N_2、N_3 为沿三个方向的元胞(原子)数，数目非常庞大，达到阿伏伽德罗常数数量级。因此，严格来说波矢 $\vec{k}$ 是非连续变化的，但由于 N_1、N_2、N_3 数目非常大，所以几乎可看成是连续变化的，从而引起能级 $E_{i\vec{k}}$ 也近乎连续变化形成能带，对能带的称呼可沿用原子中电子态的称呼，如 3d 能带、5p 能带等。如图 2-6-1 所示，(a)画出了某原子的 2s、2p 能级。(b)左侧显示出 N 个原子的系统，当原子间距无穷大时，N 个原子的能级重叠，随着原子间距的减小，各原子能级不再重叠，能级产生分裂形成能带。(c)当间距缩小到实际晶体的原子间距时，就形成实际晶体的能带。能带中能级密密麻麻几乎连续变化。相邻能带之间存在一段没有实际能级的能量空间，我们称之为禁带或电子禁带。禁带宽度 E_g 范围内不存在任何可能的实际能级，所以，也不存在处于这一能量范围内的电子。

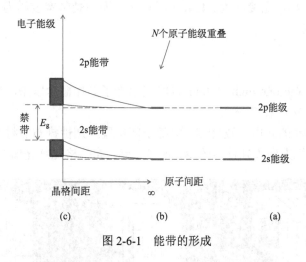

图 2-6-1　能带的形成

对于多电子原子来说，通过求解方程(2-6-1)可求出一系列定态能级 E_i 与相应的定态波函数 $\psi_i(\vec{r})$。原子中的电子将尽可能占据较低的能级，其中有些电子占据较低能级，这些电子为原子的内层电子，它们离原子核较近，受原子核的约束较强；还有一些电子占据较高能级，它们离原子核较远，受原子核的约束较弱，容易脱离原子体系，我们称后面这一类电子为价电子。原子价电子的能级与波函数的特点决定了该元素的许多物理性质与化学性质。同样，对于晶体，晶格原子价电子所分裂的能带(价带)也决定了晶体的许多性质。

电子属于费米子，电子在能级上的填充方式要受泡利不相容原理的约束，电子在能级 E 上的填充概率 $f(E)$ 满足费米-狄拉克统计

$$f(E) = \frac{1}{1 + \exp\left(\dfrac{E - E_F}{k_B T}\right)} \tag{2-6-4}$$

式中，E_F 为费米能级；$k_B = 1.38 \times 10^{-23} J/K$，为玻尔兹曼常量；$T$ 为晶体的热力学温度。热力学零度时，若价带中尚有一些能级未被电子所占据，这样的晶体属于导体，如金属。热力学零度时，若价带中所有能级均被电子所占据，价带即满带，这类晶体，除了如镁元素那样的特殊情况外，一般不属于导体。镁(Mg)3s 价带虽为满带，但 Mg 原子稍高能级 3p 分裂的能带却与价带连在一起或者与价带套叠在一起形成重叠带。对于价带是这种重叠带的情况，仍只能认为电子是部分填充能带的，此种情况的材料仍表现出导体性质。价带为独立满带时，我们称位于价带上方的能带为导带，称导带中的最低能级为导带底，用 E_C 表示。价带的最高能级被称为价带顶，用 E_V 表示。于是，禁带宽度 E_g 可表达为

$$E_g = E_C - E_V \tag{2-6-5}$$

对于禁带宽度大于 4.5eV 的晶体，常温下属于绝缘体。对于禁带宽度小于 4.5eV 的晶体，常温下属于半导体。如室温 300K 时，锗的禁带宽度约为 0.66eV，硅的禁带宽度约为 1.12eV，砷化镓的禁带宽度约为 1.424eV，氧化亚铜的禁带宽度约为 2.2eV，这些晶体材料均属于半导体。

2.6.2　光子晶体

自 1987 年由 Yablonovitch 与 John 同时提出光子晶体概念以来，光子晶体概念与理论以及器件的研究方兴未艾。

光子晶体是物质的介电常数(折射率)随空间位置周期性排布的材料。如图 2-6-2 所示，若折射率在一维方向周期性地改变，如多层膜、布拉格光纤光栅，称一维光子晶体；

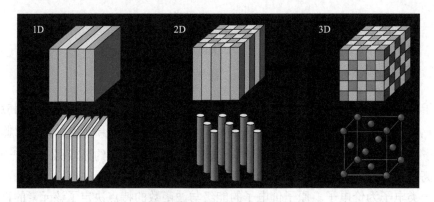

图 2-6-2　光子晶体概念

若折射率在二维方向周期性地改变，称二维光子晶体，如光子晶体光纤、光子晶体波导就是带缺陷的二维光子晶体(图 2-6-3)；如折射率在三维方向做周期性的变化，则称三维光子晶体。

(a) 光子晶体波导

(b) 光子晶体光纤

图 2-6-3 带缺陷的二维光子晶体

光子晶体的特征：①存在光子禁带，由于光子晶体的折射率周期性分布，与电子晶体类同，也会出现光子带隙。在光子晶体中，存在一个能量区域，在这个区域中，光子能量是不存在的，即存在光子禁带，如图 2-6-4 所示。如布拉格光纤光栅中，透射光谱中布拉格波长处的光不存在。②存在光子局域，若光子晶体存在缺陷，对于处于周围光子晶体的光子禁带中的光，不能在光子晶体中传播，只能被约束在缺陷里，如图 2-6-3 所示。图 2-6-3(a)为光子晶体波导，在二维光子晶体中存在一个弯曲的线缺陷(波导)。

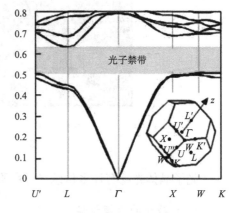

图 2-6-4 光子禁带

处于光子禁带中的光被约束在波导中传输，而不能在光子晶体的其他部位透出。图 2-6-3(b)为光子晶体光纤，在二维光子晶体的轴线上存在线缺陷，处于光子晶体光子禁带中的光只能在芯区中心部分传输。③其他奇异现象，经过特殊设计，光子晶体的周期性会影响光子晶体中原子发光的概率。经过不同的特别设计，可使材料在某些波长附近有很大的色散，可使某些波长的光具有非常大的有效折射率，也即慢光现象存在，还可使光子晶体在某些波长(波段)上有负的有效折射率。

思考：

根据斯奈尔定律，若入射光以入射角 30° 从空气中射入折射率为 $n=-1.0$ 的负折射材料中，则折射光线将如何传播？若厚度为 20cm 的负折射($n=-1.0$)材料平行薄板被置于空气中，空气中点光源离负折射材料表面的距离为 10cm，则如何成像？

2.6.3 光子晶体光纤

光子晶体的许多现象与规律都可以作为设计光子晶体器件的依据。有许多光子晶体器件被提出与研发，如光子晶体激光器、光子晶体发光二极管、光子晶体光电探测器、光子晶体波导、光子晶体光纤、光子晶体滤波器、光子晶体耦合器、光子晶体开关、光子晶体偏振分束器等。在众多的光子晶体产品中，光子晶体光纤无疑是已实用化与商品化的器件。

1991 年，Russell 等根据光子晶体传光原理首次提出了光子晶体光纤(photonic-crystal fiber，PCF)的概念。即在石英光纤中沿半径方向周期排列着波长量级的空气孔。光子晶体光纤又被称为多孔光纤。光子晶体光纤可分为两类：全内反射型光子晶体光纤(total internal reflection PCF，TIR-PCF)与光子带隙光子晶体光纤(photonic band gap PCF，PBG-PCF)，如图 2-6-5 所示。TIR-PCF 核心的有效折射率比包层的有效折射率大，可用全反射理论方便地进行解释。PBG-PCF 核心的有效折射率比包层的有效折射率小，必须用光子带隙理论来进行解释。包层实际上是一个二维光子晶体，核心是一个线缺陷，若传输光子能量落在光子晶体的带隙中，该光就无法进入光子晶体中，只能在缺陷中传输。

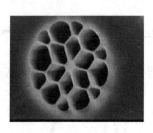

(a) TIR-PCF　　　　　　　　　　　　　(b) PBG-PCF

图 2-6-5　两类光子晶体光纤

光子晶体光纤有许多传统光纤所不具备的优点。

1. 无截止的单模特性

普通阶跃光纤(step-index fiber，SIF)的单模传输条件是

$$V_{\text{SIF}}(\lambda) = \frac{2\pi a}{\lambda}\left(n_{\text{co}}^2 - n_{\text{cl}}^2\right)^{1/2} \leqslant 2.405 \tag{2-6-6}$$

式中，a 是普通阶跃光纤的纤芯半径。式(2-6-6)中 $\left(n_{\text{co}}^2 - n_{\text{cl}}^2\right)$ 对于普通单模光纤来说，其值基本是个常数，与 λ 无关。所以，随着波长 λ 的下降，单模传输转化为多模传输。对于光子晶体光纤，单模传输的条件是

$$V_{\text{PCF}}(\lambda) = \frac{2\pi \alpha_{\text{eff}}}{\lambda}\left(n_{\text{eff}}^2 - n_{\text{FSM}}^2\right)^{1/2} \leqslant \pi \tag{2-6-7}$$

式中，α_{eff} 为 PCF 的有效纤芯半径，其数值为 $\Lambda/\sqrt{3}$（Λ 为空气孔中心间距）；n_{eff} 表示纤芯有效折射率；n_{FSM} 表示基空间填充模(fundamental space-filling mode)的有效折射率。如图 2-6-6 所示为光子晶体光纤的归一化频率 V_{PCF} 随归一化波长 Λ/λ 的变化关系图，曲线从下到上依次是 $d/\Lambda = 0.2 \sim 0.7$，步长 0.05，虚线代表 $V_{\text{PCF}} = \pi$。由图可见，当 $d/\Lambda < 0.405$ 时，V_{PCF} 始终小于 π，也就是该光纤在整个波长范围内单模传输。换句话说，对于光子晶体光纤，我们可以改变孔的形状与间距来调整 V_{PCF}，使之总是满足单模条件，

即无截止单模传输。理论研究表明，当 λ 变小时，光强向包层高折射率的背景材料集中，n_{FSM} 就会变大，导致纤芯与包层间的折射率差减小，V_{PCF} 基本保持不变。PCF 的模式数量与空气孔中心间距 Λ 和空气孔直径 d 有密切关系。光子晶体光纤的单模条件取决于 d/Λ 的比值，而不是芯径。1998 年，Knight 等制造了横截面直径为 $180\mu m$ 的单模光子晶体光纤，而传统单模光纤的芯径只有几微米。

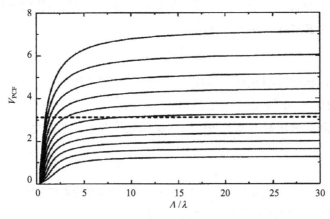

图 2-6-6　光子晶体光纤的单模特性

2. 可灵活运用的非线性特性

由于光子晶体光纤的有效模场面积可通过改变包层孔的形状与尺寸及孔之间的距离来改变，所以光子晶体光纤有可灵活运用的非线性特性。当无须非线性效应时，只需设计足够大的有效模场面积，这样大的光功率在较大的模场面积上有不太大的能量密度，实现较小的甚至不出现非线性效应。当需要非线性效应时，只需设计足够小的有效模场面积，这样，大的光功率在小的模场面积上可实现很高的能量密度，诱发大的非线性效应。于是，在光子晶体光纤中容易实现自相位调制(self-phase modulation，SPM)、交叉相位调制(cross-phase modulation，CPM)、受激拉曼散射(stimulated Raman scattering，SRS)等非线性效应。

3. 可控的色散特性

光子晶体光纤具有灵活可控的色散特性。这是因为光子晶体光纤可由单一介质组成，其纤芯与包层在力学上与热力学上可以做到完全匹配。光子晶体光纤的纤芯与包层之间的折射率差可通过合理调节其端面结构来实现，在这个过程中，无须担忧因纤芯材料与包层材料的不匹配引起的限制。因此，通过设法改进 PCF 的波导结构就可以实现各种期望的色散特性。如光子晶体光纤的零色散波长的位置是可调的，甚至可以通过适当改进光子晶体光纤的端面结构，从而在几百纳米范围内实现零色散。又如，在纯石英光纤及普通的单模光纤的正常色散波长上，可以设计光子晶体光纤出现反常色散，从而较易实现孤子传输、色散补偿与超短脉压缩。

4. 优异的双折射特性

光子晶体光纤的出现为保偏光纤的研制提供了一条新思路，由于光子晶体光纤横截面上折射率分布的对称性直接由空气孔的大小和分布决定，因此通过适当调整空气孔的大小和排布可以轻易达到破坏折射率对称性、加大折射率不对称性的目的，从而可引入较大的双折射。设光沿 z 方向传输，偏振方向在 x 方向与 y 方向的折射率依次为 n_{eff}^x、n_{eff}^y，则可用模式双折射 B 来描述双折射特性。

$$B = \left| n_{\text{eff}}^x - n_{\text{eff}}^y \right| \tag{2-6-8}$$

传统的保偏光纤，如熊猫型光纤、蝴蝶结型光纤可实现 B 约为 10^{-4}，而光子晶体保偏光纤可实现 B 约为 $10^{-3} \sim 10^{-2}$。由于光子晶体光纤通常是由单一的纯石英玻璃材料制成，所以在温度稳定性和抗核辐射方面都较传统的保偏光纤有很大的改善。

探究:

超连续谱光源：利用光子晶体光纤，人们制造出了发射光谱如白炽灯那样的连续谱、发光强度如激光那样的光源。这里主要利用的是光子晶体光纤的【　　】。

(A) 无截止的单模特性　　　　　(B) 可灵活运用的非线性特性

(C) 可控的色散特性　　　　　　(D) 优异的双折射特性

(请参阅：王彦斌等，光子晶体光纤中产生的超连续谱，上海交通大学出版社，2017)

习　题　2

2-1. 如题图所示是一典型的偏振相关光隔离器的结构图，试指出图中 1、2、3、4 各部件的名称及作用。叙述反向光严重衰减的过程。

2-2. 如题图所示是一种偏振无关光隔离器的结构图。其中 FR 是法拉第旋转器，P1、P2、P3 是三块双折射晶体平板，试指出：

(1) P1、P2、P3 三块双折射晶体平板的光轴方向间的关系；

(2) P1、P2、P3 三块双折射晶体平板的厚度间的关系；

(3) 画图并叙述正向传输自然光的无衰减传输过程。

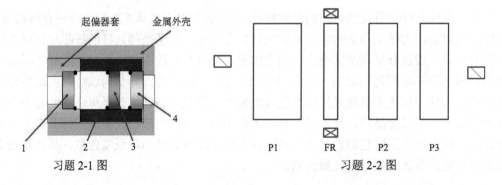

习题 2-1 图　　　　　　　　　　　　　　习题 2-2 图

2-3. 如题图所示是 wedge 型偏振无关光隔离器的结构图。其中 FR 是法拉第旋转器，P1、P2 是双折射晶体楔形偏振分束器。

(1) 试在(a)图中画出正向传输光通过的光路图，指出偏振方向的改变细节；

(2) 在(b)图中画出反向传输光的光路图。

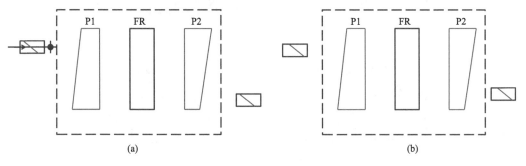

习题 2-3 图

2-4. 如题图，(a)图是一种光学环形器的结构图。

(1) 试叙述从端口 A 到端口 B 的光传输过程；

(2) 试在(b)图中画出光从端口 B 到端口 C 的传输过程光路图，请标出偏振方向。

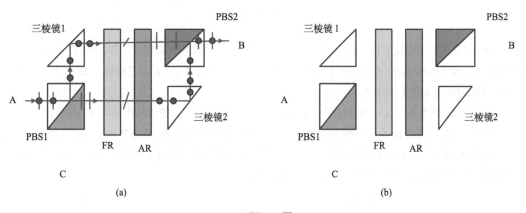

习题 2-4 图

2-5. 如题图所示是一种光学环形器。

(1) 试指出(a)图中 1、2、3、4 各部分的名称，指出器件 1、2 与前面类似器件的同异情况，指出 3、4 部件之间的差异；

(2) 试指出(b)图中 BC1、BC2、BC3 的光轴所在的平面，比较它们的位置，指出 BC1、BC2、BC3 中 o 光的偏振方向；

(3) 在(c)图中画出从端口 B 到端口 C 的传输光路图，并指出在 BC1、BC2、BC3 中 e 光的偏振方向。

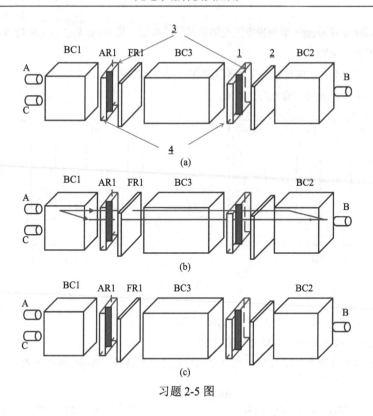

习题 2-5 图

2-6. 如题图所示是某人构想的环形器结构与光路图，其中 PBS 为偏振合束器，SWP1 与 SWP2 为两块结构与设置均相同的天然晶体平行分束器，FR 为法拉第旋转器，PR 为三棱镜，RR 为天然晶体旋转器，TR 为时间延迟片（补偿板）。

(1) 试在 (a) 图中画出 A → B 过程 SWP1 与 SWP2 中光的偏振态，描述光在 A → B 的传输过程；

(2) 在 (b) 图中画出 B → C 过程 SWP1、SWP2 与 PBS 中光的偏振态，描述光在 B → C 的传输过程；

(3) 设 SWP 厚 d，e 光的离散角为 α，从三棱镜反射点到 PBS 反射点间的光程为 δ，双折射晶体的寻常光折射率为 n_o，非常光折射率为 n_e，试求时间延迟片厚度 t。

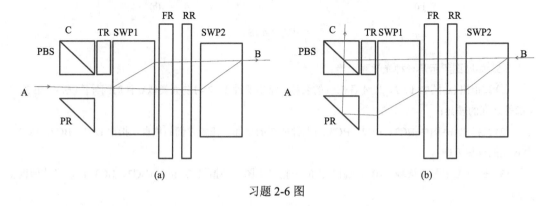

习题 2-6 图

2-7. 平面波导的波导层、衬底层与覆盖层的折射率依次为 n_1、n_2、n_3，试指出平面波导的三种工作模式，写出波导导模的特征方程，指出 $m=0$ 是什么模，与高阶模相比，$m=0$ 的导模模式有什么优点？

2-8. 设平面波导的波导层、衬底层与覆盖层的折射率依次为 1.50、1.40、1.00，厚度为 $5.00\mu m$。试依次计算 TE 模与 TM 模的 $m=0$、1 时的截止波长。

2-9. 写出波导场方程的具体形式。平面波导的波导层、衬底与覆盖层的折射率依次为 n_1、n_2、n_3，波导层厚度为 d，以 x 轴指向覆盖层，$x=0$ 位于波导层与衬底界面，求出 TE 模的模场函数表达形式。由此推出波导导模特征方程。

2-10. 条形波导导模模式 E_{mn}^x、E_{mn}^y 的主要电磁场量是哪些物理量？m、n 表示什么？

2-11. 一定向耦合器工作波长为 $\lambda = 1.50\mu m$，耦合系数为 $K = 0.15\mathrm{cm}^{-1}$。为了实现 3dB 耦合器的输出，则耦合区最小有效耦合长度为多少？说明此长度下输出端光信号的相位关系。

2-12. 设定向耦合器的 $\cos KL = 0.8$，若端口 1 输入 $1.0\mathrm{mW}$、端口 2 输入 $1.5\mathrm{mW}$，则端口 3 输出多少功率？端口 4 输出多少功率？

2-13. 如题图所示的定向耦合器，工作波长为 $1550\mathrm{nm}$。若由端口 1 输入，则端口 3 分得 75% 的光功率，端口 4 分得 25% 的光功率。

(1) 若耦合系数 $K = 0.8\mathrm{cm}^{-1}$，试求该定向耦合器的最小耦合长度；

(2) 若在端口 3 输入 $1.2\mathrm{mW}$、端口 4 输入 $0.8\mathrm{mW}$ 的光，则在端口 1 与端口 2 分别输出多少功率？

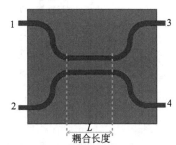

习题 2-13 图

2-14. 如题图所示，布拉格光纤光栅与环形器结合，可构成光信号的上下线器件。试描述图中的 λ_2 的上下线过程。

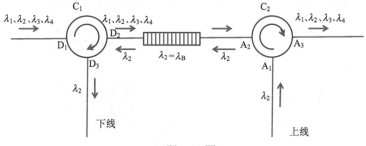

习题 2-14 图

2-15. 用相位掩模法制作光纤光栅二色镜，希望对波长为 $\lambda_P = 1480\mathrm{nm}$ 的泵浦光有 $R_P = 99.9\%$ 以上的反射率，对波长为 $\lambda_s = 1530\mathrm{nm}$ 的激射光有 $R_s = 92.0\%$ 的反射率。问掩模板的空间周期应为多少？制作的光纤光栅的长度有什么要求？设光纤光栅的有效折射率为 1.468，耦合系数均为 $8.0\mathrm{cm}^{-1}$。

2-16. 试从波导结构、模式耦合、结果应用三方面比较布拉格光纤光栅与长周期光纤光栅的异同点。

2-17. 如题图所示是由磁光效应设计的光开关。它由两块双折射晶体钒酸钇平板、一个 YIG 法拉第 45° 角旋转器(工作在正、反饱和磁化区)、一个半波片、一个三棱镜、一个偏振合束器组成，(a)图是端口 1 到端口 2 的光传输图，(b)图是端口 1 到端口 3 的光传输图。试叙述其工作原理并在钒酸钇晶体中画出明确的偏振方向。

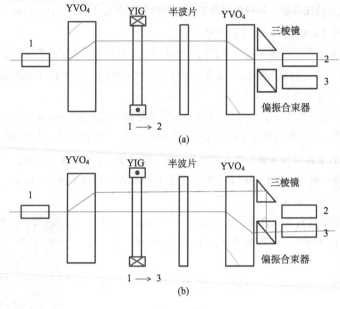

习题 2-17 图

2-18. 如题图所示，两只马赫–曾德尔热光开关与一个光纤合束器构成 2×2 的开关，其中单只如图 2-5-4 所示。

(1)若两金属薄膜加热器同时不加热，则 1、2 输入端的信号依次在哪里输出？

(2)若两金属薄膜加热器同时加热，则 1、2 输入端信号又依次在哪里输出？

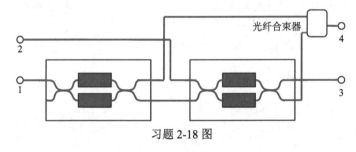

习题 2-18 图

2-19. 若 F-P 腔折射率 $n=1$，腔长 $L = 5.00\mu m$，反射率 $R = 95\%$，试计算 F-P 型光滤波器的 FSR、ΔF、F。题图是采用压电陶瓷来制作的可调型 F-P 光滤波器，试叙述其工作原理。

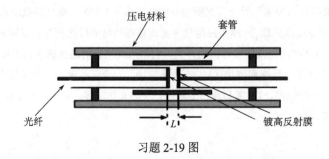

习题 2-19 图

2-20. 如题图所示是马赫−曾德尔干涉型滤波器的原理图，若端口 1 输入的光为频率 ν 与 $\nu+2\Delta\nu$，端口 2 无光输入，若波导的折射率 $n=2.2$ 相等，$\Delta\nu=1.0\times10^{10}\mathrm{Hz}$，欲使端口 3 输出 ν，端口 4 输出 $\nu+2\Delta\nu$，则 ΔL 最小为多少？若在端口 3 输入频率为 ν 的光信号、端口 4 输入频率为 $\nu+2\Delta\nu$ 的光信号，则端口 1 输出什么？端口 2 输出什么？

习题 2-20 图

2-21. 如题图所示，由三个如习题 2-20 图所示的 MZI 滤波器（MZI1、MZI2、MZI3）组成一个 4 路的波分复用器。设 4 个频率的光有相同的折射率 n，试依次计算 ΔL_1、ΔL_2、ΔL_3 的最小值。

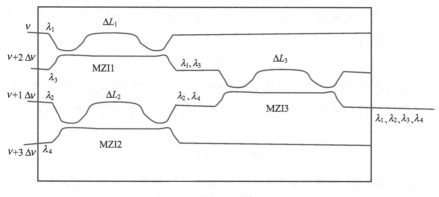

习题 2-21 图

2-22. 什么是光子晶体？它有哪些主要特征？依次指出至少两件一维光子晶体与二维光子晶体的器件。

2-23. 什么是光子晶体光纤？它的具体导光机制是什么？如何实现无截止波长的光子晶体光纤？

第3章 光接收器件

光通过光纤、光波导或者直接由大气传输射入光接收器件，完成光电转换。光接收器件有两类：一类将光能转换为电能，将光功率转化为电功率，如光伏发电电池组件；另一类将光信号转化为电信号，入射光功率比较小，转化的电信号的功率也比较小，这类器件被称为光电子探测器。光电子探测器往往需要后接电子放大器等电子电路，将电功率放大到足够大以驱动显示器、操纵控制器，实现光电系统的功能。

3.1 光接收器件核心要素

光接收器件最基本最重要的过程是光的吸收，这是绝大部分光接收器件所发生的必须的主要过程。量子物理研究表明：当入射光子的能量 $\hbar\omega$ 恰等于电子所处能级 E_1 与较高的空能级 E_2 的差值，即

$$\hbar\omega = E_2 - E_1 \tag{3-1-1}$$

时，光子有可能被电子所吸收，同时电子从能级 E_1 向较高的能级 E_2 跃迁，如图 3-1-1 所示。这是光吸收的微观过程。宏观上的反映是，光束在行进过程中功率逐渐下降，如表达式

$$P(z) = P_0 \exp(-\alpha z) \tag{3-1-2}$$

式中，P_0 为 $z=0$ 时的光功率；α 为材料吸收系数。一般地，α 取决于材料的性质，同时 α 还随光的波长的改变而改变。我们称吸收系数随光的波长(频率)的改变而改变的关系图为吸收光谱。

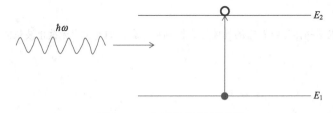

图 3-1-1 光吸收的微观过程

3.1.1 半导体的光吸收过程

图 3-1-2 是半导体材料的典型吸收光谱图，横坐标是波长或光子能量，纵坐标是吸收系数。

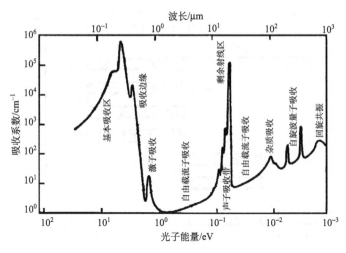

图 3-1-2　半导体的吸收光谱图

半导体的吸收光谱主要分为基本吸收区、吸收边缘界线、自由载流子吸收、晶体振动(声子)吸收与杂质吸收五类。基本吸收区也称本征吸收区，对应的微观过程是半导体价带中的电子吸收光子能量后跃迁到导带中去形成电子空穴对。这一过程中，由于载流子数目的增加，半导体电导率会增加。在基本吸收区，吸收系数 α 很大，约为 $10^4 \sim 10^6 \text{cm}^{-1}$，$\alpha(\omega)$ 随光子能量 $\hbar\omega$ 的变化呈幂指数规则，其指数可能为 1/2、3/2、2 等，具体取决于半导体能带结构；在吸收区的边缘，吸收系数变化非常迅猛，即有陡峭的吸收边；由于半导体中的电子从价带跃迁到导带要跨过禁带，而对于不同的半导体，其禁带宽度也不同。因此，不同的半导体，其基本吸收区的位置也不同，有些位于可见光谱区域，有些位于紫外光谱区域，有些位于红外光谱区域。基本吸收区有一个长波极限 λ_g，只有光波波长满足

$$\lambda < \lambda_g = \frac{hc}{E_g} = \frac{1.24}{E_g(\text{eV})} \quad (\mu\text{m}) \tag{3-1-3}$$

才能发生吸收。图 3-1-3 展示了几种半导体的禁带宽度与长波限。图 3-1-4 展示了 $\left(\text{In}_{1-x}\text{Ga}_x\right)\left(\text{As}_{1-y}\text{P}_y\right)$ 铟镓砷磷四元半导体的组分与长波限的关系，由于其带隙可随组分 x、y 连续变化，因而更值得关注。另外，掺杂也能调节半导体的禁带宽度。当掺杂浓度较大(重掺杂)时，会使有效禁带宽度加大，引起本征吸收边向短波方向移动，这是布尔斯坦-莫斯效应。毫无疑问，这些现象均能改变基本吸收区的位置。

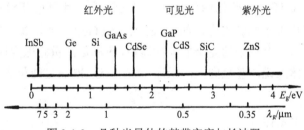

图 3-1-3　几种半导体的禁带宽度与长波限

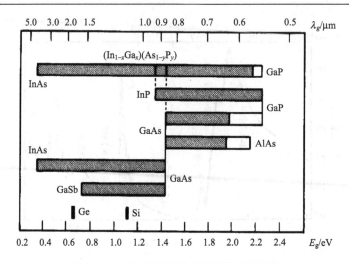

图 3-1-4　可调半导体的禁带宽度与长波限

低温下，某些晶体在本征吸收连续光谱区的低能侧靠近长波限附近存在一系列吸收线，并且这些吸收线不伴随有光电导。其原因是价带中的电子吸收光子能量后未能跃迁到导带中去，而是与空穴一起组成一个类氢原子(激子)。由于激子是电中性的，它移动时不会有电导效应，同时它有离散谱的特征，这就引起吸收边边缘结构复杂化。当入射光的波长较长，不足以引起带间跃迁或形成激子时，半导体中仍然存在光吸收，而且吸收系数随着波长的增加而增加。这种吸收是由自由载流子在同一能带内的跃迁引起的，称为自由载流子吸收。另外，多数半导体的价带均由三个子带(sub-band)组成，当电子在价带或导带中子带之间跃迁时，也伴随有吸收发生。在这种情况下，吸收曲线有明显的精细结构，而不同于自由载流子吸收系数随波长单调增加的变化规律。晶格振动与光子之间的相互作用也会引起光吸收，称此为晶格振动吸收。晶格振动吸收有时候会很大。半导体中的杂质也会产生吸收。杂质的能级可以在半导体的禁带中，例如锗(Ge)和硅(Si)中的Ⅲ族和Ⅴ族杂质。占据杂质能级的电子或空穴的跃迁可以引起光吸收，这种吸收称为杂质吸收。

在半导体的这些吸收过程中，最重要的过程还是本征吸收过程，即基本吸收区部分。

3.1.2　直接带隙与间接带隙半导体的吸收边

如图 3-1-5 所示，有两类半导体：直接带隙半导体与间接带隙半导体。直接带隙半导体的价带顶与导带底位于同一波矢上，如锑化铟(InSb)、砷化镓(GaAs)、碲化汞(HgTe)、碲化镉(CdTe)、硫化铅(PbS)、碲化镉汞($Cd_xHg_{1-x}Te$)；间接带隙半导体的价带顶与导带底位于不同波矢上，如硅(Si)、锗(Ge)、磷化镓(GaP)。电子吸收光子跃迁的过程可看作两个粒子的完全非弹性碰撞，应满足能量守恒定律与动量守恒定律。对于直接带隙半导体来说，竖直向上的跃迁(直接跃迁)既满足能量守恒定律

$$\hbar\omega = E_g \qquad\qquad (3\text{-}1\text{-}4)$$

也近似满足动量守恒定律

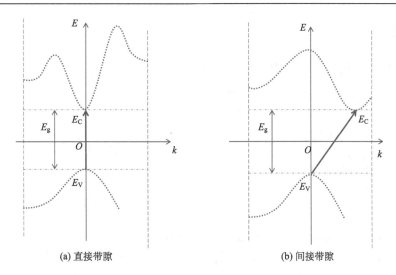

(a) 直接带隙　　　　　　　　　　　　　(b) 间接带隙

图 3-1-5　半导体的能带结构

$$\hbar k + \hbar k_V = \hbar k_C \tag{3-1-5}$$

式中，k 为光子波矢；k_V 为价带顶电子的波矢；k_C 为导带底电子的波矢。假设在导带底与价带顶附近的能带结构为抛物线形式，根据吸收系数与电子态密度成正比，可以推出吸收系数 α 表达为

$$\alpha = \begin{cases} B\left(\hbar\omega - E_g\right)^{1/2} & \hbar\omega \geqslant E_g \\ 0 & \hbar\omega < E_g \end{cases} \tag{3-1-6}$$

式中，B 是取决于受激跃迁概率、电子与空穴的有效质量等的常数。上式适用于 $k_V = k_C = 0$ 的跃迁是允许的情况。可以看到，吸收系数 α 的平方与 $\hbar\omega$ 呈线性关系，于是，我们可以通过作图法由实验来测量直接带隙半导体的禁带宽度。间接带隙半导体导带底和价带顶位于 k 空间的不同位置上（例如在 Si 和 Ge 中），那么任何竖直跃迁所吸收的光子能量都应该比禁带宽度大，因为在价带顶上方的导带能量比导带底的能量高。但实验指出，引起本征吸收的最低光子能量还是约等于 E_g。这说明，除了竖直跃迁之外，还存在另一类跃迁过程：由价带顶向具有不同 k 值的导带底的跃迁，我们称之为间接跃迁。间接跃迁可看成是光子、电子、声子之间的三体碰撞，或者说是由声子协助的吸收光子的过程，由能量守恒定律可表达为

$$\hbar\omega = E_g \pm E_p \tag{3-1-7}$$

式中，E_p 为声子能量；± 符号中的+表示放出声子、−表示吸收声子。动量守恒定律可表达为

$$\hbar k + \hbar k_V = \hbar k_C \pm \hbar k_p \tag{3-1-8}$$

式中，k_p 为声子波矢；± 符号中的+表示放出声子、−表示吸收声子。由于声子的能量很小，一般不超过百分之几电子伏特，所以间接带隙跃迁所涉及的光子能量仍然接近禁带宽度。根据相关知识（与直接带隙吸收系数推导过程类似），我们可以推得间接跃迁的吸

收系数 α 为

$$\alpha = \begin{cases} \dfrac{A\left(\hbar\omega - E_g - E_p\right)^2}{1 - \exp\left(-\dfrac{E_p}{k_B T}\right)} + \dfrac{A\left(\hbar\omega - E_g + E_p\right)^2}{\exp\left(\dfrac{E_p}{k_B T}\right) - 1} & \hbar\omega \geqslant E_g + E_p \\[4mm] \dfrac{A\left(\hbar\omega - E_g + E_p\right)^2}{\exp\left(\dfrac{E_p}{k_B T}\right) - 1} & E_g - E_p \leqslant \hbar\omega < E_g + E_p \\[4mm] 0 & \hbar\omega < E_g - E_p \end{cases} \tag{3-1-9}$$

由上式可以看到，若取 $\sqrt{\alpha}$ 与 $\hbar\omega$ 作图，可得两根直线，这两根直线在横轴上的截距分别为 $E_g + E_p$ 与 $E_g - E_p$，联立它们可求出 E_g、E_p 的值。实际上在直接带隙半导体中，涉及声子发射和吸收的间接跃迁也可能发生，即直接禁带半导体中也会发生间接跃迁。同样，在间接禁带半导体中，也可能发生直接跃迁。但它们不是能量最低的带间跃迁。间接跃迁要求同时有光子和声子参加，是一个三体碰撞过程，跃迁概率要比直接跃迁的概率小得多，相应的吸收系数也较小。因为光电器件一般均涉及电子的跃迁，因此间接带隙半导体材料一般不适宜作为光电材料，尤其不能作为发光材料。

思考：

试分析吸收系数的大小对于光电导器件工作效率的影响。

图 3-1-6 列出了几种半导体的吸收边。从中可以看到，对于直接带隙半导体锑化铟（InSb）、砷化铟（InAs）、磷化铟（InP）、砷化镓（GaAs），吸收边非常陡峭，一气呵

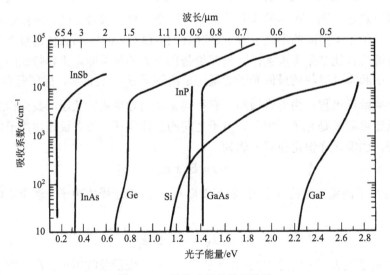

图 3-1-6　几种半导体的吸收边

成。而对于间接带隙半导体锗(Ge)、硅(Si)、磷化镓(GaP),吸收边开始比较平缓,后来急速上升,起主导吸收的过程有个转换。对于 Ge,图 3-1-7 示出了在温度77K 与 300K 的吸收曲线,可以看到,低温显示出的"肩"形更加明显。"肩"形转折告诉我们,在此之前,主导过程是光子、电子、声子的三体碰撞,随着光子能量的增加,吸收逐渐增加,直到竖直跃迁被允许,吸收增加非常迅猛。

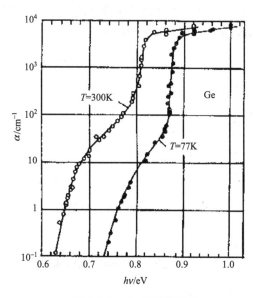

图 3-1-7　Ge 的吸收边

3.1.3　禁带宽度受温度与电场强度的影响

图 3-1-7 是 Ge 在 77K 与 300K 的吸收边,可以看到温度高的吸收边向低能(长波)方向移动。这说明,半导体 Ge 的禁带宽度随温度的升高而减小。大多数半导体的禁带宽度随温度的升高而减小。从低温到室温,半导体材料的能带结构变化不是很大,带隙随温度的变化可以用公式

$$E_g(T) = E_g(0) - \frac{\alpha T^2}{T + \beta} \tag{3-1-10}$$

来表达,有关参量见表 3-1-1。但也有少量半导体(PbS、PbSe、PbTe 等)的禁带宽度随温度的升高而增大。

表 3-1-1　几种半导体的带隙随温度变化的参量

半导体	$E_g(0)$/eV	α/(eV/K)	β/K
GaAs	1.522	5.80×10^{-4}	300
Si	1.17	4.73×10^{-4}	636
Ge	0.7437	4.774×10^{-4}	235

探究:

试设计利用 GaAs 半导体薄片制作温度传感器的方案。

对于块状半导体,若放在一个较大的电场(电场强度 $\bar{E}$)中,则导带底与价带顶的能级会发生倾斜,这时,若光子能量略小于禁带宽度,也有一定概率被吸收,发生光子协助下的隧道效应,实现电子从价带吸收光子能量跃迁到导带的吸收过程,称此现象为弗兰兹-凯尔迪什(Franz-Keldysh)效应,如图 3-1-8 所示。

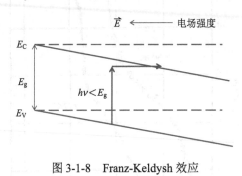

图 3-1-8　Franz-Keldysh 效应

3.2　光电子探测器概述

3.2.1　光电子探测器的定义与分类

光接收器件有两种目的。第一种目的是将光能变为电能,第二种目的是将光信号变为电信号。光电子探测器是一种将光信号变为电信号的器件,它依据光辐射与物质相互作用所呈现的物理规律来探测光。在光辐射的作用下,物质的电子状态或物质的电性质发生变化,根据这些变化就可对光进行定量测定与感知。在某些场合,可以光电子探测元件为核心,多种元器件组合成一个系统,该系统能按某种目的或某种方式推测发光体的存在与它的运动状态,我们称该系统为光电子探测系统。

因为光与物质相互作用的形式多种多样,对应的规律也多种多样,因此光电子探测器的种类也多种多样。按探测机制,光电子探测器可分为光热探测器与光子探测器两大类。光热探测器的工作机制为光辐射照射在探测器敏感物质上,光能被物质吸收转化为物质的内能,进而引起物质温度上升,同时引起敏感物质中某物理参量发生改变,通过测量该物理参量的变化来确定光辐射的参数。常见的光热探测器主要有热释电型、热敏电阻型、热电阻型与热电偶型四种。光子探测器所依据的物理效应是光子效应。光子效应可分为外光电效应与内光电效应。外光电效应是材料中的电子吸收光子能量后逸出到材料体外的效应;内光电效应是指材料中的电子吸收光子能量后电子运动状态发生改变但仍在材料体内的效应。内光电效应有光电导效应、光生伏打效应、光生电荷效应与光磁电效应。

根据探测器的结构可将探测器分为单元(色)探测器、多元(色)探测器,后者又可分为线阵探测器与面阵探测器。探测器的探测方式有直接探测方式与相干探测(光外差探测)方式。

　　图 3-2-1 是直接探测路线图。光辐射首先经过光子收集器(聚焦透镜或聚焦反射镜)收集集中，再经过带通光滤波器滤去非探测光，然后进入光电子探测器件。在光电子探测器件中，光信号被转化为电信号。此时，电信号较弱，需经电子放大器放大后，经过低通滤波器，再将电信号输入后续电路才能发挥作用。我们称光子收集器与带通光滤波器的组合为光学变换器，光电子探测器件为光电变换器，电子放大器与低通滤波器等后续电路为电子变换器。光辐射首先经光学变换器提高光信号强度与光信噪比，然后经光电变换器将光信号变为电信号，再经电子变换器将电信号增强到足够大，最后可以驱动显示器显示或操纵控制器工作。图 3-2-2 是相干探测路线图。光辐射首先经过光学变换器(包括聚焦透镜或聚焦反射镜之类的光子收集器，光阑和光滤波器之类的带通光滤波器，参考激光，与参考激光束叠加的光混频器)变为信号强、信噪比高的光信号，然后进入光电子探测器件实现光电变换，将光信号转化为电信号，接着在电子变换器(包含电子放大器、低通滤波器等电子电路)将电信号放大到足够强，以至于可驱动光显示器显示或者操纵控制器工作，实现光电系统的设计功能。本书主要讨论光信号的直接探测方法。

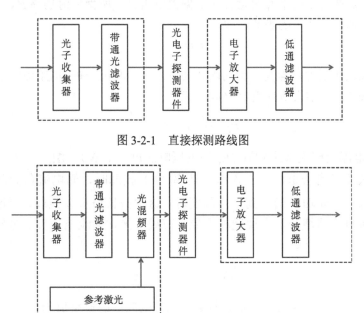

图 3-2-1　直接探测路线图

图 3-2-2　相干探测路线图

拓展：

　　光电子探测器属于平方律探测器。光电子探测器测定的是光矢量的平方。光的频率约为 10^{14} Hz，而光电子探测器的响应频率却在 10^{10} Hz 以下。所以，光电子探测器测的是相当长时间(光波周期的万倍以上)光矢量平方的平均值。

3.2.2　光电子探测器的性能参数

1. 量子效率(quantum efficiency)

量子效率，又称量子产额，指的是每个入射光子所释放的平均电子数。

$$\eta = \frac{I_P/e}{P/h\nu} = \frac{h\nu I_P}{eP} \tag{3-2-1}$$

式中，P 为入射的光功率；I_P 为入射光产生的平均光电流大小。一般地，器件的量子效率与入射光的波长、功率、器件工作材料的性质以及器件的具体结构等因素有关。对于外光电效应，还与材料的逸出功有关；对于内光电效应，还与材料内的电子扩散长度有关。对于理想探测器，$\eta = 1$，即一个光子产生一个电子(或电子空穴对)。对于一般探测器，$\eta < 1$。对于雪崩光电二极管与光电倍增管而言，因为器件内部有放大机制，所以 $\eta > 1$。

2. 响应度(responsivity)

一般地，器件的光电流 I_P 是器件所受偏置电压 U、所受辐射功率 P、所受辐射的波长 λ 的分布与调制频率 f 的函数，即

$$I_P = F(U, P, \lambda, f) \tag{3-2-2}$$

式中，F 是取决于器件功能与结构的函数关系。对于波长分布确定的辐射或者对波长不敏感的器件来说，可定义响应度(积分灵敏度)

$$R_I = \frac{dI_P}{dP}, \quad R_V = \frac{dV}{dP} \tag{3-2-3a}$$

式中，R_I 为电流响应度 (A/W)；R_V 为电压响应度 (V/W)。图 3-2-3 所示的光电流与光功率的关系具有普遍性。当入射光功率 (P) 较弱时，光电流 (I_P) 随光功率的增加而线性增加，当光功率增加到一定程度时，这种增长势头会减弱，再增加到一定程度后，光电流将不再增长，出现饱和现象。在线性区，电流响应度、电压响应度可表达为

$$R_I = \frac{I_P}{P}, \quad R_V = \frac{V}{P} \tag{3-2-3b}$$

响应度是光电子探测器的又一个重要参数。电流响应度的典型值为 0.5~1.0A/W。具体器件的响应度值由制造商提供，其值即光电流与光功率关系曲线的直线部分的斜率。也就是说，制造商提供的响应度 R 只在图 3-2-3 曲线的直线部分才成立。利用式(3-2-1)可将式(3-2-3b)中的电流响应度化为

$$R_I = \frac{\eta}{1240}\lambda \tag{3-2-4}$$

式中，λ 的单位取纳米(nm)。上式可以理解为对于相同光功率的输入，若量子效率相等，则波长越长，电流响应度越大。已知量子效率与波长，我们可以按照上式简单地计算出器件的电流响应度。如 InGaAs 光电二极管的量子效率为 70%，则它在 1530nm 处的电流响应度为 0.864A/W。实际的电流响应度与波长关系见图 3-2-4。从图中可以看到，响应

度曲线存在两个波长限，短波限 λ_1 与长波限 λ_2。长波限 λ_2 比较容易理解，它与半导体的禁带宽度相联系（$\lambda_2 = hc/E_g$）。也就是说，当光波长比 λ_2 大时，光子能量小于禁带宽度，无法实现光吸收，量子效率为 0。短波限 λ_1 也是可以理解的。波长变小时，除了式(3-2-4)中所表明的 R_I 线性变小外，有效的吸收也逐渐变少，量子效率也逐渐变小趋 0。对于光电倍增管、雪崩光电二极管等器件，响应度可表达为

$$R_I' = MR_I \tag{3-2-5}$$

式中，M 为倍增因子。

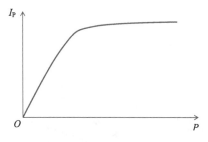

图 3-2-3　光电流与光功率的关系

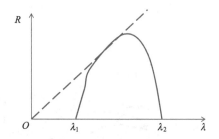

图 3-2-4　电流响应度与波长的关系

3. 探测度(detect degree)

噪声是对被测光信号的干扰，它使得测量显示值与实际值产生偏离。噪声的大小影响光电子探测器的探测极限。噪声越大，探测器的探测能力越小；噪声越小，探测器的探测能力越大。光电子探测器的噪声有多种原因与表现，相关内容可参见附录 2。光电子探测器的噪声大小常用噪声等效功率(noise equivalent power，NEP)来定量描述。噪声等效功率是当光辐射引起的电平恰与噪声引起的电平相等时的光功率，即信噪比为 1 时的输入光功率。习惯上，将单位信噪比的噪声等效功率定义为可能探测到的最小辐射功率。取 NEP 的倒数为探测度 D

$$D = \frac{1}{\text{NEP}} \tag{3-2-6}$$

探测度 D 可以描述探测器性能的好坏。D 越小，NEP 越大，噪声越大，探测器性能越差；D 越大，NEP 越小，探测器噪声越小，探测器越灵敏。为了能比较同类的不同探测器，用归一化探测度 D^*(normalized detectivity)更合适。

$$D^* = D \cdot \sqrt{A \cdot \Delta f} \tag{3-2-7}$$

式中，A 是探测器敏感元的面积；Δf 为带宽。归一化探测度 D^* 的单位是 $\text{cm} \cdot \text{Hz}^{1/2}/\text{W}$。图 3-2-5 展示了一些常见探测器的归一化探测度。

【例 3-2-1】某探测器的归一化探测度 $D^* = 2.0 \times 10^{11} \text{cm} \cdot \text{Hz}^{1/2}/\text{W}$，该探测器的光敏面面积为 3.3mm^2，带宽为 500Hz。试求该探测器能探测到的最小辐射功率。

解：因为

$$D^* = D \cdot \sqrt{A \cdot \Delta f} = \frac{1}{\text{NEP}} \cdot \sqrt{A \cdot \Delta f}$$

所以

$$\text{NEP} = \frac{1}{D^*} \cdot \sqrt{A \cdot \Delta f} = \frac{1}{2.0 \times 10^{11} \text{cm} \cdot \text{Hz}^{1/2}/\text{W}} \times \sqrt{3.3 \times 10^{-2} \text{cm}^2 \times 500 \text{Hz}} = 2.0 \times 10^{-11} \text{W}$$

最小可能探测辐射功率经常被认为是信噪比为 1 时的信号光功率，也就等于噪声等效功率，所以该探测器的最小可探测功率为 $2.0 \times 10^{-11} \text{W}$。

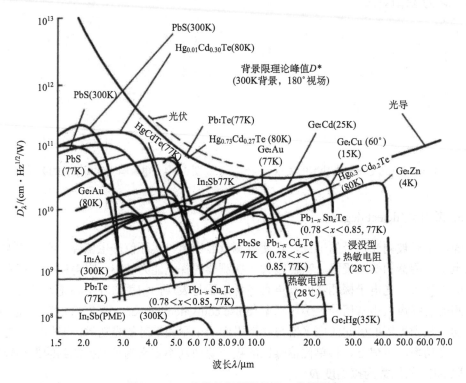

图 3-2-5　一些常见探测器的归一化探测度

4. 响应时间 (response time)

　　探测器的响应时间就是自关掉光辐射或加入光辐射开始到探测器稳定输出信号所需的时间，通常用下降时间与上升时间来定量描述。如图 3-2-6 所示，光照射探测器相当长时间后，探测器有一个稳定的光电流输出 I_P，突然停止照射，此时探测器中的光电流有一个逐渐下降的过程，下降时间定义为光电流从稳定值的 90% 下降到 10% 所经历的时间。同样定义上升时间，探测器原来相当长时间内无光照射，突然有一个恒定功率的光照射，这时探测器光电流逐渐上升，最后稳定在 I_P。于是上升时间被定义为从稳定值的 10% 上升到 90% 所经历的时间。一般地，光热效应探测器响应时间较长，光子效应探测器响应时间较短。

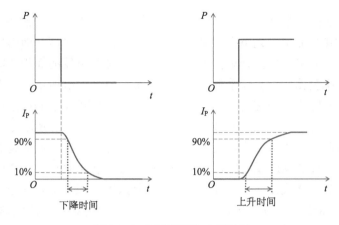

图 3-2-6　下降时间与上升时间

拓展：

直接探测的信噪比：设输入光的功率为 $P_{in} = P_S + P_N$，P_S 为光信号功率，P_N 为光噪声功率。由式 (3-2-3b) 可知，探测器产生的光电流为 $I_P = R_I P_{in}$，于是探测器光电流在负载电阻 R_L 上的电功率为 $I_P^2 R_L = R_I^2 R_L \left[P_S^2 + \left(2P_S P_N + P_N^2 \right) \right]$，其中 $R_I^2 R_L P_S^2$ 属于信号电功率，$R_I^2 R_L \left(2P_S P_N + P_N^2 \right)$ 属于噪声电功率。于是，输出电功率的信噪比 $\mathrm{SNR_O}$ 为

$$\mathrm{SNR_O} = \frac{R_I^2 R_L P_S^2}{R_I^2 R_L \left(2P_S P_N + P_N^2 \right)} = \frac{\left(\dfrac{P_S}{P_N} \right)^2}{1 + 2\left(\dfrac{P_S}{P_N} \right)} = \frac{\mathrm{SNR_{in}^2}}{1 + 2\mathrm{SNR_{in}}} \tag{3-2-8}$$

式中，$\mathrm{SNR_{in}}$ 是投射到探测器上光信号的信噪比。由上式可知，若 $\mathrm{SNR_{in}} \ll 1$，则 $\mathrm{SNR_O} \to 0$。也就是说，若输入光信号的信噪比远小于 1，则直接探测将得不到有意义的结果。直接探测无法测量信噪比小于 1 的光信号。若 $\mathrm{SNR_{in}} \gg 1$，则 $\mathrm{SNR_O} = 0.5\mathrm{SNR_{in}}$。也就是说，若输入光信号的信噪比远大于 1，则直接探测的信噪比将是输入信号信噪比的一半。通常，直接探测工作在 $\mathrm{SNR_{in}} = 3 \sim 5$ 附近。直接探测适合测量较强光信号。常用三种光学方法提高直接测量光信号的信噪比。第一种方法是在探测器之前加一个窄带带通光滤波器；第二种方法是用场镜 (在调制盘与探测器之间插入的透镜) 等进一步收缩探测器面积；第三是用光阑等进一步限制杂散光的干扰。

3.2.3　光电子探测器的光学变换系统

光学变换系统往往由光子收集器与光滤波器组成，它是光电子探测系统有效工作不可缺少的组成部分。下面着重介绍光子收集器部分，它的主要功能是会聚光束，有效而精准地采集光学信息。

在实际应用中，光信号往往比较弱，这时候必须收集较大范围内的光能，采取透镜聚焦与反射镜聚焦是最常见且方便的方法。如图 3-2-7 所示。进入光学系统的发散光束通过聚光镜后被全部导入到光电器件上，并均匀分布在敏感面上。为此必须将光电器件的敏感面放在光学系统出射光瞳平面上 (判断出射光瞳平面位置的方法：若将一纸屏放在

此平面上，可以获得一个尺寸最小、轮廓最清晰的亮斑）。在红外探测系统中，通常把调制盘放在物镜的焦平面上。光电探测器就只好放在该焦平面之后，而焦平面之后的光束是发散的，通过聚光镜就可把光束会聚。否则只有增加探测器的面积才能充分利用光束能量，然而增加探测器面积会使系统性能变差。如图 3-2-7(a)所示，将光电敏感元置于光学系统的出射光瞳上。与透镜光学变换系统相比，反射镜光学变换系统具有辐射损失小、成像误差小等优点，可以提高系统测量精度。如图 3-2-7(b)所示是反射镜光学系统的设置情况。有时，为了减小光学变换系统的外形尺寸，可在主反射镜的会聚光束处安置一个平面的或凸面的辅助反射镜，以改变光束的方向和会聚点，并通过主反射镜的孔将辐射通量集中到光接收器上。这种系统的缺点是入射光束的中心部分会被辅助反射镜遮挡，如图 3-2-8(a)所示。在光电传感器中也常用浸没透镜(用高折射率材料制成半球形状透镜)来进一步减小光探测器的接收面积，如图 3-2-8(b)所示。

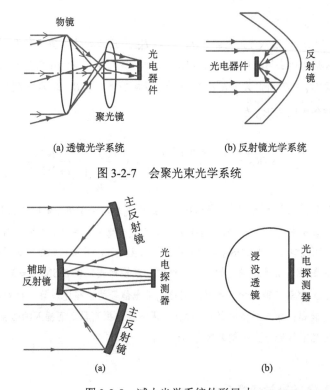

图 3-2-7　会聚光束光学系统

图 3-2-8　减小光学系统外形尺寸

【例 3-2-2】直径 $D_0 = 2.2\text{m}$ 的目标物(朗伯辐射体)的辐射出射度为 $M = 8.00 \times 10^2\,\text{W}/\text{m}^2$，经过 $d = 800\text{m}$ 的空气层后，垂直照射到直径为 $D_t = 2.2\text{mm}$ 的探测器表面。设大气的透过率 $T_d = 0.98$，试计算辐射到探测器敏感面的辐射通量。若采用直径 $D_f = 10\text{cm}$、焦距 $f = 40\text{cm}$ 的凸透镜聚焦辐射。设透镜的透光率 $T_f = 0.95$，则辐射到探测器敏感面的辐射通量又为多少？

解：朗伯辐射体的辐亮度 L 与辐射出射度 M 的关系为

$$M = \pi L$$

投射到探测器表面的辐照度 E_e 为

$$E_e = L \cdot \frac{1}{4}\pi D_o{}^2 \cdot \frac{T_d}{d^2} = \frac{T_d M D_o{}^2}{4d^2}$$

探测器表面接收到的辐射通量为

$$P_0 = E_e \cdot \frac{1}{4}\pi D_t{}^2 = \frac{T_d M D_o{}^2 \pi D_t{}^2}{16d^2} = \frac{0.98 \times 8.00 \times 10^2 \times 2.2^2 \times \pi \times 2.2^2 \times 10^{-6}}{16 \times 800^2}$$
$$= 5.63 \times 10^{-9}\,\text{W}$$

下面，观察一下辐射进入透镜的情况，即目标物在透镜焦平面的尺寸

$$D_0' = D_o \frac{f}{d} = 2.2 \times \frac{0.40}{800} = 1.1 \times 10^{-3}\,\text{m} = 1.1\text{mm}$$

D_0' 小于 D_t，即进入透镜的辐射将全部进入探测器敏感面。于是进入探测器敏感面的辐射通量为

$$P_0 = E_e \cdot \frac{1}{4}\pi D_f{}^2 \cdot T_f = \frac{T_d M D_o{}^2 \pi D_f{}^2}{16(d-f)^2} \cdot T_f = \frac{0.98 \times 8.00 \times 10^2 \times 2.2^2 \times \pi \times 10^2 \times 10^{-4}}{16 \times (800 - 0.40)^2} \times 0.95$$
$$= 1.11 \times 10^{-5}\,\text{W}$$

3.3　光热探测器

光热探测器的工作依据的是光热效应。光辐射能被工作物质吸收后，一部分通过热传递的形式(散热器散热)被传到周围环境中，另一部分变为工作物质的内能，使工作物质的温度上升，测定与该工作物质温度相关的电学特性参数就可确定光辐射的功率。

如图 3-3-1 所示，设光辐射的功率为 $P = P_0[1 + m \cdot \exp(j\omega t)]$($m = 0$ 时为恒定光功率 P_0，$m = 1$ 时为深度调制，调制圆频率 $\omega = 2\pi f$)，热敏元件的光辐射能吸收率为 α，其热容为 $H(\text{J/K})$，它与散热器及周围环境的热交换用一个等效的导热系数 $G(\text{W/K})$ 来表达，于是，根据能量守恒及转化定律，可得

$$H\frac{\mathrm{d}(\Delta T)}{\mathrm{d}t} + G \cdot \Delta T = \alpha P \tag{3-3-1}$$

式中，αP 为单位时间内热敏元件所吸收的光能；$G \cdot \Delta T$ 为热敏元件在单位时间内通过散热器与环境所导出的热能；$H\dfrac{\mathrm{d}(\Delta T)}{\mathrm{d}t}$ 为热敏元件在单位时间内升高的内能。热敏元件单位时间内吸收的光能，一部分在该时间段内被传到周围环境里，另一部分在该时间段内用以升高自己的内能。利用初始条件 $t = 0$，$\Delta T = 0$，求解方程(3-3-1)可得

$$\Delta T = \frac{\alpha P_0}{G} - \frac{\alpha P_0 \exp\left(-\dfrac{G}{H}t\right)}{G} - \frac{\alpha m P_0 \exp\left(-\dfrac{G}{H}t\right)}{G + j\omega H} + \frac{\alpha m P_0 \exp(j\omega t)}{G + j\omega H} \tag{3-3-2}$$

式中，可以定义 $\tau_{\mathrm{T}} = \dfrac{H}{G}$ 为热探测器的特征时间，其典型值为几毫秒至几秒，比光子器件的时间常量大得多。当从 $t=0$ 时开始，热敏元件受到恒定功率 P_0 照射（即 $m=0$），则式 (3-3-2) 可为

$$\Delta T = \frac{\alpha P_0}{G}\left[1 - \exp\left(-\frac{t}{\tau_{\mathrm{T}}}\right)\right] \tag{3-3-3}$$

从上式可以看到，$t=\infty$ 时，热敏元件的稳定温度增量为 $\dfrac{\alpha P_0}{G}$，当 $t=\tau_{\mathrm{T}}$ 时，热敏元件达到温度增量稳定值的 63%。

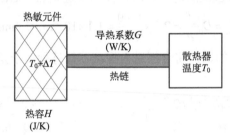

图 3-3-1　光温关系

探究：

　　设某光热探测器的响应时间主要由热过程决定，若导热系数为 $G=5.0\times10^{-3}\,\mathrm{W/K}$、热容为 $H=2.5\times10^{-5}\,\mathrm{J/K}$。则此探测器的上升时间为多少？

　　当 $m\neq0$ 时，开始时间附近，温度变化比较复杂。但相当长时间以后，式 (3-3-2) 的按指数衰退的两项将消失，剩下常数项与周期调制项，即

$$\Delta T = \frac{\alpha P_0}{G} + \frac{\alpha m P_0 \exp(\mathrm{j}\omega t)}{G + \mathrm{j}\omega H} \tag{3-3-4}$$

上式即稳态解。上式表明，温度的变化由两部分组成，一个是恒定光功率引起的温度升高，属于直流部分；另一个是由于调制光功率引起的温度升高，属于交流部分。温度变化的值为

$$|\Delta T| = \frac{\alpha P_0}{G} + \frac{\alpha m P_0}{G\sqrt{1+(\omega\tau_{\mathrm{T}})^2}} = \frac{\alpha P_0}{G} + \frac{\alpha m P_0}{\sqrt{G^2+(\omega H)^2}} \tag{3-3-5}$$

式中，绝对值符号表示复数的模；在相同的光辐射入射下，光热探测器应尽可能使 $|\Delta T|$ 大。于是，由上式可知，吸收率 α 应尽可能大，可采取涂黑等方法实现。H 要尽可能小，方法是减小热敏元件的体积与质量。G 要尽可能小，方法是减小热敏元件与周围环境的热交换。但减小 G，必定会引起特征时间 τ_{T} 变大，这会损伤探测器的时间特性。因此，对于 G 只能采取折中方案。

　　由式 (3-3-5) 可以看出：原则上，能测定温度或温度变化的方法均可用来测定光功率，如热电偶（因温度改变产生电动势）、热敏电阻（温度改变引起电阻明显变化）、高莱管（气

体因温度升高而体积膨胀)、热释电(铁电体因温度改变而释放电荷)等。本书主要介绍热敏电阻与热释电探测器。

3.3.1　热敏电阻

由于温度上升,热敏元件的电阻会有明显改变。我们可以通过测量电阻的阻值来测量光辐射。热敏电阻(thermistor)常由半导体材料制作。定义电阻的温度系数

$$a_T = \frac{1}{R}\frac{\Delta R}{\Delta T} \tag{3-3-6}$$

可将热敏电阻分为正温度系数(PTC：$a_T > 0$)热敏电阻与负温度系数(NTC：$a_T < 0$)热敏电阻。由式(3-3-5),考虑到许多光电测量系统具有隔直电容,可得(只取交流分量)

$$\Delta R = a_T R |\Delta T| = \frac{a_T R \alpha m P_0}{G\sqrt{1+(\omega\tau_T)^2}} = \frac{a_T R \alpha m P_0}{\sqrt{G^2+(\omega H)^2}} \tag{3-3-7}$$

热敏电阻的结构如图 3-3-2 所示。将热敏材料制成厚度约为 0.01mm 的薄片电阻,然后粘在导热能力高的绝缘衬底(热特性不同的衬底,时间特征常量也不同,$1\sim 50$ms)上,在电阻体两侧蒸镀金属电极以便与外电路连接。再将衬底粘在一个导热性能良好、热容很大的金属基体上。为了提高吸收率,可在电阻表面进行黑化处理。热敏电阻在电子线路中的符号如图 3-3-3 所示。

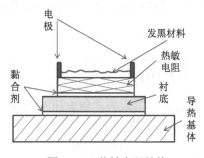

图 3-3-2　热敏电阻结构

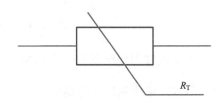

图 3-3-3　热敏电阻符号

原则上,一切光被物质吸收、转变为热能后,均会引起物质的温度上升。研究表明,所有光中,红外光的热效应最明显。因此,人们很早就用热敏电阻来测定红外光的光功率了。常用两个一样的热敏电阻并联(或串联),其中一个热敏电阻 R_{T1} 作为探测元件,另一个 R_{T2} 作为补偿元件。探测元件与补偿元件同时安装在绝缘底板上,再用胶将底板粘在导热的外壳上。在正面,有一个透红外光的窗口,常用塑料或锗制作,如图 3-3-4(a) 所示。图 3-3-4(b)是一个热敏电阻测辐射的典型接线图。按电桥连接线路,$R_1 = R_2$。无入射光时,$R_{T1} = R_{T2}$。

有光照射时,设探测元件的电阻减少了 ΔR,经过简单推导可得

$$U_o = \frac{R_{T1}\Delta R}{(R_{T1}+R_1)^2}U \tag{3-3-8}$$

为方便计算，设 $R_{T1} = R_1$，则上式为

$$U_o = \frac{\Delta R}{4R_{T1}} U \tag{3-3-9}$$

忽略电源 U 在热敏电阻上引起的微小功耗造成的电阻温度的微小上升，并考虑到式(3-3-7)，可得输出电压 U_o 为

$$U_o = \frac{U}{4} \frac{a_T \alpha m P_0}{\sqrt{G^2 + (\omega H)^2}} \tag{3-3-10}$$

由式(3-2-3)可知，该系统的电压响应度为

$$R_V = \frac{U}{4} \frac{a_T \alpha}{\sqrt{G^2 + (\omega H)^2}} \tag{3-3-11}$$

由上式可知，要实现较大的 R_V，α 就要大，于是，给透光窗镀增透膜、对光敏电阻表面黑化处理是必然的选择。要实现较大的 R_V，a_T 就要大，所以选择热敏电阻 a_T 绝对值大的。要实现较大的 R_V，U 就要大。然而，U 太大会导致热敏电阻上的功耗也偏大，引起热敏电阻基础温度与环境温度有较大偏离，导致噪声增大。因此，U 存在一个最佳工作范围，一般取工作电流在 50μA 左右。要实现较大的 R_V，H 就要尽可能地小，即将热敏电阻做成尽可能薄的薄片。要实现较大的 R_V，G 要尽可能小，可以通过减小器件与环境的热交换来实现，比如将热敏电阻安置在盒中；但 G 不能太小，太小会减慢探测器的响应速度。式(3-3-11)还可表达为

$$R_V = \frac{U}{4} \frac{a_T \alpha}{G \sqrt{1 + (\omega \tau_T)^2}} = \frac{R_{V0}}{\sqrt{1 + (\omega \tau_T)^2}} \tag{3-3-12}$$

这是热敏电阻测辐射计电压响应度的频率特性。$R_{V0} = \frac{U}{4} \frac{a_T \alpha}{G}$ 为零频电压响应度。信号光圆频率越大，电压响应度将越小。

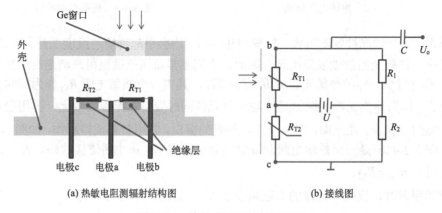

(a) 热敏电阻测辐射结构图 (b) 接线图

图 3-3-4 热敏电阻测辐射原理图

探究：

设某 NTC 的电阻 R 与温度 T 之间的关系为 $R(T) = R(25)\exp\left[B\left(\dfrac{1}{T} - \dfrac{1}{298}\right)\right]$，$R(25)$ 是 25℃ 时的阻值，B 为大于 0 的常数。用此种热敏电阻制作的测辐射计的零频电压响应度如何表达？如何提高响应度？

思考：

若探测元导热系数 $G = 5.0 \times 10^{-6}\,\text{W/K}$，光敏面积 $A = 5\text{mm}^2$，辐照度 $E_e = 1.0\,\text{W/m}^2$，吸收率 $\alpha = 1$，NTC 热敏电阻的 $B = 3000\text{K}$，流过电流取 $I_P = 50\mu\text{A}$，温度 $T = 300\text{K}$，$R(25) = 300\Omega$。则可算出电压响应度 R_{V0} 为

$$R_{V0} = \frac{U}{4}\frac{a_T\alpha}{G} = \frac{U}{4}\frac{\alpha}{G}\frac{B}{T^2} = \frac{I_P \cdot 2R(25)}{4G}\frac{\alpha B}{T^2} = \frac{50.0 \times 10^{-6} \times 600}{4 \times 5.0 \times 10^{-6}} \times \frac{3000}{300^2} = 50.0\,\text{V/W}$$

输出电压 U_o 为

$$U_o = R_{V0}AE_e = 50.0 \times 5.0 \times 10^{-6} \times 1.0 = 2.5 \times 10^{-4}\,\text{V}$$

输出电压太小，不足以显示或驱动相关器件。怎么办？

　　通常，热敏电阻测辐射计还需要后接电子放大器，放大之后的电信号才能显示或操控相关设备。而投射到探测器的光信号又通常是个慢变（或不变）的弱信号，这时就需要光学系统（收集光信号）与斩波器（将恒定信号变为交变信号）了。图 3-3-5 是某工业应用的红外测温仪的原理图，可测温度范围为 0 ～ 700℃。图 3-3-5(b) 是红外测温仪的结构图，高温物体上出射的红外光正入射到透镜，由透镜会聚收集。为了增加透过率，可以在透镜上镀减反膜。为了减少杂散光、噪声光进入系统，在光路上加入滤光片，还可以加光阑、光锥等。经会聚滤波后的光照射到热敏电阻（或其他光电转换元件）上，被转换为电信号（电流、电压等）。为了方便电信号的放大，在热敏电阻之前，插入调制盘（与图 3-3-5(a) 类似）。步进电机以一定角速度带动调制盘旋转，调制盘的孔又正好对准光束中心。于是经调制盘的光束成为交流光信号。热敏电阻将调制过的光束转换为交流的电信号。交流电信号经电子滤波器滤除电噪声，经选频放大器放大，再经整理电路、A/D

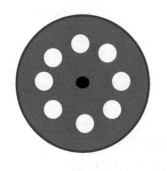

(a) 调制盘

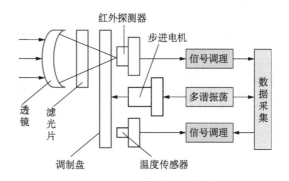

(b) 红外测温仪结构图

图 3-3-5　红外测温仪原理图

转换器、计数电路等，然后经温度修正(同一光信号，调制盘温度不同，输出电信号也不同；或者，同一输出电信号，调制盘温度不同，输入光功率是不同的；光电转换元件的温度也有影响)，最后显示被测物的温度。

拓展：

要制作一个合格的测辐射温度计真的不容易。仅考虑上面提到的问题是不够的，还要考虑距离、方向、发射率等因素。有三种测辐射温度计：①根据基尔霍夫定律与斯特藩-玻尔兹曼定律制作的温度计；②测量某谱线强度的温度计；③根据测量两条谱线的强度来确定温度的比色温度计。读者若想仔细了解这方面的细节，请参阅相关书籍。

3.3.2　热释电探测器

热释电探测器(pyroelectric detector)是根据热释电效应制作的探测器件。有些材料被称为铁电体，如硫酸三苷肽(TGS)、钛酸钡($BaTiO_3$)等，在其临界温度T_C(居里温度)以下，有自发极化的性质。铁电体的极化强度P_S随温度的改变而改变，如图3-3-6所示。已发现的铁电材料有许多种，其居里温度也各有差异，如TGS的居里温度为120℃左右、钛酸钡的居里温度为50℃左右。当铁电材料的温度大于居里温度时，为顺电物质。当铁电材料的温度低于居里温度时，材料的结构发生了重大变化，产生自发电极化形成电畴(电畴中各元胞的电偶极矩相互平行)。电极化强度P_S被定义为单位体积中的电偶极矩，它的量值单位具有电荷面密度的单位。在铁电体表面，电极化强度的大小恰为束缚电荷面密度。当材料的温度随光照的强弱而变化时，铁电体的温度发生改变，铁电体表面的束缚电荷面密度也随之改变。当在铁电体两对面制作金属电极时，会在金属电极上感应出与铁电体表面束缚电荷相反的自由电荷。于是，当铁电体因热温度上升引起表面束缚电荷变小时，金属电极上的感应电荷随之相应减小，就像金属电极上的电荷被释放出来一样，此即热释电现象，如图3-3-7所示。由于温度不变时，铁电体的电极化强度也不变，金属电极上的电荷不变，实现稳态，无信号输出。所以，热释电器件是工作在瞬态的器件。

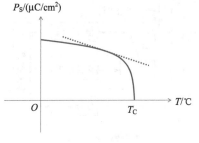

图3-3-6　极化强度与温度关系

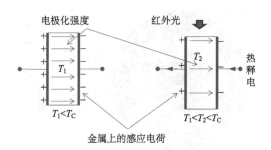

图3-3-7　热释电现象

　　热释电器件有两种电极结构：面电极结构与边电极结构，如图 3-3-8 所示。面电极结构就是将电极制作在铁电体晶体的正面，电极间距较小、面积较大，电容（C_d）较大，不适于高速应用，如高速摄影等信号光变化频率很快的情况。由于其中一个电极位于光敏面内，所以必须对相应的光辐射透明，属于透明电极。边电极就是将电极制作在铁电体的侧面，电极间距较大、电极面积较小，C_d 较小，适于高速应用。图 3-3-9 展示的是一款高性能悬空面电极热释电探测器的结构。

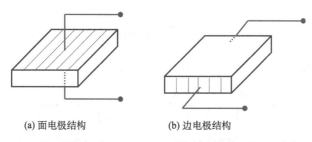

(a) 面电极结构　　　　　　　(b) 边电极结构

图 3-3-8　热释电器件的电极结构

　　设负载电阻为 R_L、电极面积为 A，则由于温度变化引起的电流 i 为热释电探测器的电流

$$i = \frac{\mathrm{d}(AP_S)}{\mathrm{d}t} = A\frac{\mathrm{d}P_S}{\mathrm{d}T}\cdot\frac{\mathrm{d}T}{\mathrm{d}t} \tag{3-3-13}$$

在负载电阻为 R_L 上的电压降为

$$U = iR_L = AR_L\frac{\mathrm{d}P_S}{\mathrm{d}T}\cdot\frac{\mathrm{d}T}{\mathrm{d}t} \tag{3-3-14}$$

式中，$\dfrac{\mathrm{d}T}{\mathrm{d}t}$ 是热释电晶体的温度 T 随时间变化的速率；$\dfrac{\mathrm{d}P_S}{\mathrm{d}T}$ 是铁电体极化强度随温度变化的斜率，称热释电系数。热释电器件经常与结型场效应晶体管（JFET）构成组件，如图 3-3-10 是典型的电路图。设铁电体的电阻为 R_d，与之连接的电子放大器的电容为 C_A、电阻为 R_A，构成如图 3-3-11 所示的有效电路。热释电探测器的有效电容 C 为

$$C = C_d + C_A \tag{3-3-15}$$

有效电阻 R 为

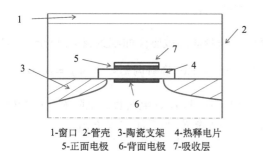

1-窗口　2-管壳　3-陶瓷支架　4-热释电片
5-正面电极　6-背面电极　7-吸收层

图 3-3-9　悬空面电极热释电探测器结构

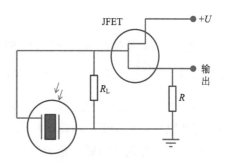

图 3-3-10　与 JFET 联合热释电探测器

$$R = \frac{R_\mathrm{d} R_\mathrm{A}}{R_\mathrm{d} + R_\mathrm{A}} \tag{3-3-16}$$

热释电探测器总的阻抗

$$Z = \frac{1}{\dfrac{1}{R} + \mathrm{j}\omega C} = \frac{R}{1 + \mathrm{j}\omega CR} \tag{3-3-17}$$

则由式(3-3-4)、式(3-3-5)和式(3-3-13)可得

$$u = Zi = \frac{R}{1 + \mathrm{j}\omega CR} A \left|\frac{\mathrm{d}P_\mathrm{S}}{\mathrm{d}T}\right| \mathrm{j}\omega \left|\Delta T\right| \exp\left[\mathrm{j}\left(\omega t + \delta\right)\right] \tag{3-3-18}$$

采用式(3-3-5)中$\left|\Delta T\right|$的交流分量,于是,该热释电的电压响应度为

$$R_\mathrm{V} = \frac{\left|u\right|}{mP_0} = \frac{R\omega}{\sqrt{1 + \left(\omega \tau_\mathrm{C}\right)^2}} A \left|\frac{\mathrm{d}P_\mathrm{S}}{\mathrm{d}T}\right| \frac{\alpha}{G\sqrt{1 + \left(\omega \tau_\mathrm{T}\right)^2}} \tag{3-3-19}$$

式中,$\tau_\mathrm{C} = RC$,为 RC 电路的特征时间常数。从上式可以看到,若 $\omega = 0$,即输入功率恒定不变时,电压响应度 $R_\mathrm{V} = 0$,说明热释电器件对恒定功率无响应,不灵敏,热释电器件是工作在瞬态的;若 $\omega \tau_\mathrm{T} \ll 1$,$\omega \tau_\mathrm{C} \ll 1$ 时,$R_\mathrm{V} = R\omega A \left|\dfrac{\mathrm{d}P_\mathrm{S}}{\mathrm{d}T}\right| \dfrac{\alpha}{G}$,电压响应度与 ω 成正比,这是热释电器件交流灵敏的表现;当 $\dfrac{1}{\tau_\mathrm{T}} < \omega < \dfrac{1}{\tau_\mathrm{C}}$(通常 $\tau_\mathrm{T} > \tau_\mathrm{C}$)时,$R_\mathrm{V}$ 稳定不变,为线性工作区;若 $\omega \gg \dfrac{1}{\tau_\mathrm{C}}$ 时,$R_\mathrm{V} = \dfrac{A}{C\omega} \left|\dfrac{\mathrm{d}P_\mathrm{S}}{\mathrm{d}T}\right| \dfrac{\alpha}{H}$ 与 ω 成反比。

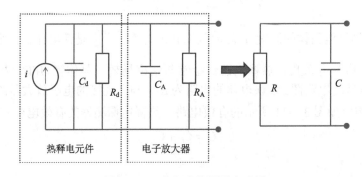

图 3-3-11　热释电探测器电路图

【例 3-3-1】设某硫酸三甘态(TGS)热释电光探测器的敏感面面积为 $A = 1.0\mathrm{mm}^2$、热释电系数为 $\left|\dfrac{\mathrm{d}P_\mathrm{S}}{\mathrm{d}T}\right| = 2.0 \times 10^{-8} \mathrm{C/(cm}^2 \cdot \mathrm{K)}$、吸收率为 $\alpha = 1.0$、辐射调制频率为 $f = 10\mathrm{Hz}$、热传导系数为 $G = 6.0 \times 10^{-3} \mathrm{W/K}$、热容为 $H = 1.64 \times 10^{-5} \mathrm{J/K}$、电路负载电阻 $R = 7.0\mathrm{M\Omega}$、器件等效电容 $C = 22\mathrm{pF}$。求该热释电器件的电压响应率 R_V 与电流响应率 R_I。

解:探测器的电路时间常数

$$\tau_\mathrm{C} = RC = 7.0 \times 10^6 \times 22 \times 10^{-12} = 1.54 \times 10^{-4} \mathrm{s}$$

探测器的热特征时间

$$\tau_{\mathrm{T}} = \frac{H}{G} = \frac{1.64 \times 10^{-5}}{6.0 \times 10^{-3}} = 2.73 \times 10^{-3}\,\mathrm{s}$$

由式(3-3-19)得电压响应率

$$R_{\mathrm{V}} = \frac{R\omega}{\sqrt{1 + (\omega\tau_{\mathrm{C}})^2}} A \left|\frac{\mathrm{d}P_{\mathrm{S}}}{\mathrm{d}T}\right| \frac{\alpha}{G\sqrt{1 + (\omega\tau_{\mathrm{T}})^2}}$$

$$= \frac{7.0 \times 10^6 \times 20\pi}{\sqrt{1 + (20\pi \times 1.54 \times 10^{-4})^2}}$$

$$\times 1.0 \times 10^{-6} \times 2.0 \times 10^{-4} \times \frac{1.0}{6.0 \times 10^{-3}\sqrt{1 + (20\pi \times 2.73 \times 10^{-3})^2}} = 14.4\,\mathrm{V/W}$$

电流响应率 R_{I} 为

$$R_{\mathrm{I}} = \frac{R_{\mathrm{V}}}{R} = \frac{14.4}{7.0 \times 10^6} = 2.1 \times 10^{-6}\,\mathrm{A/W}$$

热释电探测器不仅保持了热探测器的优点，即室温宽波段工作、在很宽的频率和温度范围内具有较高的探测率、能承受较大的辐射功率并具有较小的时间常数等，因此得到了广泛应用。

热释电探测器在安防、自动检测、国防等许多方面有着广泛的应用。通常，热释电探测器与菲涅耳透镜、滤光片、结型场效应晶体管组成热释电传感器，热释电传感器再与电子滤波器、电子放大器、相关控制和显示设备组成比较完善的应用系统。如图 3-3-12 所示是热释电探测器的应用场景之一。人体表面温度约 36℃，对应热辐射峰值波长约 9.4μm，处于典型的红外光波段，也正好落在大气透明窗口 8~12μm 之内。如图 3-3-12(a) 所示，人体红外光经菲涅耳透镜，再通过滤光片(选择 9.4μm 附近的光透过，滤除其他光能)，然后射入热释电敏感片上(两个极性相反的一样的热释电探测器串联)形成差动信号，之后经场效应晶体管在 S 端输出电信号(D 端接直流电压，G 端接地)。S 端输出的电信号再经电子滤波、放大，可输出足够大的电压信号 U_{o}。U_{o} 可控制开门(感应门应用)，也可控制开灯(感应灯应用)。图 3-3-12(b) 示出了菲涅耳透镜的斩波原理。人体在箭头方向运动时，菲涅耳透镜会聚光能，同时它的网格式透光窗口充当不耗能的斩波器的作用。

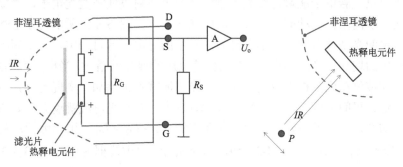

(a) 热释电应用系统原理图　　　　　　　　　(b) 菲涅耳透镜斩波原理

图 3-3-12　热释电探测器应用场景

拓展：

　　热像图：利用热释电探测器探测目标物各点的热辐射强度，就可得到物体本身的热辐射图像，称物体的热像图。这种热成像系统不易被干扰，可对目标与背景的温度差进行探测，因此，容易发现隐蔽物体，并能在有烟雾的条件下工作。用热释电靶代替光电导靶的热释电摄像器件，既可在红外波段工作，又无须机械扫描装置，并兼有可在室温下工作的优点。用这种器件制成的热释电摄像机可用于空中与地面侦察、入侵报警、战地观察、火情观测、医用热成像、环境污染监视以及其他领域。在空间技术中，热释电探测器主要用来测量温度分布和湿度分布，以及用于搜集地球辐射的有关数据。

3.4　外光电效应探测器

　　外光电效应探测器，也被称为光电子发射探测器。1888 年，Hallwachs 在做赫兹的电磁波实验时，发现当光照射到金属表面时会有电子发射到材料的外部来。人们称此种逸出到材料外部来的电子为光电子，称此种因受到光照，促使材料中的电子吸收光能量之后逸出材料表面的现象为外光电效应。外光电效应被发现后，科学家们从理论与实验两个方面对之进行了广泛的研究。1905 年，爱因斯坦引入光量子概念比较完善地解释了外光电效应现象。1909 年，Richtmeyer 发现从 Na 光电阴极投射到真空中的光电子总数与入射光子数成正比，这奠定了制作光电管的基础。之后不久，美国的 Zworykin 又制造出光电倍增管。现在，利用外光电效应的规律来制作的器件已经很多了，如真空光电管、充气光电管、光电倍增管、变像管、像增强器、光电子束摄像管等。

3.4.1　真空光电管与充气光电管

　　真空光电管与充气光电管结构相似，均由玻壳、光电阴极与阳极组成，图 3-4-1(a) 所示为球泡光电管，图 3-4-1(b) 所示为柱泡光电管。真空光电管玻璃壳维持壳内真空，充气光电管中充有一定量的惰性气体。光电管正常工作时阳极加高电位，负责接收光电子，为了不遮挡光，阳极做得尽可能小；阴极加低电位，负责发射光电子，为了尽可能多接收光，阴极做得尽可能大。光电阴极的作用是有效地吸收光子能量再有效地出射光电子。给光电管阳极接高电位、阴极接低电位，于是，入射光子射进光电阴极材料，在那里被电子吸收，若电子能量足够大，电子就逸出材料表面形成光电子，在极间电场的作用下，光电子向阳极运动被阳极收集形成光电流。如图 3-4-2 所示为光电管伏安特性曲线。在一定的光功率照射下，单位时间内产生的光电子数目一定，运动到阳极的光电子数目随电压的增加而增加，因此光电流也随电压的增加而增加，当电压增加到一定值，所有光电子均被移动到阳极完成光电流时，光电流就不再增加，实现饱和光电流。当入射光频率一定、极间电压一定时，光强(功率)越大，对应光电流就越大。如图 3-4-2 所示，不同光功率，$P_3 > P_2 > P_1$，对应饱和光电流 $I_{P3} > I_{P2} > I_{P1}$。用光电管定量测量光信号时，应选择光电管工作在图 3-4-2 所示光电流饱和区(虚线框内)以及图 3-4-3 所示的直线(线性)区。

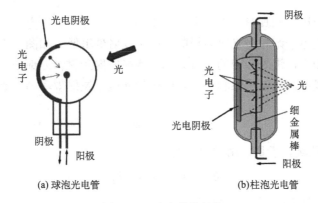

图 3-4-1　光电管的结构

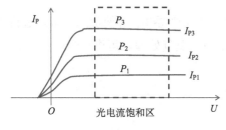

图 3-4-2　光电管伏安特性曲线

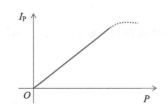

图 3-4-3　光电管光照特性

充气光电管中，光照产生的光电子在电场的作用下加速运动，途中与惰性气体原子碰撞而电离，电离又产生新的电子，它与光电子一起都被阳极收集，形成数倍于真空型光电管的光电流。与真空光电管相比，相同的光照与电压下，其光电流要比真空光电管大，但线性度不好，也就是说，用充气光电管是不利于定量测定光信号强度的。

3.4.2　光电阴极

光电阴极是光电管、光电倍增管等光电子发射器件的核心部件。好的光电阴极对光有高的吸收率，发射的光电子数目多、灵敏度大。W. E. Spicer 将光电子发射过程分为三步。第一步，电子吸收光子成为热电子(能量较大)；第二步，热电子向表面运动；第三步，热电子冲破材料表面的束缚逸出成为光电子。因此，高质量的光电阴极材料必须满足：①光电阴极表面对光辐射的反射小而吸收大。因此，传统金属由于反光强而不能成为好的光电阴极材料，一些半导体适合做光电阴极材料。②热电子在向表面运动的过程中能量散射损耗要小，也就是指电子运动有较长的扩散长度或自由程。从这一点看，金属有大量的自由电子，自由程小；半导体载流子数目少，自由程大。③光电阴极表面势垒低，热电子逸出的概率要大。图 3-4-4 给出了半导体光电子发射的能带图。设真空能级为 E_0，半导体光电阴极体的导带底为 E_{C1}，定义有效电子亲和势 E_{Ae} 为

$$E_{Ae} = E_0 - E_{C1} \tag{3-4-1}$$

我们称 $E_{Ae} > 0$ 的光电阴极为正电子亲和势光电阴极，$E_{Ae} < 0$ 的光电阴极为负电子亲和势光电阴极。如图 3-4-4(a)所示，在正电子亲和势光电阴极中，只有那些能量大于真空

能级的光电子才能出射到真空中去，那些能量小于真空能级的光电子将无法发射到材料外部去。因此，正电子亲和势光电阴极的光电子发射效率低。如图 3-4-4(b) 所示，负电子亲和势光电阴极中，进入导带的所有光电子均能发射到材料外部去，表面真空势垒将无法阻碍光电子发射。负电子亲和势光电阴极的光电子发射效率高。表面半导体的逸出功 W 可表达为

$$W = E_0 - E_F \tag{3-4-2}$$

式中，E_F 为费米能级。于是，由式(3-4-1)可得

$$E_{Ae} = W - (E_{C1} - E_F) \tag{3-4-3}$$

由上式可看出，欲使 $E_{Ae} < 0$，则必须有

$$W < E_{C1} - E_F \tag{3-4-4}$$

可见，E_F、W 应尽可能低，于是采取重掺杂 P 型半导体，可使费米能级迫近价带顶。在半导体表面吸附铯，可大幅降低 W，再用铯与氧反复处理，可进一步降低 W。

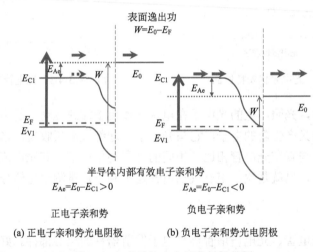

图 3-4-4　半导体光电子发射能带图

早些年间发明的实用光电阴极的电子亲和势均大于零，是正电子亲和势光电阴极。自 20 世纪 30 年代至 60 年代期间，人们共发明了 6 类实用的正电子亲和势光电阴极，它们是银-氧-铯(Ag-O-Cs, 1930)、铯-锑(Cs_3Sb, 1936)、铋-银-氧-铯(Bi-Ag-O-Cs, 1938)、钠-钾-锑(Na_2KSb, 1955)、钠-钾-锑-铯($Na_2KSb\{Cs\}$, 1955)和钾-铯-锑(K_2CsSb, 1963)光电阴极。它们在结构上是类似的，即在金属或玻璃基上制备一层基本半导体，再在半导体上制备一层覆盖层，如铯(Cs)，如图 3-4-5(a)所示。图 3-4-5(b)示出了银-氧-铯光电阴极的光谱灵敏度与量子效率。其他的一些实用阴极基本上就是用玻璃或石英来取代银，用元素周期表中的同族元素来取代氧与铯，如用硫(S)、硒(Se)、碲(Te)甚至用旁族的锑(Sb)、铋(Bi)来代替氧(O)，用锂(Li)、钠(Na)、钾(K)、铷(Rb)来代替铯(Cs)，以期提高量子效率与改善光谱响应度。阴极材料中有两个碱金属元素的称双碱，有三个碱金属元素称三碱。将材料中含有双碱、三碱及以上的统称为多碱光电阴极。几

种多碱光电阴极的光谱灵敏度见图 3-4-6。一般来说，对可见光灵敏的光电阴极，对紫外光也都具有较高的量子效率。但在某些应用中，为了消除背景噪声的影响，要求光电阴极只对所探测的紫外辐射信号灵敏，而对可见光无响应，这样的阴极通常被称为"日盲"型光电阴极。常用的"日盲"型光电阴极有锑化铯和碘化铯两种。

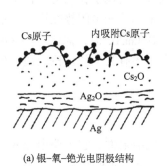

(a) 银-氧-铯光电阴极结构

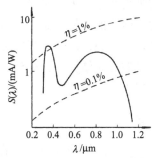

(b) 银-氧-铯光电阴极的光谱灵敏度与量子效率

图 3-4-5　Ag-O-Cs 光电阴极

　　1963 年，美国的 R. E. 西蒙斯根据半导体能带理论提出负电子亲和势概念。1965 年荷兰 J. J. 席尔和 J. 范拉制成零电子亲和势光电阴极，1968 年，A. A. Turnbull 和 G. B. Evanse 制成了真正的 GaAs:Cs 负电子亲和势光电阴极。如图 3-4-7 所示，P 型重掺杂半导体 GaAs 的逸出功为 4.7eV、禁带宽度为 $E_{g1}=1.4eV$，费米能级接近价带顶。在 GaAs 表面镀(处理)一层铯原子，吸附在 GaAs 上的 Cs 原子电离能为 1.4eV，刚好与 GaAs 的导带底能级 E_{C1} 接近。然后在表面反复镀(处理)上多层铯与氧，形成 N 型半导体 Cs_2O，Cs_2O 的禁带宽度为 $E_{g2}=2.0eV$，表面功函数 $W=0.65\sim0.80eV$，费米能级位于导带底 E_{C2} 下方约 $\Delta E=0.2eV$，于是在 Cs_2O 表面的真空能级比导带底 E_{C2} 高约 $0.45\sim0.6eV$，P 型的 GaAs 与 N 型的 Cs_2O 组合在一起形成 PN 结，使能级下弯，直至费米能级相等。GaAs 的导带底能级将高于表面真空能级 $0.6\sim0.75eV$，即光电子发射体 GaAs 的有效电子亲和势为 $E_{Ae}=E_0-E_{C1}=-0.6\sim-0.75eV$，小于 0。光电子发射过程如下：入射光射入光电阴极中，在 GaAs 中被吸收，GaAs 中价带顶的电子吸收光子能量后跃入导带，进入导带的电子向表面运动，几乎不受散射地从表面逸出。由于 GaAs 吸收系数很大，电子

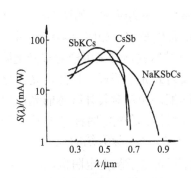

图 3-4-6　几种多碱光电阴极的光谱灵敏度

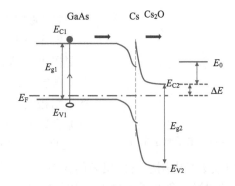

图 3-4-7　GaAs 负电子亲和势异质结模型

扩散长度(自由程)也很长，又无表面势垒阻挡，所以它的量子效率比较高。相对正电子亲和势，长波限对应处的光子能量只需与本体半导体的禁带宽度相等，而正电子亲和势的长波限对应处的光子能量应等于禁带宽度与电子亲和势之和。由于负电子亲和势的本体半导体禁带宽度较大，所以热扰动引起的电子发射概率比较小，热电子发射较弱。由于本体半导体的吸收系数很大，且光电子扩散长度较长，光电子在出射过程中损失能量较小，结果出射光电子的能量较集中。目前，负电子亲和势光电阴极在许多其他的半导体中也得以实现，如硅(Si)、氮化镓(GaN)、砷化镓铝(GaAlAs)、氮化镓铝(GaAlN)。这是负电子亲和势的异质结模型。另外，负电子亲和势还有其他的理论模型，如偶极层模型、弱核力模型等。

3.4.3 光电倍增管

光电倍增管是一种测量极弱光信号的真空光电子发射器件。它主要由光入射窗、光电阴极、电子光学系统、电子倍增系统与阳极组成，如图 3-4-8 所示。

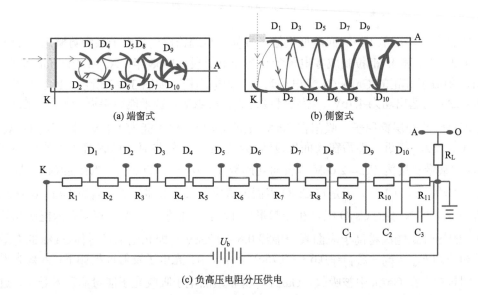

(a) 端窗式

(b) 侧窗式

(c) 负高压电阻分压供电

图 3-4-8　光电倍增管结构原理图

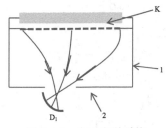

图 3-4-9　电子光学系统

将入射光窗做在端面的称端窗式，如图 3-4-8(a) 所示。将入射光窗做在侧面的称侧窗式，如图 3-4-8(b) 所示。光电阴极用 K 表示，对于端窗式，常采用透射式光电阴极；对于侧窗式，常采用反射式光电阴极。显然，光窗材料与光电阴极的光谱应该匹配，如针对紫外敏感的光电阴极应该配合紫外透明的光窗材料。将光电阴极 K 与第一倍增极 D_1 之间的区域称电子光学系统，该系统的设计目标是尽可能多地收集光电阴极发射出来的光电子并将渡越时间(光电子从光电阴极运动到第一倍增极所用时间)色散减到最小，如图 3-4-9 所示。图中 1 是与光电阴极同电位的金属桶或镀在玻璃壳上的金属导电层，2 是带孔膜片。此结构是为了使从光电阴极中心出射的光电子到达第一倍增极所需时间与从光电阴极边缘出射的光电子到达第一倍增极所需时间的差值尽可能地小。我们可以定义 ρ_1 为光电子收集率，即第一倍增极收集到的光电子数目占从光电阴极发射的光电子总数的比值。将第一倍增极 D_1 到阳极 A 之间的区域称电子倍增系统。该区域的设计目标是获得尽可能大的电子倍增系数同时渡越时间色散也尽可能小。将第 i 级倍增极 D_i 产生的二次电子数 N_i 与第 $i+1$ 级倍增极产生的二次电子数 N_{i+1} 的关系表达为

$$N_{i+1} = \rho_{i+1}\delta_{i+1}N_i \tag{3-4-5}$$

式中，ρ_{i+1} 为第 $i+1$ 级倍增极收集到第 i 级倍增极所发射的二次电子的占比数；δ_{i+1} 为第 $i+1$ 级倍增极发射二次电子的倍率。实验研究表明，δ_{i+1} 取决于第 $i+1$ 级倍增极材料的性质与入射电子的能量(即与极间电压有关)。Cs_3Sb 是典型的二次电子发射体，在极间电压为100V 左右时，δ_{i+1} 可表达为

$$\delta_{i+1} = 0.2U_D^{0.7} \tag{3-4-6}$$

式中，U_D 是极间电压。经氧化的银镁合金，δ_{i+1} 可表达为

$$\delta_{i+1} = U_D / 40 \tag{3-4-7}$$

式中，U_D 同样是极间电压。阳极 A 收集电子形成放大的光电流。设阳极的电子收集率为 ρ_A，投射到光电阴极的光功率为 P，光电阴极 K 的量子效率为 η，则光电倍增管的阳极光电流为

$$I_{PA} = \frac{Pe}{h\nu}\eta\rho_1\rho_2\cdots\rho_N\rho_A\delta_1\delta_2\cdots\delta_N \tag{3-4-8}$$

式中，h 为普朗克常量；e 为基本电量；N 为倍增电极的个数。光电倍增管的工作原理如下：微弱光信号透过光窗，射入光电阴极材料中被电子吸收引起光电子射出，光电子经过电子光学系统射向第一倍增电极，电子数目激增，再经过电子倍增系统获得巨量的二次电子，最后巨量二次电子被阳极收集形成放大的光电流。

由式(3-4-8)，我们定义阳极光谱灵敏度

$$S_A(\lambda) = \frac{I_{PA}}{P} \tag{3-4-9}$$

式中，I_{PA} 为阳极光电流。S_A 单位为安培/瓦特(A/W)。若 P 用光通量的单位，S_A 即阳极光照灵敏度，其单位为安培/流明(A/lm)。我们也可定义阴极光谱灵敏度

$$S_K(\lambda) = \frac{I_{PK}}{P} \tag{3-4-10}$$

式中，I_{PK} 为阴极光电流。若 P 用光通量的单位，S_K 即阴极光照灵敏度。显然，$S_A(\lambda)$、$S_K(\lambda)$ 明显依赖于光的波长。我们还可定义光电倍增管的放大倍数(增益)

$$G = \frac{S_A(\lambda)}{S_K(\lambda)} = \frac{I_{PA}}{I_{PK}} \tag{3-4-11}$$

由式(3-4-8)可得

$$G = \rho_1\rho_2\cdots\rho_N\rho_A\delta_1\delta_2\cdots\delta_N \tag{3-4-12}$$

式中，电子收集率 ρ 对于现代光电倍增管来说为 $0.85\sim0.98$，对于有聚焦功能（电子运动轨迹有交叉）的电极，可达 0.98，接近 1。若 N 个倍增电极是同种电极，电极倍增系数为 δ，则光电倍增管的放大倍数

$$G = \delta^N \tag{3-4-13}$$

对于 Cs_3Sb、银镁合金，在一定的极间电压下，利用式(3-4-6)和式(3-4-7)可以计算出 G。常用串联电阻分压的方法给光电倍增管供电。容易看到，提供一个稳定的高压是光电倍增管正常工作的必要保障。图 3-4-8(c) 示出了负高压电阻分压供电的方法。这种方法的好处是光电流输出无须隔直电容，便于跟后面的放大器连接，操作安全。若接地点位于阴极，这种供电方式是正高压供电，光电压输出时要有隔直电容，这种接地方式的优点是便于屏蔽，光、磁、电的屏蔽罩可以与阴极靠得比较近，屏蔽效果好，暗电流小，噪声低。分压电阻阻值的设计可在均匀分配的基础上做些调整进行。首先考虑分压电阻链路中电流，应根据实际需要为阳极光电流 I_{PA} 的 $10\sim20$ 倍，本书一般设定 $I_R \geqslant 10 I_{PA}$。I_R 不便过大，过大会引起过多的功耗，而且会产生热。光电倍增管通常有 $8\sim12$ 级，可将相邻电极间的电压控制在 $80\sim100V$ 之间。考虑到第一倍增极的光电子收集率 ρ_1 的提高，可将 R_1 适当调高 $10\%\sim100\%$，本书一般设定 R_1 为 150%。为了克服较大的阳极光电流引起的空间电荷效应，最后一级的电阻也可适当调大；在最后几级，为了避免较大光电流的空间电荷效应引起分压不稳的影响，可并联电容。本书对最后级次的电阻改变与电容暂不考虑。

【例 3-4-1】 若入射到光电倍增管的光波长为 $500nm$，光电倍增管每秒接收到的辐射能为 $4.5\times10^{-10}J$，电流增益为 6.0×10^6，阳极电流为 $I_A = 3.0\times10^{-4}A$，则可测得阴极电流为多少？阴极灵敏度与阳极灵敏度分别是多少？光电阴极的量子效率为多少？

解：光电倍增管的增益

$$G = \frac{S_A(\lambda)}{S_K(\lambda)} = \frac{I_{PA}}{I_{PK}}$$

可测得阴极电流

$$I_{PK} = \frac{I_{PA}}{G} = \frac{3.0\times10^{-4}}{6.0\times10^6} = 5.0\times10^{-11}A$$

阴极灵敏度

$$S_K(\lambda) = \frac{I_{PK}}{P} = \frac{5.0\times10^{-11}}{4.5\times10^{-10}} = 1.1\times10^{-1}A/W$$

阳极灵敏度

$$S_A(\lambda) = \frac{I_{PA}}{P} = \frac{3.0\times10^{-4}}{4.5\times10^{-10}} = 6.7\times10^5A/W$$

光电阴极的量子效率

$$\eta = \frac{hc}{eP\lambda}I_{PK} = \frac{6.63\times10^{-34}\times3.0\times10^8}{1.6\times10^{-19}\times4.5\times10^{-10}\times500\times10^{-9}}\times5.0\times10^{-11} = 27.6\%$$

【例 3-4-2】设入射到光电倍增管(PMT)上的最大光通量为 $\phi_M = 1.6 \times 10^{-5} \text{lm}$ 左右。该 PMT 的倍增极级数为 8 级，光电阴极采用 Cs_3Sb 材料，其灵敏度为 $S_K = 4.0 \mu\text{A/lm}$。该 PMT 的倍增极也是采用 Cs_3Sb 材料。若要求入射光通量在 $\phi = 8.0 \times 10^{-6} \text{lm}$ 时的输出电压幅度不低于 0.4V。

(1)若设 $R_L = 82\text{k}\Omega$，试设计该 PMT 的变换电路。

(2)若供电电压的稳定度只能做到 0.01%，试回答该 PMT 的输出信号增益的波动量是多少？

解：(1)入射光通量在 $\phi = 8.0 \times 10^{-6} \text{lm}$ 时的最小阳极电流

$$I_{PA} = \frac{U_{o\min}}{R_L} = \frac{0.4}{82 \times 10^3} = 4.878 \times 10^{-6} \text{A}$$

此时的阴极电流

$$I_{PK} = S_K(\lambda)\phi = 4.0 \times 10^{-6} \times 8.0 \times 10^{-6} = 3.2 \times 10^{-11} \text{A}$$

于是，PMT 的增益

$$G = \frac{I_{PA}}{I_{PK}} = \frac{4.878 \times 10^{-6}}{3.2 \times 10^{-11}} = 1.524 \times 10^5$$

因为

$$G = \delta^N, \quad N = 8$$

所以

$$\delta = G^{1/8} = \left(1.524 \times 10^5\right)^{1/8} = 4.445$$

对于 Cs_3Sb 材料

$$\delta = 0.2 U_D^{0.7}, \quad U_D = \left(\frac{\delta}{0.2}\right)^{1/0.7} = \left(\frac{4.445}{0.2}\right)^{1/0.7} = 84.0\text{V}$$

于是，总电源电压

$$U_b = (N + 1.5)U_D = (8 + 1.5) \times 84.0 = 798\text{V}$$

最大光通量为 $\phi_M = 1.6 \times 10^{-5} \text{lm}$ 时

$$I_{PAM} = GS_K(\lambda)\phi_M = 1.524 \times 10^5 \times 4.0 \times 10^{-6} \times 1.6 \times 10^{-5} = 9.754 \times 10^{-6} \text{A}$$

分压电阻中的电流

$$I_R \geq 10 I_{PAM} = 9.8 \times 10^{-5} \text{A}$$

分压电阻的阻值

$$R = \frac{U_D}{I_R} = \frac{84.0}{9.8 \times 10^{-5}} = 8.57 \times 10^5 \Omega$$

取 860kΩ 即可。

(2)该 PMT 的增益稳定度

$$\frac{\Delta G}{G} = 0.7 N \frac{\Delta U_b}{U_b} = 0.7 \times 8 \times 0.01\% = 0.056\%$$

$$\Delta G = 0.056\% G = 85.34$$

【例 3-4-3】某光电倍增管的阴极光照灵敏度为 0.6μA/lm，阳极光照灵敏度为 55A/lm。要求长期使用时阳极允许电流限制在 2.6μA 以内。

(1)求阴极面上允许的最大光通量。

(2)当阳极电阻为 82kΩ 时，求最大输出电压。

(3)若已知该光电倍增管为 12 级 Cs_3Sb 倍增极，试计算它的供电电压。

(4)当要求输出信号的稳定度为 1.0% 时，高压电源的电压稳定度是多少？

解：已知 $S_K = 0.6$μA/lm、$S_A = 55$A/lm、$I_{AMAX} = 2.6$μA。

(1) $I_{AMAX} = S_A P_{MAX}$，所以 $P_{MAX} = \dfrac{I_{AMAX}}{S_A} = \dfrac{2.6 \times 10^{-6}}{55} = 4.72 \times 10^{-8}$ lm

(2) $R_L = 82$kΩ，所以 $U_{MAX} = I_{AMAX} R_L = 2.6 \times 10^{-6} \times 82 \times 10^3 = 0.213$V

(3) $G = \dfrac{S_A}{S_K} = \dfrac{55}{0.6 \times 10^{-6}} = 9.17 \times 10^7$；$\delta^{12} = G$

$$\delta = G^{\frac{1}{12}} = 4.61 = 0.2 U_D^{0.7}；U_D = \left(\frac{4.61}{0.2}\right)^{\frac{1}{0.7}} = 88.4 \text{V}$$

$$U_b = (N + 1.5) U_D = (12 + 1.5) \times 88.4 = 1193 \text{V}$$

(4) $\dfrac{\Delta G}{G} = 0.7 N \dfrac{\Delta U_b}{U_b}$

$$\frac{\Delta U_b}{U_b} = \frac{1}{0.7 N} \frac{\Delta G}{G} = \frac{1}{0.7 \times 12} \times 1.0\% = 0.12\%$$

3.4.4　光电倍增管的应用

　　光电倍增管灵敏度高、响应迅速、精确度高，在光谱测量、遥感卫星观测、环境监测、国防武器、科学研究与实验、医学观测、探矿测井、生物健康监测等许多方面有着广泛的应用。这里，重点介绍其医学应用，就是正电子断层成像(positron emission tomography，PET)。PET 正逐渐成为癌症、心脏病等重大疾病的早期检查、诊断设备。先在加速器中制备放射性元素 ^{11}C、^{13}N、^{15}O、^{18}F 等，然后制备含有这些元素的人体有机物质。这些放射性有机物质被注射入人体后，它们随血液扩散到身体各部分。一段时间以后，它们会在病灶(如癌细胞聚集处)附近聚集(即疾病的示踪元素)。由于放射性元素在核衰变时辐射出正电子，正电子在人体内运行很短距离(小于 3mm)后就与负电子相遇湮没，产生一对传播方向相反的 γ 光子。具有巨大能量的 γ 光子透出人体，击中与光电倍增管耦合在一起的闪烁体(如 NaI 晶体、$Bi_4Ge_3O_{12}$ 晶体、Lu_2SiO_5 晶体等)，如图 3-4-10 所示。闪烁体吸收 γ 光子后，被激发到高能态上，它的去激过程会发射多个低频光子。这些低频光子被与闪烁体耦合在一起的光电倍增管所探测。探测出的电信号送到符合处理器研判分析，根据一对光子分别到达同一直线上两端的光电倍增管的时间，可以精确计算出正负电子对湮没的地方。对大量符合事件进行统计计算，可以构建病灶的三维立体结构数据，通过计算机可显示病灶的三维图像，便于医生做出正确判断与精准治疗。

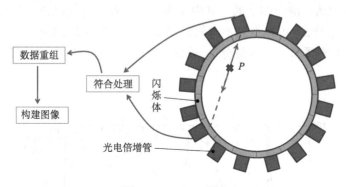

图 3-4-10　PET 原理

3.5　光电导探测器

半导体吸收光子的能量产生本征吸收，在导带中形成自由电子，在价带中形成自由空穴，从而改变了半导体的电导率，此现象称为光电导效应。利用具有光电导效应的材料(如硅、锗等)本征半导体与杂质半导体(硫化镉、硒化镉、氧化铅等)可以制成电导随入射光通量变化的器件，称为光电导器件或光敏电阻。光敏电阻具有体积小，坚固耐用，价格低廉，光谱响应范围宽等优点，被广泛应用于微弱辐射信号的探测领域。

3.5.1　光敏电阻的主要特性参数

显然，光敏电阻属于光子器件，它对光的响应随光波长的变化而变化，并且随半导体的种类而改变，如图 3-5-1 所列是几种半导体材料光谱的相对灵敏度。硫化锌(ZnS)的光谱响应位于紫外区。硫化镉(CdS)光敏电阻的光谱响应特性接近人眼光谱光视效率，它在可见光波段范围内的灵敏度高。CdS 光敏电阻的响应波长位于 $400 \sim 800\text{nm}$，峰值响应波长为 $515 \sim 550\text{nm}$。硒化镉(CdSe)光敏电阻响应波长位于 $680 \sim 750\text{nm}$，峰值响应波长为 $720 \sim 730\text{nm}$，还可调整 S 和 Se 的比例构成混合半导体 Cd(S,Se)光敏电阻，使其峰值响应波长在 CdS 与 CdSe 峰值波长之间的适当位置。硅(Si)光敏电阻响应波长位于 $450 \sim 1100\text{nm}$，峰值响应波长为 850nm。砷化镓(GaAs)光敏电阻响应波长位于红外区。锗(Ge)光敏电阻响应波长位于 $550 \sim 1800\text{nm}$，峰值响应波长为 1540nm。硫化铅(PbS)光敏电阻响应波长位于 $500 \sim 3000\text{nm}$，峰值响应波长为 2000nm，是近红外波段最灵敏的光敏电阻，它对 $2\mu\text{m}$ 附近的红外辐射的探测灵敏度很高，室温下的 PbS 光敏电阻的光谱响应范围为 $1 \sim 3.5\mu\text{m}$，峰值波长为 $2.4\mu\text{m}$。碲化铅(PbTe)光敏电阻响应波长位于 $600 \sim 4500\text{nm}$，峰值响应波长为 2200nm。锑化铟(InSb)光敏电阻响应波长位于 $600 \sim 7000\text{nm}$，峰值响应波长为 5500nm。硒化铅(PbSe)光敏电阻响应波长位于 $700 \sim 5800\text{nm}$，峰值响应波长为 4000nm。此外，三元混晶碲化汞镉($Hg_{1-x}Cd_xTe$)系列光电导探测器件是目前所有红外探测器中性能最优良、最有前途的探测器件,尤其是对于 $4\sim8\mu m$ 大气窗口波段辐射的探测更为重要。$Hg_{1-x}Cd_xTe$ 系列光电导体是由 $HgTe$ 和 $CdTe$ 两种材料的晶体混合制造的,其中 x 为 Cd 元素含量的组分。在制造混合晶体时选用不同 Cd 的组分 x,可以得到不同的禁带宽度 E_g,便可以制造出不同波长响应范围的 $Hg_{1-x}Cd_xTe$ 探测器件。一般组分 x 的变化范围为 $0.18\sim0.40$,长波长的变化范围为 $1\sim30\mu m$。

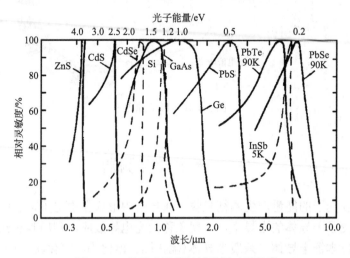

图 3-5-1　几种半导体材料的相对灵敏度

光敏电阻可以被视为阻值随入射光通量或照度改变的可调电阻。无光照射时的阻值称暗电阻,其阻值通常为兆欧(MΩ)数量级,对应的电导称暗电导,对应的电流称暗电流。理想光敏电阻暗电阻为无穷大,暗电导为 0。有光照射时光敏电阻的阻值称亮电阻,其阻值通常为千欧(kΩ)数量级,对应的电导称亮电导,对应的电流称亮电流。光照越强时,光敏电阻的阻值越小。在某一照度(E_V,单位:勒克斯(lx))下,其光电流 I_P(实际是亮电流与暗电流之差)可表达为

$$I_P = (g - g_0)U = S_g U (E_V)^\gamma \tag{3-5-1}$$

式中,g 是光敏电阻的亮电导;g_0 是光敏电阻的暗电导;S_g 为光敏电阻的电导灵敏度;U 是加在光敏电阻两端的电压。对于不可见光,照度 E_V 应理解为辐照度 E_e,单位为瓦特/米^2(W/m^2)。γ 为光电转换因子,当入射辐射较弱时,$\gamma=1$,随着入射辐射的加强,γ 逐渐减小。当入射辐射很强时,γ 值降低到 0.5。在具体应用中,若 E_V 变化不大,可将 γ 视为常量。除了特别说明之外,本书取 $\gamma=1$。设辐照度(或照度)为 E_1 时,电阻值为 R_1,辐照度为 E_2 时,电阻值为 R_2,则

$$\gamma = \frac{\lg R_1 - \lg R_2}{\lg E_2 - \lg E_1} \tag{3-5-2}$$

一般地,加在光敏电阻上的电压值不太大时,式(3-5-1)成立。当电压较大时,I_P 会出现饱和现象。$\gamma=1$ 时,电导的增量与照度的增量成正比,比例系数为电导灵敏度 S_g。

即满足

$$\Delta g = \Delta \left(\frac{1}{R} \right) = S_{\mathrm{g}} \Delta E_{\mathrm{V}} \tag{3-5-3}$$

3.5.2　光敏电阻的结构

研究结果表明：光敏电阻在微弱辐射作用的情况下，其电导灵敏度 S_{g} 与光敏电阻两电极间距离 L 的平方成反比；在强辐射作用的情况下，其电导灵敏度 S_{g} 与光敏电阻两电极间距离 L 的二分之三次方成反比。总之，光敏电阻两电极间距离 L 越大，电导灵敏度 S_{g} 越小；光敏电阻两电极间距离 L 越小，电导灵敏度 S_{g} 越大。因此，光敏电阻芯片常被设计成 L 非常小的元件，常见的结构如图 3-5-2 所示。图 3-5-2(a)展示了光敏电阻的蛇形结构，先在玻璃基板上镀一层半导体光敏材料，然后再在上面蒸镀电极，并留下蛇形半导体区域接受光照。图 3-5-2(b)展示了光敏电阻的梳形结构，先在玻璃基板上蚀刻梳状槽，在槽中填金或石墨等导电物质形成梳形电极，或先在玻璃基板上蒸镀梳形电极，然后再敷上一层半导体光敏材料，构成梳形光敏电阻。这两种结构的电极间距均设计得很小，受光面积尽可能大，这样，有利于提高光敏电阻的灵敏度。将芯片接上引线并封装在带透光窗口的密封壳中就构成光敏电阻器件，如图 3-5-3(a)所示。图 3-5-3(b)是光敏电阻的电路符号。

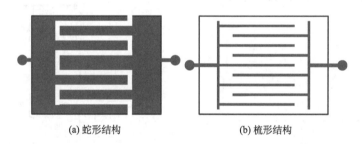

(a) 蛇形结构　　　　　　　(b) 梳形结构

图 3-5-2　光敏电阻的结构

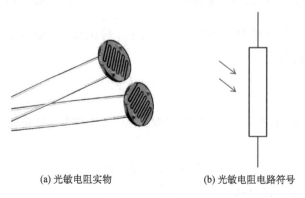

(a) 光敏电阻实物　　　　　　(b) 光敏电阻电路符号

图 3-5-3　光敏电阻

3.5.3　光敏电阻的应用基础

图 3-5-4 是光敏电阻的基础电路。直流电压 U_{CC} 给回路供电。光敏电阻 R、负载电阻 R_L 与直流电源 U_{CC} 构成简单回路，则经过简单计算可得负载 R_L 的输出电压 U_o

$$U_o = IR_L = \frac{U_{CC}}{R + R_L}R_L \tag{3-5-4}$$

光照的改变会引起回路电流的改变

$$\Delta I_P = \Delta I = -\frac{U_{CC}}{(R+R_L)^2}\Delta R = \gamma\frac{S_g R^2 U_{CC}}{(R+R_L)^2}E_V^{\gamma-1}\Delta E_V \tag{3-5-5}$$

也会引起输出电压 U_o 的改变

$$\Delta U_o = \Delta I_P \cdot R_L = \gamma\frac{S_g R^2 U_{CC}}{(R+R_L)^2}E_V^{\gamma-1}R_L\Delta E_V \tag{3-5-6}$$

由此可见，弱光照射时，$\gamma=1$，输出电压变化与照度变化成正比，比例系数为 $\frac{S_g R^2 U_{CC}}{(R+R_L)^2}R_L$。

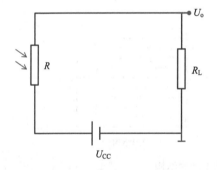

图 3-5-4　光敏电阻基本偏置电路

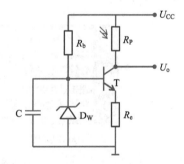

图 3-5-5　恒流偏置电路

图 3-5-5 是常见的光敏电阻的恒流偏置电路。稳压管 D_W 提供晶体管 T 的基极静态电压 U_W，引起射极电流

$$I_E = \frac{U_W - U_{be}}{R_e} \tag{3-5-7}$$

U_{be} 为晶体管 T 的射极电压，对于硅管可取 0.7V。I_E 与集电极电流 I_C 接近。于是输出电压 U_o 为

$$U_o = U_{CC} - I_C \cdot R_P \tag{3-5-8}$$

弱光照射时，输出 dU_o 可表达为

$$dU_o = -I_C \cdot dR_P = \frac{U_W - U_{be}}{R_e} \cdot R_P^2 S_g dE_V \tag{3-5-9}$$

恒流偏置电路中光敏电阻的电压灵敏度为

$$S_V = \frac{\mathrm{d}U_o}{\mathrm{d}E_V} \approx \frac{U_W}{R_e} \cdot R_P^2 S_g \tag{3-5-10}$$

图 3-5-6 是光敏电阻的另一种常见的偏置电路，称恒压偏置电路。在恒压偏置状态下，光敏电阻的光电流与三极管射极电流相等，又近似等于集电极电流，于是输出电压为

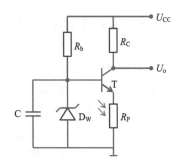

$$U_o = U_{CC} - I_C \cdot R_C \approx U_{CC} - I_P \cdot R_C \tag{3-5-11}$$

弱光照射时，输出 $\mathrm{d}U_o$ 可表达为

$$\mathrm{d}U_o = -\mathrm{d}I_P \cdot R_C = -U_W S_g R_C \mathrm{d}E_V \tag{3-5-12}$$

恒压偏置电路中光敏电阻的电压灵敏度为

图 3-5-6　恒压偏置电路

$$S_V = \left| \frac{\mathrm{d}U_o}{\mathrm{d}E_V} \right| = U_W S_g R_C \tag{3-5-13}$$

【例 3-5-1】某光敏电阻的最大功耗为 $P_m = 35\mathrm{mW}$，光电导灵敏度为 $S_g = 4.5 \times 10^{-7} \mathrm{S/lx}$，暗电导 $g_0 = 0\mathrm{S}$。试求偏置电压 $U_{CC} = 24\mathrm{V}$ 时的最大照度。

解：电流

$$I = I_P + I_D = (g_P + g_0)U = S_g E_V U$$

$$P = \frac{I^2}{g} = S_g E_V U^2 \leqslant P_m$$

所以

$$E_V \leqslant \frac{P_m}{S_g U_{CC}^2} = \frac{35 \times 10^{-3}}{4.5 \times 10^{-7} \times 24^2} = 135.0\mathrm{lx}$$

【例 3-5-2】如图 3-5-4 所示，设有一个光敏电阻，直流电压 $U_{CC} = 12\mathrm{V}$ 给电路供电，无光照射时，光敏电阻阻值为 $R_1 = 10\mathrm{M}\Omega$；照度 $E_V = 100\mathrm{lx}$ 时，光敏电阻阻值为 $R_2 = 500\Omega$，负载是一个继电器，其线圈电阻 $R_J = 4.0\mathrm{k}\Omega$、吸合电流 $I_J = 2.0\mathrm{mA}$。求继电器能吸合的最小照度。

解：取 $\gamma = 1$，光敏电阻的电导 g 为

$$g = S_g E_V$$

所以，由式 (3-5-3) 得光电导灵敏度

$$S_g = \frac{\Delta g}{\Delta E_V} = \frac{\left(\dfrac{1}{R_2} - \dfrac{1}{R_1} \right)}{E_V} = \frac{\left(\dfrac{1}{500} - \dfrac{1}{10000000} \right)}{100} = 2.0 \times 10^{-5}\mathrm{S/lx}$$

最小光照时，回路中流动的是吸合电流，于是，光敏电阻的阻值为

$$R = \frac{U_{CC} - I_J R_J}{I_J} = \frac{12 - 2.0 \times 10^{-3} \times 4.0 \times 10^3}{2.0 \times 10^{-3}} = 2.0 \times 10^3 \Omega = 2.0\mathrm{k}\Omega$$

于是

$$E_{Vmin} = \frac{g}{S_g} = \frac{1/2.0 \times 10^3}{2.0 \times 10^{-5}} = 25lx$$

【例 3-5-3】 如图 3-5-5 所示是某一光敏电阻测光的电路图，晶体管 T 为硅管。直流电源电压 $U_{CC} = 12V$，稳压管 D_W 的电压 $U_W = 4.0V$，射极电阻 $R_e = 6.6k\Omega$，在照度区间 $30 \sim 100lx$ 中，光敏电阻 R_P 的 γ 值为定值。照度为 $E_{V1} = 70lx$，输出电压 $U_{o1} = 8.0V$；照度为 $E_{V2} = 80lx$，输出电压 $U_{o2} = 8.5V$。试求：

(1) 光敏电阻的 γ 值；

(2) 光电导电流灵敏度；

(3) 照度为 $E_{V3} = 40lx$ 时，输出电压 U_{o3} 的值；

(4) 输出电压 $U_{o4} = 9.0V$ 时，所对应的照度 E_{V4}。

解：(1) 集电极电流

$$I_C = I_E = \frac{U_W - U_{be}}{R_e} = \frac{4.0 - 0.7}{6.6 \times 10^3} = 5.0 \times 10^{-4}A$$

由于

$$U_o = U_{CC} - I_C \cdot R_P$$

所以

$$R_{P1} = \frac{U_{CC} - U_{o1}}{I_C} = \frac{12.0 - 8.0}{5.0 \times 10^{-4}} = 8.0 \times 10^3 \Omega$$

$$R_{P2} = \frac{U_{CC} - U_{o2}}{I_C} = \frac{12.0 - 8.5}{5.0 \times 10^{-4}} = 7.0 \times 10^3 \Omega$$

$$\gamma = \frac{\lg R_1 - \lg R_2}{\lg E_{V2} - \lg E_{V1}} = \frac{\lg(R_1/R_2)}{\lg(E_{V2}/E_{V1})} = \frac{\lg(8/7)}{\lg(8/7)} = 1$$

(2) 光敏电阻与照度的关系为

$$\frac{1}{R_P} = S_g E_V$$

$$S_g = \frac{\Delta\left(\frac{1}{R_P}\right)}{\Delta E_V} = \frac{\frac{1}{7.0} - \frac{1}{8.0}}{80 - 70} \times 10^{-3} = 1.79 \times 10^{-6} S/lx$$

(3) 照度为 $E_{V3} = 40lx$ 时，光敏电阻的阻值

$$R_{P3} = \frac{1}{S_g E_{V3}} = \frac{1}{1.79 \times 10^{-6} \times 40} = 1.40 \times 10^4 \Omega$$

$$U_{o3} = U_{CC} - I_C \cdot R_{P3} = 12.0 - 5.0 \times 10^{-4} \times 1.40 \times 10^4 = 5.0V$$

(4) 输出电压 $U_{o4} = 9.0V$ 时的电阻

$$R_{P4} = \frac{U_{CC} - U_{o4}}{I_C} = \frac{12.0 - 9.0}{5.0 \times 10^{-4}} = 6.0 \times 10^3 \Omega$$

所对应的照度 E_{V4} 为

$$E_{V4} = \frac{1}{R_{P4}S_g} = \frac{1}{6.0 \times 10^3 \times 1.79 \times 10^{-6}} = 93.1 \text{lx}$$

3.5.4　光敏电阻的应用

光敏电阻体积小、灵敏度高、性能稳定、价格低廉，在国民经济的各个方面均有广泛应用。下面举三个典型应用场景。

1. 光控路灯

图 3-5-7 是应用光敏电阻控制路灯的原理图。电源是 220V 交流市电。整流二极管 D 与电容 C 构成半波整流器。可调电阻 R_0、CdS 光敏电阻 R_P 与继电器 J 构成控制电路，路灯接在继电器常闭触点上。于是，黄昏日光暗淡到一定程度时，光敏电阻阻值变大，控制回路中电流渐小，继电器在常闭触点上，路灯回路导通，灯被点亮。早上，日光渐强，光敏电阻阻值下降，控制回路电阻下降，电流增大。当照度大到一定值时，继电器常闭触点断开，路灯熄灭。

2. 照相机自动快门

图 3-5-8 是照相机自动快门原理图。直流电压 U 给电路供电。电阻 R_{W2}、CdS 光敏电阻 R_P、开关 K 与电容 C 构成曝光控制电路。电阻 R_1、可调电阻 R_{W1} 构成调节阈值电势 U_{th} 的电路。可调节 R_{W1} 的大小，直到 $U_{th} = 1 \sim 1.5 \text{V}$。快门不开启的时候，快门开关 K 在位置 0。比较器 A 的负输入端的电位近似为 U，高于正输入端电位 U_{th}，比较器输出低电平，晶体管 T 截止，曝光快门处于闭合状态。按开关 K 时，K 与 1 位接通。电源 U 逐步给电容 C 充电，充电的特征时间 $\tau = (R_{W2} + R_P)C$ 取决于照度。当照度大，光线充足时，R_P 小，τ 小，充电快；当照度小，光线暗淡时，R_P 大，τ 大，充电慢。当 1 位的电位低于 U_{th} 时，比较器 A 输出高电平。高电平触发晶体管 T 输出放大的电流，大电流流过铁心线圈产生强大的磁力，将曝光快门开启，直到 1 位的电势高于 U_{th} 才将曝光快门闭合。于是得到曝光时间与照度反向变化的自动快门，照度大，快门开启时间短；照度小，快门的开启时间就长。

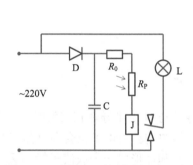

图 3-5-7　光敏电阻控制路灯原理图

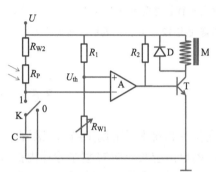

图 3-5-8　照相机自动快门原理图

3. 火车轴箱温度检测

图 3-5-9 是火车轴箱红外光子测温的工作原理图。火车能在铁路上健康地奔跑，离不开车轴车轮的正常运行。车轴与车轮的连接部件称为轴箱，在轴箱中，车轴(在中心)通过滚柱(在中间)与车轮(在边沿)相连。正常运行时，轴箱中有一定的摩擦生热，会引起轴箱温度有一定的升高。若出现滚柱磨裂破损、轴箱开裂、润滑失效等原因，轴箱就会大量产生热量，引起轴箱温度严重升高甚至出现燃轴、切轴事故。因此，定时测量运行列车的轴箱温度就成为监测列车健康的重要环节之一。通常采用下方(仰角 $\alpha = 45°$)背面(干扰小)探测，如图 3-5-9(a)所示，火车行驶速度 $v = 5 \sim 360 \text{km/h}$，轴箱直径为 L。图 3-5-9(b)是红外光子探头的细节。汞镉碲三元半导体光敏电阻薄膜，其光谱响应范围为 $3 \sim 5\mu\text{m}$，中心波长为 $\lambda_P = 4.6\mu\text{m}$，响应时间 $\tau < 1\mu\text{s}$，承担测量轴箱温度的主要功能。为了确保光敏电阻高效工作，采用半导体制冷器制冷，将光敏电阻器温度降到 $-60°\text{C}$。光敏电阻本身的温度采用接触式(如用热敏电阻)测量。采用控制调制盘的转速确保对运行中的轴箱进行多点测量。探头输入窗口采用镀膜锗材料，起到滤除日光的作用，测温范围内的红外光透过率达 $85\% \sim 90\%$。

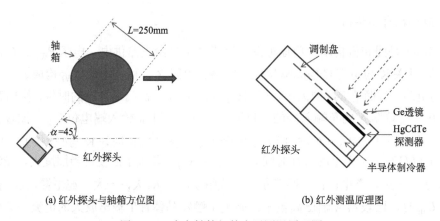

(a) 红外探头与轴箱方位图　　　　　　　　　　　(b) 红外测温原理图

图 3-5-9　火车轴箱红外光子测温原理图

探究：

设火车行驶速度为 360km/h，轴箱直径 $L = 250\text{mm}$，调制盘由 20 孔均匀分布在同一圆周上，每个轴箱需测定 12 个点，则调制盘转速应为多少？

3.6　光伏探测器

光伏探测器本质上属于结型探测器。当 P 型半导体与 N 型半导体相接触时，P 型半导体中的自由空穴会向 N 型半导体内扩散，N 型半导体中的自由电子也会向 P 型半导体内扩散，结果在它们的接触面附近由于正负电载流子中和而形成一个载流子耗尽区，称

PN 结,如图 3-6-1 所示。在耗尽区内,几乎没有可以自由移动的载流子(自由电子或自由空穴),不能自由移动的带电杂质构成一定的电荷分布(空间电荷区)。在耗尽区外侧的 P 区存在的多子(自由空穴),与不能自由移动的带负电的受主杂质等形成整体呈电中性的物质层;在耗尽区外侧的 N 区存在的多子(自由电子),与不能自由移动的带正电的施主杂质等构成整体呈电中性的物质层。耗尽区内的电荷分布会产生一定的电场(称内建电场),该电场会对位于耗尽区内的载流子(电子吸收光子能量等会激发出来)作用电场力,使载流子产生漂移运动。在内建电场的作用下,自由电子向 N 区漂移、自由空穴向 P 区漂移,最后自由电子在 PN 结 N 区界面附近聚集(相当于电源负极)、自由空穴在 PN 结的 P 区界面附近聚集(相当于电源正极),整个 PN 结相当于一个内阻很大的直流电源,如图 3-6-2 所示。此种现象称光生伏打效应。运用此种现象制作的器件称光伏器件。

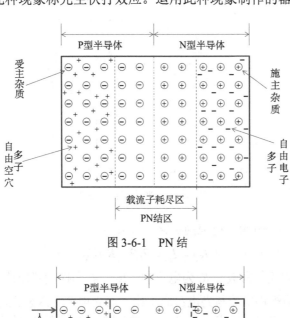

图 3-6-1　PN 结

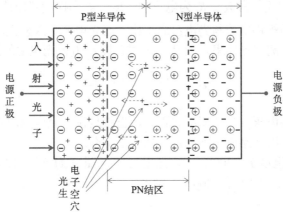

图 3-6-2　光生伏打效应

3.6.1　光电池

在 N 型硅片上扩散 P 型杂质(如硼),就构成 P^+N 结;或在 P 型硅片上扩散 N 型杂质(如磷)，就构成 N⁺P 结。再在 P、N 端依次接出引线，在正面进行表面处理(如镀增透膜)，再封装，就形成光电池或太阳能电池板。图 3-6-3(a)所示为光电池的电路符号。用导线将负载电阻 R_L 与 PN 结两端连接可构成回路，如图 3-6-3(b)所示。图 3-6-3(c)是光电池回路的等效电路图。在虚线框内是光电池有效结构，它可看成一个电流为光电流 I_P 的恒流源与一个正向偏置的晶体二极管的并联。由基尔霍夫电流定律可得进入负载的电流 i 满足

$$i = I_P - i_D = I_P - I_{D0}\left[\exp\left(\frac{eu}{k_B T}\right) - 1\right] \tag{3-6-1}$$

式中，I_{D0} 是晶体二极管的反向饱和电流；k_B、e 依次是玻尔兹曼常数与基本电荷量。

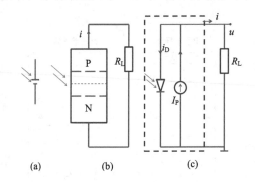

图 3-6-3　光伏工作模式

当 $R_L = 0$ 时，即 $u = 0$ 得光电池的短路电流 I_{SC}：

$$I_{SC} = I_P = R_I P = KAE_V \tag{3-6-2}$$

式中，K 为与器件相关的常数；R_I 为电流响应度；A 为探测器敏感面积；E_V 为照度。此式说明，光电池的短路电流与光电流成正比，而光电流与入射光功率或照度成正比。于是，可用短路电流测定光功率。当 $R_L = \infty$ 时，即 $i = 0$ 得光电池的开路电压 U_{OC}：

$$U_{OC} = \frac{k_B T}{e}\ln\left(1 + \frac{I_P}{I_{D0}}\right) \tag{3-6-3}$$

可见，光电池的开路电压与光电流不成正比，也就是说，光电池的开路电压与入射光功率不成正比。于是，用开路电压来测定光功率是不合适的。

【例 3-6-1】　温度 $T = 300K$，某光电池在光照度为 $E_{V1} = 100lx$ 时，开路电压为 $U_{OC1} = 180mV$，短路电流 $I_{SC1} = 80\mu A$。试求：

(1)暗电流 I_{D0} 的值；

(2)计算在光照度为 $E_{V2} = 200lx$ 时，该光电池的短路电流 I_{SC2} 与开路电压 U_{OC2}。

解：(1)由式(3-6-3)可得

$$I_{D0} = \frac{I_P}{\exp\left(\dfrac{eU_{OC1}}{k_B T}\right) - 1} = \frac{I_{SC1}}{\exp\left(\dfrac{eU_{OC1}}{k_B T}\right) - 1}$$

$$= \frac{80 \times 10^{-6}}{\exp\left(\dfrac{1.6 \times 10^{-19} \times 180 \times 10^{-3}}{1.38 \times 10^{-23} \times 300}\right) - 1} = 7.6 \times 10^{-8}\,\text{A} = 7.6 \times 10^{-2}\,\mu\text{A}$$

(2) 设光电池的电流响应度不随照度而变，于是短路电流 I_{SC2} 为

$$I_{SC2} = \frac{E_{V2}}{E_{V1}} I_{SC1} = \frac{200}{100} \times 80 \times 10^{-6} = 160 \times 10^{-6}\,\text{A} = 160\,\mu\text{A}$$

由本题(1)的结果可知，$\dfrac{I_P}{I_{D0}} \gg 1$ 成立。则由式(3-6-3)可得

$$U_{OC2} - U_{OC1} = \frac{k_B T}{e} \ln\left(\frac{I_{P2}}{I_{D0}}\right) - \frac{k_B T}{e} \ln\left(\frac{I_{P1}}{I_{D0}}\right) = \frac{k_B T}{e} \ln\left(\frac{I_{P2}}{I_{P1}}\right) = \frac{k_B T}{e} \ln\left(\frac{E_{V2}}{E_{V1}}\right)$$

所以

$$U_{OC2} = U_{OC1} + \frac{k_B T}{e} \ln\left(\frac{E_{V2}}{E_{V1}}\right) = 180 \times 10^{-3} + \frac{1.38 \times 10^{-23} \times 300}{1.6 \times 10^{-19}} \ln\frac{200}{100} = 0.198\text{V} = 198\text{mV}$$

思考：

实验指出光电池的短路电流 I_{SC} 随温度的升高略有升高，开路电压随温度的升高而减小，如何理解？

　　许多情况下，需要得到光电池的最大输出电功率。在一定光照下，光电池的伏安特性曲线如图 3-6-4 所示，最大功率输出点 m 的特点就是过 m 点的两条虚线与 u 轴、i 轴所围的面积最大。当然，我们也能用高等数学求导的方法求出最大功率点的电流 i_m 与电压 u_m。

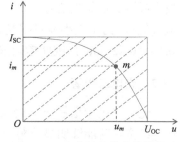

图 3-6-4　光电池的伏安特性曲线

$$P_m = i_m u_m \tag{3-6-4}$$

　　光电池的功率转换效率 η 被定义为最大输出电功率与输入光功率之比，即

$$\eta = \frac{P_m}{P} = \frac{I_{SC} U_{OC}}{P} \cdot \frac{i_m u_m}{I_{SC} U_{OC}} = \text{F.F.} \frac{I_{SC} U_{OC}}{P} \tag{3-6-5}$$

式中，$\text{F.F.} = \dfrac{i_m u_m}{I_{SC} U_{OC}}$，被称为填充因子(fill factor)，其几何意义是最大输出电功率对应的面积占图 3-6-4 中阴影面积的百分比。

　　光电池的种类很多，有硒光电池、氧化亚铜光电池、硫化镉光电池、硫化铊光电池、硅光电池、砷化镓光电池等。如图 3-6-5(a)是光电池单体图，光电池主要应用在光电检测、光电自动控制方面。图 3-6-5(a)中的光伏电池片，其主流材料是硅。光伏电池片主

要用在太阳能发电方面。每片尺寸 $2\text{cm}\times2\text{cm}\sim15\text{cm}\times15\text{cm}$，厚度约 0.2mm，典型输出值：$U=0.48\text{V}$，$I=20\sim25\text{mA/cm}^2$。通常将光伏电池片串并联构成组件，如图 3-6-5(b)所示。如将 36 片电池片串联构成的组件可输出电压 17V，可给 12V 蓄电池充电。控制器可将光伏组件输出的电能施加到直流负载上，还可将直流电输入到逆变器，将直流电变换为交流电。逆变器出来的交流电可并入交流电网供别的用户使用，也可直接驱动交流负载。将光伏组件再串并联就构成光伏方阵，光伏方阵是光伏发电站的基础。

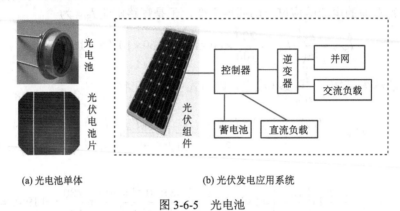

(a) 光电池单体　　　　　　　　(b) 光伏发电应用系统

图 3-6-5　光电池

探究:

试设计一个直流12V路灯的光伏供电自动照明系统(可用蓄电池、光敏电阻等元件)。

光电池的本质是一个极大面积的 PN 结，工作在无偏置电压的条件下(光伏工作模式)。光电池的感光面积特别大(尤其在光伏发电方面)，造成其结电容很大，因此只适宜发电或测定低频光信号。光电池的光电转换效率较高，输出电流也较大(硅光电池在毫安数量级)。为了减小能量损耗，必须选用低电阻率的衬底材料(硅光电池衬底电阻率在 $0.1\sim0.01\Omega\cdot\text{cm}$)，因此掺杂浓度较大(硅衬底掺杂浓度达 $10^{16}\sim10^{19}\text{cm}^{-3}$)。

3.6.2　光电二极管

光电二极管也是一个 PN 结，它的面积比光电池的小，再给 PN 结加上反向偏压，增加其结宽，就能够明显改善光伏器件的频率特性了。在光纤通信中，正是运用反向偏压来快速、准确、有效地探测光信号的。图 3-6-6(a)是光电二极管在反向偏置下的工作模式，称光电导工作模式。图 3-6-6(b)是光电导模式下的等效电路图，C_{j} 是 PN 结结电容，R_{sh} 为 PN 结电阻，理想情况下为无穷大，R_{S} 为引线、接触电阻，理想情况下为 0。给光电二极管加上反向偏置电压 $U=-U_{\text{R}}$，外加电场与 PN 结内建电场一致，PN 结结宽变大 $W\to W_{\text{R}}$，漂移电流增加。考虑理想情况 $R_{\text{sh}}=\infty$，$R_{\text{S}}=0$，静态工作电流 i 为

$$i=i_{\text{D}}-I_{\text{P}}=I_{\text{D0}}\left[\exp\left(\frac{eu}{k_{\text{B}}T}\right)-1\right]-I_{\text{P}} \tag{3-6-6}$$

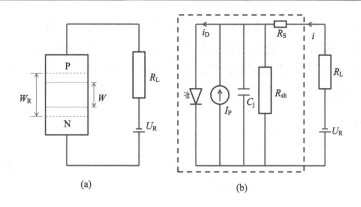

(a)　　　　　　　　　(b)

图 3-6-6　光电二极管光电导工作模式

注意到式(3-6-6)与式(3-6-1)只差一个负号，唯一原因是电流正方向的设定相反。根据式(3-6-6)作出伏安特性曲线，如图 3-6-7 所示。显然，$u>0$、$i>0$ 为伏安特性曲线的第一象限，光电流 I_P 被二极管多子扩散电流所湮没，无法测定光功率。实际上，这是发光二极管的工作区。$u>0$、$i<0$ 为伏安特性曲线的第四象限，这是光电池工作区。$u<0$、$i<0$ 为伏安特性曲线的第三象限，这是光电二极管工作区。在适当的反向电压下，通过负载的电流与光电流成正比，二极管的扩散电流 i_D 成为噪声。光电二极管的工作区位于图中第三象限的矩形虚线框区域，该区域的特点是电流与光功率呈线性关系。在接近反向击穿电压 $-U_B$ 时，光电流随反向电压的增加而迅速增加，适合雪崩光电二极管工作，在图 3-6-7 椭圆形虚线框内。

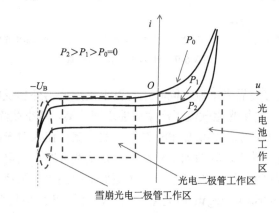

图 3-6-7　光电二极管的伏安特性曲线

　　光电二极管在无光照射时，电流几乎为 0，在有光照射时电流迅速增大到几十微安，光电流的大小与光照强度成正比。国产硅光电二极管有 2CU 与 2DU 两个系列。图 3-6-8 所示的是硅 2CU 光电二极管结构图、实物与基本接线图。在单晶 N 型硅片上扩散硼，得 P^+N 结制得 2CU 系列光电二极管。在单晶 P 型硅上扩散磷，得 PN^+ 结可制作 2DU 系列光电二极管，如图 3-6-9 所示。图 3-6-9(a)(b)(c)图依次是硅 2DU 系列光电二极管的结构图、外观图与基本接线图。由于反偏时二氧化硅（SiO_2）层中杂质正离子（如少量的钠、钾、氢等)会在 P 型硅界面附近感应出电子,形成反型层,在反向偏压下,这些电子也向阳极运动完成电流,会形成较大的噪声电流,干扰光电流。为了消除这些噪声电流,在边缘附近制作环形的 N 型重掺杂,在环电极上加上更高的电压,让感应电子通过环极流掉,而不进入前电极影响光电流。

(a) 硅2CU光电二极管结构图　(b) 硅2CU光电二极管实物图　(c) 硅2CU光电二极管基本接线图

图 3-6-8　硅 2CU 光电二极管

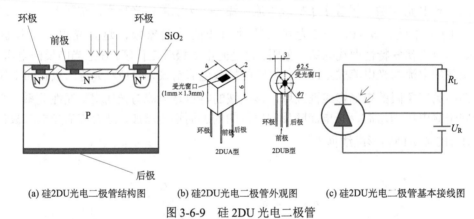

(a) 硅2DU光电二极管结构图　　(b) 硅2DU光电二极管外观图　　(c) 硅2DU光电二极管基本接线图

图 3-6-9　硅 2DU 光电二极管

采用反向偏压能够突显光电流,同时还有以下优点:①外加反向电场与内建电场一致,加强了内建电场,使得光生载流子产生后能迅速分离,减小载流子重新复合的概率,提高光电二极管的量子效率。②增加 PN 结的有效结宽,使入射光在足够宽的 PN 结区被充分吸收,提高量子效率。③增加 PN 结的有效结宽可减小结电容,从而减小容阻特征时间($\tau = RC$),提高测量的响应速度。为了更好地提高量子效率与响应速度,人们设计出了 PIN(positive-intrinsic-negative)光电二极管,就是在 P 型与 N 型半导体之间添加一层本征半导体或轻掺杂半导体,借此增加结宽。PIN 光电二极管结构有前端照亮式与后端照亮式两种,如图 3-6-10 所示。图 3-6-10(a)是前端照亮式 PIN PD 的基本结构图。入射光经过增透膜,通过较薄的 P 区进入由本征层加宽的 PN 结区,在那里充分被吸收转化为电子空穴对,在内建电场与外电场的联合作用下迅速分离,电子向 N 区漂移、空穴向 P 区漂移实现光电流。图 3-6-10(b)是后端照亮式 PIN PD 的基本结构图。该结构与前端照亮式略不同的是,在电极附近加了一层重掺杂 N 型半导体,旨在提高电子的迁移特性,更好地完成光电流。应该注意到,重掺杂 N 型半导体的禁带宽度要比光子能量大,也就是说 N^+ 半导体层对于光子是透明的。

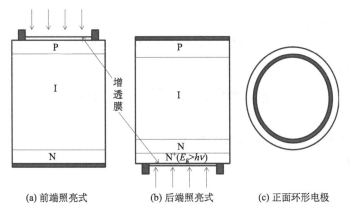

(a) 前端照亮式　　　　　(b) 后端照亮式　　　　(c) 正面环形电极

图 3-6-10　PIN 光电二极管结构

【例 3-6-2】某款 2CU 光电二极管，光敏面积为 $A = 2\text{mm} \times 2\text{mm}$，电流灵敏度为 $S_\text{I} = 0.6\mu\text{A}/\mu\text{W}$，结电容为 $C_\text{j} = 3.0\text{pF}$。信号光垂直照射其上，辐照度为 $E_\text{e} = 30 + 1.25\sin\omega t \left(\text{W/m}^2\right)$，按如图 3-6-11(a) 接线。电路图中 U_b 为电源电压，$C_0 = 2.0\text{pF}$ 为引线分布电容，电阻 $R_\text{b} = R_\text{L} = 125\text{k}\Omega$。

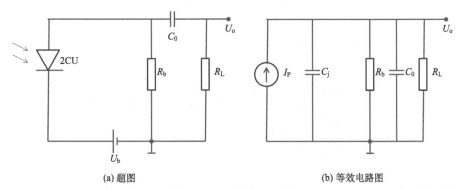

(a) 题图　　　　　　　　　(b) 等效电路图

图 3-6-11　例题 2-6-2 图

(1) 计算光电二极管的光电流；

(2) 试画出等效电路图；

(3) 计算低频输出电压的有效值。

解：(1) 光电流

$$I_\text{P} = S_\text{I} \cdot \left(A E_\text{e}\right) = 72 + 3.0\sin\omega t \ \left(\mu\text{A}\right)$$

光电流有直流分量与交流分量两部分，其中交流分量为

$$I_\text{PA} = 3.0\sin\omega t \ \left(\mu\text{A}\right)$$

(2) 设光电二极管比较理想，漏电阻 $R_\text{sh} = \infty$，引线、接触电阻 $R_\text{S} = 0$。等效电路图如图 3-6-11(b) 所示。

(3)线路总电容为

$$C = C_{\mathrm{j}} + C_0 = 3.0 + 2.0 = 5.0\mathrm{pF}$$

线路总电阻

$$R = \frac{R_{\mathrm{b}} R_{\mathrm{L}}}{R_{\mathrm{b}} + R_{\mathrm{L}}} = \frac{125 \times 125}{125 + 125} = 62.5\mathrm{k\Omega}$$

线路先将 C 与 R_{b} 并联，然后再与 R_{L} 并联。

线路总阻抗

$$Z = \frac{\dfrac{\dfrac{1}{\mathrm{j}\omega C} \cdot R_{\mathrm{b}}}{\dfrac{1}{\mathrm{j}\omega C} + R_{\mathrm{b}}} \cdot R_{\mathrm{L}}}{\dfrac{\dfrac{1}{\mathrm{j}\omega C} \cdot R_{\mathrm{b}}}{\dfrac{1}{\mathrm{j}\omega C} + R_{\mathrm{b}}} + R_{\mathrm{L}}}$$

由于 C_0 的存在，只有光电流的交流部分 I_{PA} 在 R_{L} 上有分流

$$I_{\mathrm{L}} = \frac{\dfrac{\dfrac{1}{\mathrm{j}\omega C} \cdot R_{\mathrm{b}}}{\dfrac{1}{\mathrm{j}\omega C} + R_{\mathrm{b}}}}{\dfrac{\dfrac{1}{\mathrm{j}\omega C} \cdot R_{\mathrm{b}}}{\dfrac{1}{\mathrm{j}\omega C} + R_{\mathrm{b}}} + R_{\mathrm{L}}} I_{\mathrm{PA}} = \frac{R_{\mathrm{b}}}{R_{\mathrm{L}} + R_{\mathrm{b}}} \cdot \frac{1}{1 + \mathrm{j}\omega RC} \cdot I_{\mathrm{PA}}$$

于是，输出电压

$$U_{\mathrm{o}} = I_{\mathrm{L}} R_{\mathrm{L}} = \frac{R_{\mathrm{b}} R_{\mathrm{L}}}{R_{\mathrm{L}} + R_{\mathrm{b}}} \cdot \frac{1}{1 + \mathrm{j}\omega RC} \cdot I_{\mathrm{PA}} = \frac{R}{1 + \mathrm{j}\omega RC} \cdot I_{\mathrm{PA}}$$

低频时

$$\omega \to 0, \quad U_{\mathrm{o}} \to R \cdot I_{\mathrm{PA}} = 0.188 \sin\omega t \ (\mathrm{V})$$

U_{o} 的有效值为

$$U_{\mathrm{oeff}} = \frac{U_{\mathrm{om}}}{\sqrt{2}} = \frac{0.188}{\sqrt{2}} = 0.133\mathrm{V} = 133\mathrm{mV} \ (注：U_{\mathrm{om}} 为最大输出电压)$$

雪崩光电二极管运用雪崩电离效应可得到放大的光电流。图 3-6-12 是一种常见的拉通型雪崩光电二极管(RAPD)的结构图。图 3-6-12(a)中的 π 区即近乎本征半导体的轻掺杂 P 区，设置器件边沿环形的 P 型掺杂(沟道截止环)目的是提高雪崩光电二极管的反向

耐压。由于采用扩散工艺制作的 N^+ 在边沿有一定弯曲，弯曲会造成相应的电场较大，这有可能导致该区域先于光电流传输区被击穿，于是设置沟道截止环加以阻止。图 3-6-12(b) 是 RAPD 实物图。拉通型雪崩光电二极管分 N^+-P-π-P^+ 四层结构，如图 3-6-13 所示。π 区很宽，是接近本征半导体的低掺杂区。开始时耗尽区并无贯通，当反向偏置电压增加到一定值时，耗尽区贯通成为一整体，即所谓的拉通型。光从左侧射入，主要在 π 区被吸收形成电子空穴对，电子空穴在外电场与内建电场的联合作用下漂移，电子向 N 区，空穴向 P 区加速运动,在电场强度达 10^5 V/cm 以上的 N^+P 结区加速更甚,在 N^+P 区域，载流子被电场加速到动能足够大，以至于它与晶格碰撞能导致晶格的二次电离，产生电子空穴对。二次电离的载流子又被迅速加速，再与晶格碰撞又导致更多的晶格电离出更多的电子空穴对，这种过程反复进行，实现载流子的雪崩放大，最后被电极接收形成放大的光电流。这种构型称 SAM(separate absorption multiplication)RAPD。光电转换区在π区，雪崩增益区在 N^+P 结区，两者分开。

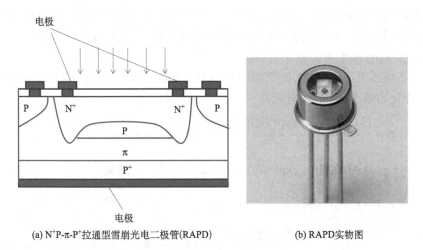

(a) N^+P-π-P^+拉通型雪崩光电二极管(RAPD)　　　(b) RAPD实物图

图 3-6-12　雪崩光电二极管

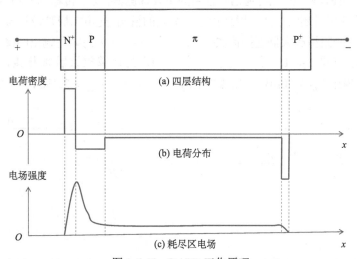

图 3-6-13　RAPD 工作原理

常见的雪崩光电二极管还有其他结构形式，如保护环型硅雪崩光电二极管（GAPD），分隔吸收区、梯度区、倍增区的雪崩光电二极管（SAGM APD）等。

我们可用倍增因子 M 来描述雪崩光电二极管对光电流的放大程度。

$$M = \frac{I}{I_0} = \frac{I_P + I_D}{I_{P0} + I_{D0}} \tag{3-6-7}$$

式中，I_0 为起始电流；I 为总输出电流；I_{P0} 为起始光电流；I_{D0} 为起始暗电流；I_P 为总输出光电流；I_D 为总输出暗电流。M 的平均值在 $10 \sim 500$ 左右，M 依赖于极间电压、增益区的厚度以及参与离化过程的电子与空穴之比。它可表达为

$$M = \frac{1}{1 - (U/U_B)^n} \tag{3-6-8}$$

式中，U_B 为击穿电压；U 为施加在 APD 上的电压；n 为经验常数。对于 Si，$n = 1.5 \sim 4$；对于 Ge，$n = 2.5 \sim 8$。

【例 3-6-3】一 APD PD，入射光反射率 $R = 3.0\%$，零点场厚度可以忽略，约为 0。耗尽层厚度 $W = 35\mu m$，入射光 $\lambda = 0.85\mu m$ 时，吸收系数 $\alpha = 7.0 \times 10^2 \text{cm}^{-1}$。

(1) 求该 APD 的非雪崩量子效率；

(2) 在某偏压下，该 APD 的平均增益为 $M = 100$。那么，此偏压下每入射 $1.0\mu W$ 的光功率会转化为多少 μA 的光电流？

解：(1) $\eta = \frac{P_0(1-R)[1 - \exp(-\alpha W)]}{P_0} = (1-R)[1 - \exp(-\alpha W)]$

$= (1 - 0.03)[1 - \exp(-7.0 \times 10^4 \times 35 \times 10^{-6})] = 0.886$

(2) $I_P = R_I M \cdot P = \frac{e\lambda}{hc}\eta M \cdot P$

$= \frac{1.6 \times 10^{-19} \times 0.85 \times 10^{-6}}{6.63 \times 10^{-34} \times 3.0 \times 10^8} \times 0.886 \times 100 \times 1.0 \times 10^{-6} = 6.1 \times 10^{-5}\text{A} = 61\mu A$

PIN PD 与 APD PD 是光纤通信中使用的主要探测器，由于传输到探测器时的光功率非常低，所以实际使用时还需与放大器连接才有有效的输出。光电二极管经常与双级型晶体管、场效应晶体管、跨阻型放大器连接构成接收端。图 3-6-14 为跨阻型输出的接线图。

【例 3-6-4】如图 3-6-15 所示，光电二极管与理想运算放大器 A 相接，$R_f = 1.2M\Omega$。未受光照时，输出 $U_{o1} = 30mV$，在照度 $E_{V2} = 100lx$ 下，$U_{o2} = 2.430V$。试求：

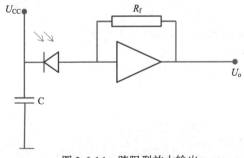

图 3-6-14 跨阻型放大输出

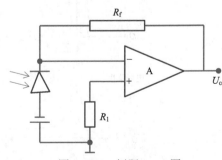

图 3-6-15 例题 3-6-4 图

(1)该光电二极管的暗电流;

(2)该光电二极管的电流灵敏度;

(3)若测得输出电压 $U_{o3} = 1.800\text{V}$,则此时照度 E_{V3} 是多少?

解:(1) $I_D = \dfrac{U_{o1}}{R_f} = \dfrac{0.030}{1.2 \times 10^6} = 2.5 \times 10^{-8}\,\text{A} = 0.025\mu\text{A}$

(2) $I_{P2} = I - I_D = \dfrac{U_{o2} - U_{o1}}{R_f} = \dfrac{2.430 - 0.030}{1.2 \times 10^6} = 2.0 \times 10^{-6}\,\text{A}$

电流灵敏度

$$S_I = \frac{I_{P2}}{E_{V2}} = \frac{2.0 \times 10^{-6}}{100} = 2.0 \times 10^{-8}\,\text{A} / \text{lx}$$

(3) $I_{P3} = \dfrac{U_{o3} - U_{o1}}{R_f} = \dfrac{1.800 - 0.030}{1.2 \times 10^6} = 1.475 \times 10^{-6}\,\text{A}$

此时照度

$$E_{V3} = \frac{I_{P3}}{S_I} = \frac{1.475 \times 10^{-6}}{2.0 \times 10^{-8}} = 73.75\text{lx}$$

光电二极管与雪崩光电二极管在实际应用中主要承担光纤通信的光信号检测任务。

3.7 电荷耦合器件

电荷耦合器件(charge coupled device,CCD)是一种大规模金属-氧化物-半导体 (metal oxide semiconductor,MOS)集成电路光电器件。自 20 世纪 70 年代由美国贝尔实验室的 Boyle 和 Smith 提出以来,CCD 因其独特性能而迅速发展,广泛应用于航天、遥感、工业、农业、天文及通信等军用及民用领域,尤其适用于以上领域中的图像传感技术。CCD 的基本结构单元是 MOS 电容器,它有存储电荷的能力。将若干个 MOS 单元连接在一起,加上输入、输出结构就构成 CCD。

3.7.1 MOS 单元的电荷存储能力

如图 3-7-1(a)所示是 CCD 的 MOS 结构单元。以 P 型硅为衬底,上面覆盖一层厚度约 120nm 的 SiO_2,再在 SiO_2 表面沉积一层金属电极构成 MOS 结构单元。金属是导体, SiO_2 是绝缘体,P 型硅是半导体。该单元具有存储电荷的能力。给金属电极加正电压 $+U_G$,P 型硅接地,于是,在电极下面的半导体中就建立一个电场,该电场排斥 P 型半导体中的自由空穴,以致在电极下面的半导体内出现载流子空穴的耗尽区。图 3-7-1(b)是 MOS 结构的能带图,在 P 型半导体本体中,费米能级接近价带顶,在耗尽区,能级以抛物线形式弯曲。U_G 越大,载流子耗尽区越深,能带弯曲越厉害。当电压 U_G 超过 MOS 晶体管的开启电压时,耗尽区的界面附近就处于深度耗尽状态,费米能级接近导带底,甚至进入导带。这是 N 型半导体的特征,称反型层。N 型半导体应该存在自由电子,于是,反型层有存储与吸引附近电子的能力,能力的大小可由势阱深度 ΔU 来表示。ΔU

越大，吸引电子电荷的能力越强。而 ΔU 取决于：①栅极电压 U_G，U_G 越大，势阱深度 ΔU 越深；②氧化层厚度，厚度越薄，势阱深度 ΔU 越深；③势阱中已有的电子电荷，已有的电子电荷越少，势阱深度 ΔU 越深。若维持 U_G 不变，则由于热激发产生的电子也会逐渐被吸到阱中，填满势阱。一般地，因热产生的电子迁移而形成的电流为暗电流。这种暗电流属于噪声。

CCD 单元工作在瞬态和深度耗尽状态。

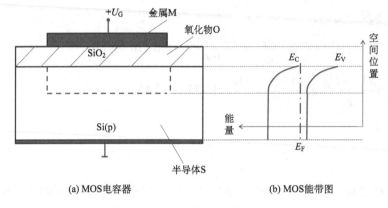

(a) MOS电容器　　　　　　　　　　　(b) MOS能带图

图 3-7-1　CCD 的 MOS 结构单元

3.7.2　电荷转移

在同一半导体衬底上涂覆一层氧化层并在其上制作许多相互靠近又相互绝缘的金属电极就构成一个 CCD 阵列，如图 3-7-2 所示。CCD 电极之间间隔不能太小，要保证它们之间电绝缘，CCD 电极之间间隔也不能太大，要保证它们同时加电压时下面的势阱接通。电极每隔两个接在相同的输电线上，如电极 1、4、7、10 等接在 ϕ_1 线上，电极 2、5、8、11 等接在 ϕ_2 线上，电极 3、6、9、12 等接在 ϕ_3 线上，正好将所有单元依次接入三条输电线 ϕ_1、ϕ_2、ϕ_3 上，此即三相 CCD。三相输入相同的时钟脉冲波形，但相位依次差 $\dfrac{2\pi}{3}$，如图 3-7-3 所示。t_1 时刻，ϕ_1 处于高电平，ϕ_2、ϕ_3 均在低电平；t_2 时刻，ϕ_1、ϕ_2 均处于高电平，它们电极下面的势阱打通，ϕ_3 处于低电平，ϕ_1 下面的势阱中的电荷包开始进入 ϕ_2 下面的势阱中；t_3 时刻，ϕ_1 处电平逐步走低，其下势阱的底部逐步抬高，ϕ_2 处于高电平，势阱最深，ϕ_1 下面的电荷包逐步灌入 ϕ_2 下面的势阱中，ϕ_3 在低电平无势阱无电荷包；t_4 时刻，ϕ_1 处于低电平，其下已无势阱无电荷包，ϕ_2 处于高电平，势阱最深，原先 ϕ_1 电极下面的电荷包已全部转移到 ϕ_2 下面的势阱中，ϕ_3 仍在低电平，其电极下面无势阱又无电荷包。经过 t_1、t_2、t_3、t_4，原先 ϕ_1 电极下面的电荷包全部转移到 ϕ_2 电极下面的势阱中。后面的时刻，将 ϕ_2 电极下面的电荷包再转移到 ϕ_3 电极下面的势阱。依此类推，电荷包从左端一步一步地转移到 CCD 阵列的右端。

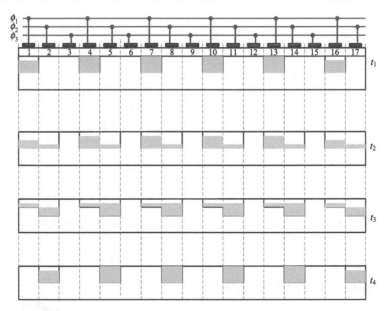

图 3-7-2　CCD 单元间的电荷迁移

拓展：

　　上述 MOS 结构属于表面沟道型结构。半导体中电势能的最低点位于氧化物与 P 型半导体界面处，由于表面缺陷态的存在，将不可避免地阻碍电荷转移，降低电荷的转移率与转移速度。若在 P 型半导体上先生长厚约 1μm 的 N 型半导体然后再制作氧化层与金属电极。给电极（栅极）加正电压，这时电势能的最低处就位于 PN 结的界面附近，离开氧化层一定距离，这明显减小了表面态的影响。这种结构称为体（掩埋）沟道型结构，它有较高的电荷转移率与转移速度。体沟道型 CCD 是当今 CCD 结构的主流。

　　CCD 的 MOS 结构形式多种多样，还有二相 CCD，这里就不赘述了。

3.7.3　电荷检测

　　电荷的测出方法有电流输出和电压输出两种，下面以电流输出为例加以说明。如图 3-7-4 所示，在 CCD 阵列的末端衬底上制作一个输出二极管。在输出二极管加上反向偏压，当给输出栅 OG 施加直流电压时，ϕ_3 电极下的电子电荷包就通过 OG 转移到输出二极管，形成电流 I_o，在负载 R_L 产生分压，然后在输出端输出电压 U_o。

3.7.4　信号电荷的注入

　　CCD 信号电荷的注入有两种方式：光信号注入和电信号注入。本书介绍光信号注入法。图 3-7-5 是背面光注入法的原理图。当 CCD 器件受光照射时，在栅极附近的半导体中产生电子空穴对，空穴被排斥进入衬底，而电子则被收集在势阱中（收集时间称为积分时间），形成信号电荷包，并存储起来。在相同的积分时间中，存储电荷的多少正比于照射的光强，从而可以反映图像的明暗花样，实现光信号与电荷信号之间的转换。如果用透明电极也可用正面光注入法。

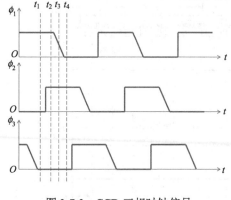

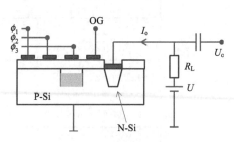

图 3-7-3　CCD 三相时钟信号　　　　　　图 3-7-4　CCD 电流输出端结构

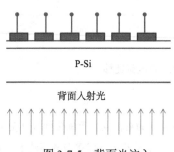

图 3-7-5　背面光注入　　　　　　图 3-7-6　线阵 CCD 实物图

3.7.5　线阵 CCD

CCD 器件含有信号输入元件、信号输出元件与移位寄存器阵列三部分。有些 CCD 器件还携带驱动控制电路。CCD 分线阵 CCD 与面阵 CCD。本书只介绍线阵 CCD，如图 3-7-6 所示。图 3-7-7 所示是线阵 CCD 的两种常见结构：单行结构与双行结构。在积分周期里，光敏元件感光，生成电子空穴对，空穴受栅极电场排斥至 P 型半导体中并最终进入电极，光生电子逐步在相应空间处的电极下面的半导体表面积累，所积累的电子电荷数量与入射光强成正比。在同一周期中，移位寄存器中的电荷在移位脉冲的作用下（如 3.7.2 节中描述的情况）向输出端移动并被检出（如 3.7.3 节中的描述）形成时序信号。在下个积分周期来临之时，给转移栅施加转移脉冲同时给移位寄存器施加电压，造成所有的移位寄存器与其对应的光敏元件势阱接通，将光敏单元电极下的电荷均转移到与之对应的移位寄存器中。转移栅脉冲结束，光敏单元的势阱与相应的移位寄存器的势阱间就被势垒所隔断。新的积分周期开始，光敏单元根据光强大小积累电荷，移位寄存器的电荷逐步向输出端移动并被检出形成相应的时序信号。

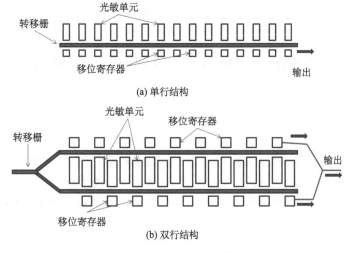

(a) 单行结构

(b) 双行结构

图 3-7-7　线阵 CCD 结构图

在 CCD 的双行结构中，光敏元件中的信号电荷分别转移到上下方的移位寄存器中。然后，在时钟脉冲的作用下向终端移动，在输出端交替合并输出。这种结构与长度相同的单行结构相比，可获得提高到 2 倍的分辨率。同时，由于转移次数减半，CCD 电荷转移损失大为减少。双行结构在获得相同效果情况下，又可缩短器件尺寸。由于这些优点，双行结构已成为线阵 CCD 图像传感器的主要结构形式。

3.7.6　用线阵 CCD 测量不透明线材直径

CCD 检测与成像技术已有许多应用。这里介绍一种用线阵 CCD 测量不透明线材直径的方法。

图 3-7-8 展示了用线阵 CCD 测定不透明细丝直径的光路图。图中 1 为光源，2、3 为一透镜组，其作用是将光源 S 发出的光进行扩束、准直为大通光孔径的平行光束。4 为被测的不透明细丝，它的直径 d 待测量。5 是成像透镜，6 为光阑，7 是光敏器件线阵 CCD，细丝的阴影在 CCD 所占的长度为 D，这是用 CCD 测定的物理量。8 是 CCD 输出的电压波形图。当成像透镜焦距为 f，透镜焦点到 CCD 之间距离为 L 时，有

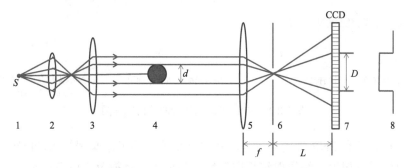

图 3-7-8　用线阵 CCD 测定不透明细丝直径

1-光源；2，3-透镜组；4-细丝；5-成像透镜；6-光阑；7-CCD；8-输出电压波形图

$$d = \frac{f}{L}D = \frac{D}{\beta} = \frac{a \cdot \Delta N}{\beta} \qquad (3\text{-}7\text{-}1)$$

式中，$\beta = \dfrac{L}{f}$ 是光学系统的放大倍数；a 是 CCD 单元的大小；ΔN 是测出的 CCD 单元脉冲的个数。

探究：

上述测量不透明细丝的方法称为投影放大法。这种方法常被用在不透明线材生产工艺的在线监测与自动控制方面。为了较好地运用此技术，分析误差、减小误差是必然的努力方向。试分析因光源发光不稳定、光平行程度不够高、线材在光轴方向振动、线材在垂直于光轴方向的振动对测量精度的影响。

3.8　其他光电子探测器

3.8.1　光敏三极管

光敏三极管又称为光敏晶体管。光敏三极管与一般晶体管很相似，具有两个 PN 结，如图 3-8-1 所示是 NPN 型光敏晶体管的结构原理图。它的基极一边做得很大，以扩大光的照射面积。如图 3-8-1(a) 所示是 NPN 光敏三极管的结构图，大多数光敏三极管的基极并无引线。当集电极加上相对于发射极为正的电压时(图 3-8-1(c))，集电结电压反向偏置。入射光射进基区及集电结，产生电子空穴对，在反向电场与集电结内建电场的作用下，电子向集电极漂移，空穴向基极漂移，随着基极空穴浓度的提高，实现发射结正偏。于是，电子就通过发射极大量扩散进入基区，因为基区较薄，所以大部分电子进入集电结，在内建电场与反向外电场联合作用下，向集电极运动形成放大的光电流。

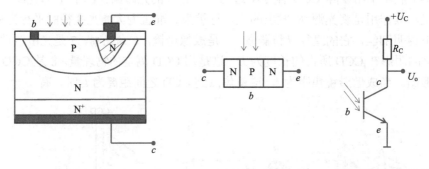

(a) NPN光敏晶体管结构图　　(b) NPN光敏晶体管原理图　　(c) NPN光敏晶体电路符号与基本接线图

图 3-8-1　NPN 光敏晶体管的结构原理图

光敏三极管还有 PNP 型的，工作时集电结反偏，其工作原理与 NPN 光敏三极管类似，给集电结反向偏置、给发射结正向偏置，实现光电转换及光电流的放大。光敏三极管是灵敏度较高的光探测器，其缺点是光电流与光功率的关系不呈线性关系。由于这个原因，光敏三极管一般用于开关电路与逻辑电路。图 3-8-2 是两种常见的开关电路：亮通光电控制电路与暗通光电控制电路。在图 3-8-2(a)中，无光照射时，光电三极管 GG 电流很小，R 上电压降就很小，也就是晶体三极管 BG 基极电位低，BG 处于截止状态。三极管 BG 集电极电流很小，继电器 J 不吸合；有光照射时，光电三极管 GG 有放大的光电流输出，该电流在电阻 R 上有大的电压降，对晶体三极管 BG 的基极提供高电位，于是 BG 导通，BG 集电极电流较大，继电器吸合。所谓的无光不通，有光就通，即亮通。在图 3-8-2(b)中，有光照射时，光电三极管 GG 有放大的光电流输出，该电流在电阻 R 上有大的电压降，对晶体三极管 BG 的基极提供低电位，于是 BG 截止，BG 集电极电流很小，继电器断开；无光照射时，光电三极管 GG 电流很小，R 上电压降就很小，也就是晶体三极管 BG 基极处于高电位，BG 处于放大工作状态。三极管 BG 集电极电流较大，继电器 J 吸合。这就是所谓的有光不通，无光就通，即暗通。

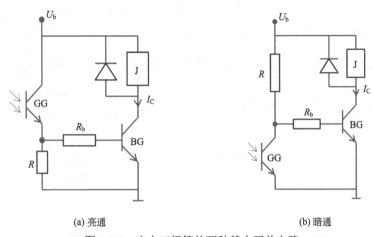

(a) 亮通　　　　　　　　　　　　　　　　　(b) 暗通

图 3-8-2　光电三极管的两种基本开关电路

【例 3-8-1】如图 3-8-3 所示，电源 $U_b = 12.0\text{V}$，3DU 光电三极管 GG 的电流灵敏度 $S_I = 1.5\mu\text{A/lx}$，电阻 $R_L = 51\text{k}\Omega$，$R_C = 1.0\text{k}\Omega$，$R_b = 510\text{k}\Omega$，硅晶体管 BG 的电流放大倍数 $\beta = 120$。若光电三极管受光照度 $E_V = 100\text{lx}$，试计算：(1) I_P；(2) U_o。

解：(1) $I_P = S_I E_V = 1.5 \times 10^{-6} \times 100 = 1.5 \times 10^{-4}\text{A} = 0.15\text{mA}$

(2) 晶体管 BG 的基极电流为

$$I_b = \frac{I_P R_L - 0.7}{R_b} = \frac{1.5 \times 10^{-4} \times 51 \times 10^3 - 0.7}{510 \times 10^3} = 1.36 \times 10^{-5}\text{A}$$

$$U_o = U_b - I_C R_C = 12.0 - 120 \times 1.36 \times 10^{-5} \times 1.0 \times 10^3 = 10.37\text{V}$$

【例 3-8-2】某光电三极管的光敏面积 $A = 5.0\text{mm}^2$，其伏安特性曲线如图 3-8-4 所示。若照射在该光电三极管的光照度满足 $E_V = 80 + 60\sin\omega t\,(\text{lx})$，光电三极管接线如图 3-8-1(c)所示，欲使集电极输出电压 U_o 是不小于 $U = 4.0\text{V}$ 的正弦交流信号，试确定电阻 R_C、电压 U_C 的值，指出该探测器的电流响应率。

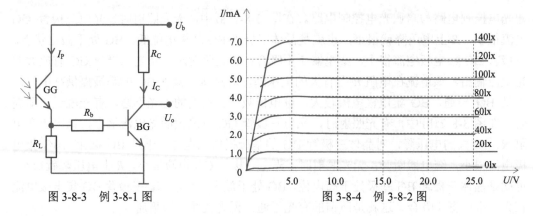

图 3-8-3　例 3-8-1 图　　　　　　　　图 3-8-4　例 3-8-2 图

解：$E_{V\max}=140\text{lx}$、$E_{V\min}=20\text{lx}$。集电极电压变化量 $U_{ce}=2\sqrt{2}U=11.3\text{V}$，电压变化范围 $5.0\sim16.3\text{V}$。过点 $A(5.0\text{V},7.0\text{mA})$、$B(16.3\text{V},1.0\text{mA})$ 作直线得负载线，如图 3-8-5 所示。也可以用两点法建立直线方程 $U=18.2-1.88\times10^3 I$。电阻 $R_C=\dfrac{\Delta U}{\Delta I}=1.88\times10^3\Omega$，

令 $I=0$，得 $U_C=18.2\text{V}$。电流响应率 $R_I=\dfrac{\Delta I}{A\Delta E_V}=\dfrac{(7.0-1.0)\times10^{-3}}{5.0\times10^{-6}\times(140-20)}=10.0\text{A/lm}$。

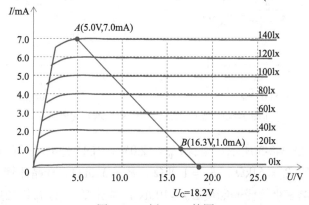

图 3-8-5　例 3-8-2 答图

3.8.2　四象限探测器

将四个光谱响应相同的探测元按平面四个象限布置的探测器称为四象限探测器，如图 3-8-6 所示。1、2、3、4 四个探测敏感单元一模一样，若有微小差别，则通过相应的前置放大器调节到相同的光照引起相同的输出。

当光斑落在探测平面上时，输出

$$u_x=\frac{(u_1+u_4)-(u_2+u_3)}{u_1+u_2+u_3+u_4}\propto x \qquad (3\text{-}8\text{-}1\text{a})$$

$$u_y=\frac{(u_1+u_2)-(u_3+u_4)}{u_1+u_2+u_3+u_4}\propto y \qquad (3\text{-}8\text{-}1\text{b})$$

四象限探测器应用时，光斑不能太小。因为光斑太小时，光斑落在象限之间的过渡区（死区）时将无输出。当光斑全部落在一个象限时，输出信号无法揭示光斑的具体位置。

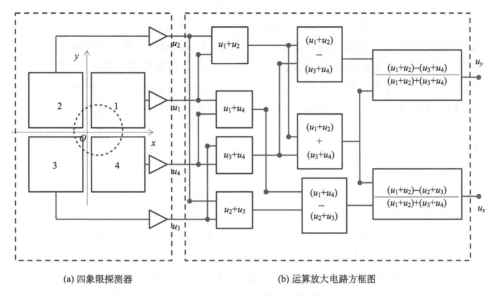

(a) 四象限探测器　　　　　　　　　　(b) 运算放大电路方框图

图 3-8-6　四象限探测器结构图

　　四象限探测器主要应用于激光准直、跟踪、定位等领域。图 3-8-7 所示为四象限探测器在光驱中的应用。光盘在旋转过程中会出现上下振动的现象，这对激光头的工作是不利的。因此，必须有伺服机构来控制激光头对光盘位置的跟随，始终保持激光头相对光盘的位置固定不变。差动法焦点误差检测是获取光盘位置信息的重要方法。光路图见图 3-8-7，光盘位于物镜的焦点上，物镜上方是收束透镜，其作用是明显弯折光线。在收束透镜上方是圆柱透镜，纸面平面内为矩形上边长由圆弧取代而组成的平凸透镜，使纸面内（水平方向）传输的光线再一次弯折；在垂直于纸面方向（垂直方向）是个平板，光线不产生进一步的弯折。在圆柱透镜上方的中心位置放置四象限光电探测器。四个相同的光电二极管按 1、3 象限与 2、4 象限的角平分线作为分界线布置。当光盘恰位于物镜的焦点位置时，从光盘上反射出的光线，经过物镜、收束透镜、圆柱透镜后，水平方向的光线会聚于光电检测面的前面，垂直方向的光线会聚于光电检测面的后方，前后位置相对光电检测面对称，于是在四象限探测器的光斑为位于中心位置的对称的近似圆斑，经

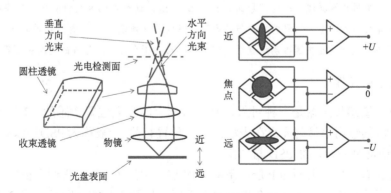

图 3-8-7　差动法焦点误差检测原理

过直差输出恰为 0。若光盘瞬间靠近物镜，则水平光线交点与垂直方向交点均会后移，其结果引起光斑在水平方向收缩，垂直方向增宽，经四象限探测器测量直差出现正值输出，直差值越大光盘相对焦点的偏离越大。同理，若光盘瞬间远离物镜，则水平光线交点与垂直方向交点均会前移，其结果是引起光斑在水平方向增宽，垂直方向收缩，经四象限探测器测量直差出现负值输出，直差值越大，光盘相对焦点的偏离越大。

思考：
直差法的计算方法能采用式(3-8-1)吗？
拓展：
　　四象限探测器在准直、定位、跟踪方面有着广泛的应用。下面以激光半主动寻的导弹系统加以说明。所谓半主动，是指导弹本身不发射激光，激光束（可编码）是由别的载体发射并指向目标物的。如图 3-8-8(a)所示，激光半主动寻的导弹主要由制导系统、战斗部与控制执行部组成。制导系统搜索、收集、探测从目标物上漫反射回来的激光，将探测到的信号进行计算、分析、判断形成指令，并发送至控制执行部。控制执行部采用折叠弹翼、折叠尾翼、向一定方向（横向与后向）喷气等方式改变导弹的飞行姿态、调整飞行速度方向、提高飞行速度大小，使导弹快速命中目标物。战斗部藏有火药，导弹碰撞目标物触动引信将点燃爆炸。导弹制导系统主要由位标器与电子舱组成，如图 3-8-8(b)所示。位标器由整流罩、伞形光阑、支撑透镜、视场光阑与滤波器、反射镜、光电子探测器（四象限探测器）等组成。其中，整流罩被固定在导弹壳上，其作用是减小气流阻力、保护制导系统，通过、会聚激光信号，矫正光学系统的像差。伞形光阑进一步收集激光信号，空间滤波去除杂散噪声光信号，让尽可能多的光信号（包括中心孔通过的以及反射镜反射的光）通过，将光信号传向支撑透镜。支撑透镜将光进一步会聚到光电探测器光敏面上。在支撑透镜与光敏元件之间插入视场光阑与窄带带通滤波器，视场光阑进一步空间滤波，让光信号在中间小孔通过，窄带带通滤波器选择激光频率的光通过，滤除其他频率的光，提高光信号的信噪比。四象限探测器被固定在陀螺仪中不转的内环上，其光敏面的法线位于导弹方向上，也就是导弹飞行方向。位标器中的伞形光阑、支撑透镜、视场光阑与滤波器、反射镜等一起被固定在陀螺仪的转子上，或者说，它们是陀螺仪转子的一部分。陀螺仪转子的转轴（即角动量方向）可在一定角度范围内变化，这也是寻的的必要条件。陀螺仪转子转轴的方向也就是目标物的方向。进入视场光阑照射到四象限探测器光敏面上的激光形成一个光斑，光斑的直径大约是光敏面直径的一半。可由四象限探测器测出的电信号 u_1、u_2、u_3、u_4，通过式(3-8-1)计算出光斑中心的位置 x、y，进一步计算可得入射激光信号的方向与导弹飞行方向的夹角 θ_x、θ_y。这一切计算分析均可通过制导系统电子舱中的电子设备快速准确地进行，相关结论形成指令传送到导弹的控制执行部。

3.8.3　位置敏感元件

　　光电位置敏感传感器是一种对入射到光敏面上的光点位置敏感的 PIN 型光电二极管，面积较大，其输出信号与光点在光敏面上的位置有关。一般称为 PSD（position sensitive detector），通常可分为一维 PSD 与二维 PSD。
　　PSD 包含有三层，上面为 P 层，下面为 N 层，中间为 I 层，它们全被制作在同一硅片上，P 层既是光敏层，也是一个均匀的电阻层，如图 3-8-9(a)所示。图 3-8-9(b)是一维 PSD 的实物图。当不太大的光斑投射到离光敏面中点 x 处，在该处就产生电子空穴对，电子迅速向 I 区扩散，在反向电场的作用下向电极 3 运动形成电流 I，而空穴则在 P 型层内向两侧移动形成电流 I_1、I_2，并且 I_1、I_2 的值与对应电阻成反比。此现象被称为横向光电效应。根据电阻定律，电阻 R_1、R_2 与 P 型半导体的长度 $(L-x)$ 与 $(L+x)$ 成正比。于是，就有简单关系

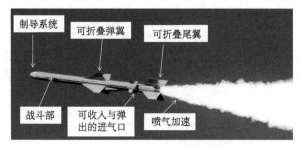

(a) 半主动激光导弹的主要结构

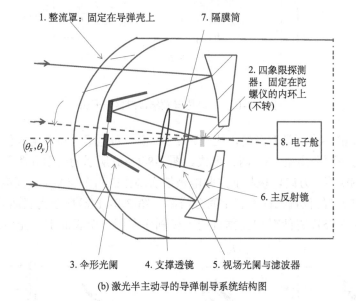

(b) 激光半主动寻的导弹制导系统结构图

图 3-8-8　激光半主动导弹工作原理

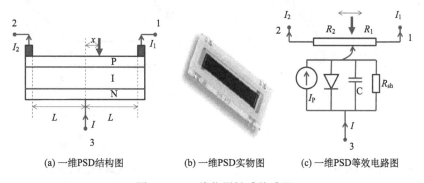

(a) 一维PSD结构图　　　(b) 一维PSD实物图　　　(c) 一维PSD等效电路图

图 3-8-9　一维位置敏感传感器

$$I_1 R_1 = I_2 R_2$$

上式可化为

$$I_1(L-x) = I_2(L+x) \tag{3-8-2}$$

所以

$$x = \frac{I_1 - I_2}{I_1 + I_2} L \tag{3-8-3}$$

根据式(3-8-3)，我们可以构建如图 3-8-10 所示方框图，布置相应的电路来实现对光点位置的测定。图 3-8-9(c)是一维 PSD 的等效电路图。结电容 C 的大小与 PSD 器件的响应速度相关联。

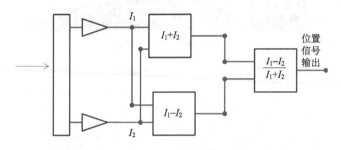

图 3-8-10　一维位置敏感传感器方框图

二维 PSD 的感光面是方形的，比一维 PSD 多一对电极，按其电极位置可分为两面分离型 PSD 与表面分离型 PSD 两种形式。图 3-8-11(a)所示为两面分离型 PSD 的结构。这种形式的 PSD 将 x 方向电极与 y 方向电极依次制作在两个层面上，其电流分路少，灵敏度较高，有较高的位置线性度和空间分辨率。图 3-8-11(b)所示为表面分离型 PSD 结构。表面分离型 PSD 将两对相互垂直的电极制作在同一个表面上，光电流在同一电阻

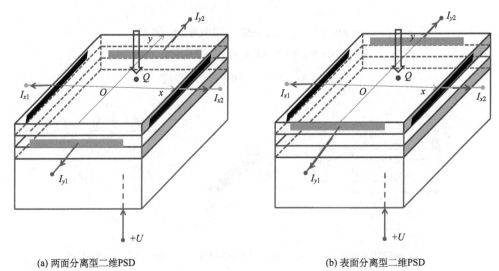

(a) 两面分离型二维PSD　　　　　　　　　　　(b) 表面分离型二维PSD

图 3-8-11　二维 PSD 结构

层内被分成 4 部分。表面分离型 PSD 具有施加偏压容易、暗电流小和响应速度快等优点。上述两种结构的二维 PSD 的入射光点 Q 的位置由下式计算：

$$x = \frac{I_{2x} - I_{1x}}{I_{x1} + I_{x2}}L, \quad y = \frac{I_{y2} - I_{y1}}{I_{y1} + I_{y2}}L \tag{3-8-4}$$

思考：

位置敏感探测器与四象限探测器相比有哪些优点？

拓展：

研究结果表明，上述 PSD 测定位置的结果具有一定的系统误差。在中心附近测量结果比较准确，离中心越远系统误差越大。或者说，远离中心时将出现较大的非线性效应。1969 年，Gear 指出：若在无限大的平板薄膜电阻上挖去半径为 a 的圆，当设置圆周上单位长度的电阻阻值 R 等于方块电阻阻值 $r_□$（设电阻率为 ρ，薄膜厚 w，则 $r_□ = \dfrac{\rho}{w}$）除以半径 a 时，即

$$R = \frac{r_□}{a} \tag{3-8-5}$$

成立时，则在圆外，电流密度均匀的电流沿该挖去孔的无限大平面薄膜表面流动的情况与完整的无限大薄膜电阻上的流动是相同的。换句话说，当电流密度均匀的电流沿无限大平面薄膜电阻表面流动时，若前方遭遇圆弧形边界，只要在圆弧上单位长度电阻满足式 (3-8-5) 时，该边界就不会对平面上的电流分布产生影响，如图 3-8-12(a) 所示。利用这一点，人们设计了能消除边缘非线性效应的枕形位置敏感探测器，如图 3-8-12(b) 所示。该结构也称改进的表面分离型 PSD 结构。坐标的计算公式如下：

$$x = \frac{(I_1 + I_2) - (I_3 + I_4)}{I_1 + I_2 + I_3 + I_4}L, \quad y = \frac{(I_2 + I_3) - (I_1 + I_4)}{I_1 + I_2 + I_3 + I_4}L \tag{3-8-6}$$

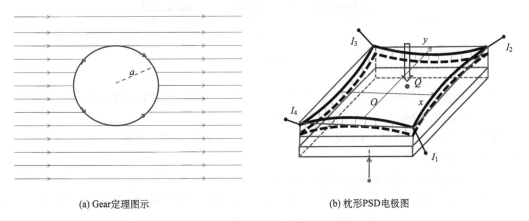

(a) Gear定理图示　　　　　　　　　(b) 枕形PSD电极图

图 3-8-12　改进的表面分离型 PSD 结构

位置敏感探测器对入射光点的位置非常敏感，具有分辨率高、响应速度快、信号处理简单等优点，在精密尺寸测量、三维空间定位、兵器制导与跟踪等许多方面均有广泛的应用。

习 题 3

3-1. 什么是半导体的本征吸收？它主要有什么特点？说明由测定本征吸收边来确定间接带隙半导体禁带宽度的方法。

3-2. 设半导体自由电子的有效质量为 m_e^*、自由空穴的有效质量为 m_h^*，并设价带顶附近与导带底附近的电子能级波矢表达式满足抛物线关系，吸收系数 α 与单位体积中电子态密度成正比。试推算竖直跃迁的吸收系数与光子能量间的关系式。

3-3. 试简述声子在间接带隙半导体本征吸收中的作用。如题图所示是半导体 Ge 在 77K 与 300K 的吸收光谱，此图说明了什么？

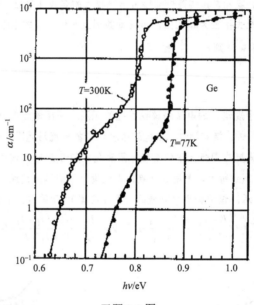

习题 3-3 图

3-4. 试描述光探测器的响应度与波长的关系，指出存在长波限的原因。某探测器在波长 1530nm 处的电流响应度为 0.8A/W，则其量子效率为多少？

3-5. 在透镜光学系统中，调制盘放在什么位置？光电敏感元放在什么位置？反射光学系统相对透镜系统有什么优点？

3-6. 什么是浸没透镜？它在光电探测系统中起什么作用？

3-7. 假定 G、H 不变，光功率吸收率为 α，若从 $t=0$ 开始，热敏电阻受到恒定光功率 P_0 照射，不考虑衬底的温度改变，试计算电阻增量随时间的变化过程。若某热敏电阻光探测器的 $\alpha=0.95$、电阻温度系数 $\alpha_T = -3.0 \times 10^{-3} \mathrm{K}^{-1}$，导热系数 $G = 5.0 \times 10^{-6} \mathrm{W/K}$，热容 $H = 5.5 \times 10^{-9} \mathrm{J/K}$，$R = 1.0 \mathrm{M\Omega}$。试计算：

(1) 热特征时间常数 τ_T；

(2) 电阻灵敏度 ($\Delta R/\Delta P$)。

3-8. 热敏电阻的结构图如题图所示，试依次指出图中(1)(2)(3)所对应的部件名称及相应的作用。设某热敏电阻 NTC 的阻值 R 随温度的变化关系为 $R(T) = R(25)\exp\left[B\left(\dfrac{1}{T}-\dfrac{1}{298}\right)\right]$，$R(25)$ 是 25℃ 时的阻值为 300Ω，$B=3000\text{K}$，导热系数 $G=3.5\times10^{-3}\text{W/K}$，光能吸收率 $\alpha=1.0$。则求在 25℃，光功率从 0 突变到恒定值 1mW 所对应阻值的变化。

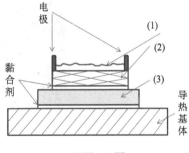

习题 3-8 图

3-9. 某 LATGS 热释电器件的数据为：敏感面面积 $A=3.1\text{mm}^2$，热释电系数 $3.0\times10^{-8}\text{C}\cdot\text{cm}^2/\text{K}$，光吸收率 $\alpha=0.99$，辐射调制频率 $f=10\text{Hz}$，热传导系数 $G=7.0\times10^{-3}\text{W/K}$，热容 $H=2.5\times10^{-5}\text{J/K}$，电路负载电阻 $R=7.0\text{M}\Omega$，等效电容 $C_d=20\text{pF}$。试求该器件的电路衰减常数 τ_{RC}、热特征时间常数 τ_T、电压响应率 R_V 与电流响应率 R_I。

3-10. 真空光电管主要由哪几部分组成？各部分作用如何？试从灵敏度、线性度与响应时间三个方面来比较充气光电管与真空光电管的特点。

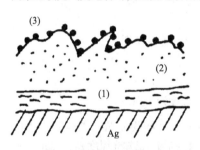

习题 3-11 图

3-11. 如题图所示是银氧铯光电阴极的结构图，试指出图中(1)(2)(3)位置的物质名称，并说明元素 Cs 的特点。指出传统实用光电阴极演化进程。结合 W. E. Spicer 光电发射"三步模型"理论解释负电子亲和势光电阴极更易发射电子的道理。

3-12. 光电倍增管主要由哪几部分组成？各部分的作用又如何？

3-13. 若某光电倍增管的光电阴极的量子效率为30%，入射到光电倍增管的光波长为380nm，光电倍增管每秒接收到的辐射能为 $4.5\times10^{-12}\text{J}$，电流增益为 3.0×10^6，则可测得阳极电流为多少？该光电倍增管的阴极灵敏度与阳极灵敏度分别是多少？

3-14. 设入射到光电倍增管上的最大光通量为 $\phi_M=1.2\times10^{-5}\text{lm}$ 左右。该 PMT 的倍增极级数为 8 级，阴极为 Cs_3Sb 材料，其灵敏度为 $S_K=4.0\mu\text{A/lm}$。该光电倍增管的倍增极也是 Cs_3Sb 材料。若要求入射光通量在 $\phi=6.0\times10^{-6}\text{lm}$ 时的输出电压幅度不低于 0.2V。

(1)假设 $R_L=82\text{k}\Omega$，试设计该 PMT 的变换电路；

(2)若供电电压的稳定度只能做到 0.01%，试回答该 PMT 变换电路的输入信号的稳定度最高能达到多少？

3-15. 如题图所示是光敏电阻芯片的两种常见结构：蛇形结构与梳状结构。它们的共同特征是什么？为什么要这样？已知 CdS 光敏电阻的最小功耗为 40mW，光电导灵敏度 $S_g=0.6\times10^{-6}\text{S/lx}$，暗电导 $g_0=0$，若给 CdS 光敏电阻加偏置电压 24V。求此时入射到 CdS 光敏电阻上的极限照度为多少勒克斯？

3-16. 如题图所示，光敏电阻 R 阻值为 $R_L=2\text{k}\Omega$ 的负载与输出电压为 $U_{CC}=12\text{V}$ 的直流电源构成回路。无光照射光敏电阻时，负载输出电压为 $U_{o1}=10\text{mV}$；有光照射光敏电阻时，负载输出电压为 $U_{o2}=4.0\text{V}$。试求：

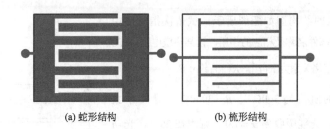

(a) 蛇形结构　　　　　　(b) 梳形结构

习题 3-15 图

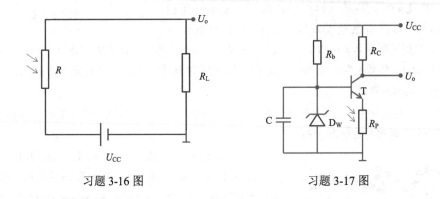

习题 3-16 图　　　　　　　　　　　　习题 3-17 图

(1)该光敏电阻的暗电阻与亮电阻;

(2)若该光敏电阻的电导灵敏度 $S_g = 5.6 \times 10^{-6} \text{S} / \text{lx}$ ，则该光的照度为多少?

3-17. 如题图，偏置电压 $U_{CC} = 12.0\text{V}$ ，稳压管电压 $U_W = 6.0\text{V}$ ， $R_C = 500\Omega$ ， R_P 为光敏电阻，NPN 硅晶体管的电流放大倍数大于 80 倍。光敏电阻在 $100 \sim 600\text{lx}$ 的 γ 值为常数。已知光照度 $E_{V1} = 250\text{lx}$ 时，输出电压 $U_{o1} = 10.0\text{V}$;光照度 $E_{V2} = 500\text{lx}$ 时，输出电压 $U_{o2} = 8.0\text{V}$ 。试求:

(1) γ 值与光电导灵敏度;

(2)当输出电压 $U_{o3} = 8.5\text{V}$ 时，光照度 E_{V3} ;

(3)当光照度 $E_{V4} = 550\text{lx}$ 时，输出电压 U_{o4} 。

3-18. 在温度为 27℃ 时，某 2CR 硅光电池的感光面积为 $A = 50\text{mm} \times 50\text{mm}$ ，辐照度 $E_{e1} = 100\text{mW/cm}^2$ 时，开路电压 $U_{OC1} = 440\text{mV}$ ，短路电流 $I_{SC1} = 5.0\text{mA}$ 。试求辐照度降为 $E_{e2} = 70\text{mW/cm}^2$ 时，该光电池的开路电压 U_{OC2} 与短路电流 I_{SC2} 。

3-19. 如题图所示是同质结光伏探测器的模型，探测器感光面积为 A ，半导体的折射率 $n = 3.5$ ，吸收系数均为 α ，入射光首先进入 P 区，厚度为 d(零点场厚度)，然后再进入厚度为 W 的载流子耗尽区，最后进入 N 区。只考虑光的单程传输，若进入耗尽区的吸收有 100%的光生载流子产生。

(1)试表达该模型的量子效率;

(2)计算吸收系数 $\alpha = 2.0 \times 10^3 \text{cm}^{-1}$ 时的量子效率数值;

(3)若采取措施，减小反射率至 $R_1 = 1.0 \times 10^{-3}$ ，减小零点层厚度至 $d_1 = 0.050\mu\text{m}$ ，增加载流子耗尽区的厚度至 $W_1 = 10.0\mu\text{m}$ ，则量子效率又为多少?

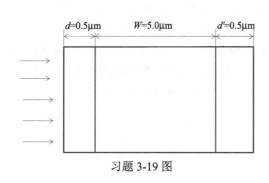

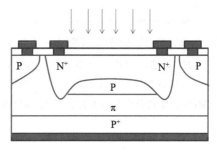

N⁺PπP⁺拉通型雪崩光电二极管(RAPD)

习题 3-19 图   习题 3-20 图

3-20. 如题图所示为拉通型雪崩光电二极管的常见构型。试指出拉通的意义、图中 π 区的特点与作用。指出雪崩区的结区位置。沟道截止环的作用是什么?

3-21. 试指出 CCD 的 MOS 结构中 M、O、S 的意义,并在题图中画出耗尽层中价带顶与导带底的能级,注明反型层的位置,说明为什么它具有储存电荷的能力,分析影响该能力的因素。

3-22. 在题图(a)中电极 U_{G1}、U_{G2} 上依次加上高电平与低电平,在题图(b)中电极 U_{G1}、U_{G2} 上依次加上中电平与高电平,在题图(c)中电极 U_{G1}、U_{G2} 上依次加上低电平与高电平,画出势阱的形式并讨论电子电荷的迁移方式。

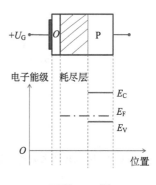

习题 3-21 图

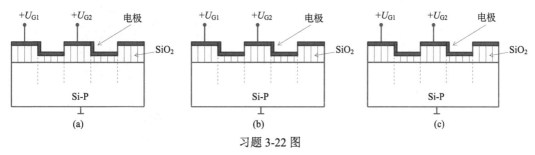

习题 3-22 图

3-23. 如题中光路图,若成像透镜焦距为 300mm,焦点离 CCD 距离为 897mm,CCD 像素单元长 14μm,阴影区占 122 个像素单元。试求细丝直径 d。

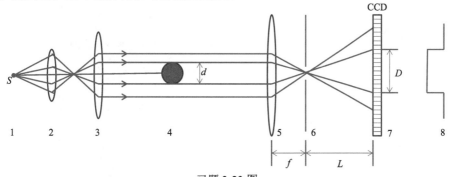

习题 3-23 图

3-24. 如题图，电源电压 $U_C = 24.0V$，电阻 $R_C = 40k\Omega$。若光照度为 $E_V = 120lx$ 时，光敏三极管的电流灵敏度 $S_I = 2.5\mu A/lx$，则输出电压 U_o 为多少？若照度再变大，输出电压如何变化？

3-25. 如题图，GG 为被置于室外的光电三极管，L 为室内灯珠。室外无光照射光电三极管 GG 时，室内灯珠是否发光？当 R_b 滑动端向右移动时，灯珠发光状态如何变化？若室外有较强光照射光电三极管 GG 时，室内灯珠是否发光？当 R_b 滑动端向右移动时，灯珠发光状态又如何变化？

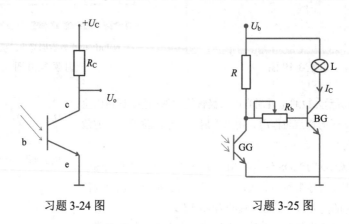

习题 3-24 图   习题 3-25 图

3-26. 试比较四象限探测器与位置敏感探测器测定光斑位置的优缺点。

第4章 光发射器件

光发射器本质上就是光源。传统光源主要用于照明，如白炽灯、卤钨灯、钠灯、汞灯、荧光灯等。自从激光器发明以后，出现了各种各样的激光器，如氦氖激光器、二氧化碳激光器、氩离子激光器、红宝石激光器、YAG 激光器等，它们提供相干光。本章主要介绍半导体光源与光纤光源。

4.1 光发射材料

4.1.1 光发射与光吸收之间的关系

光发射的全过程可分两步：首先是激发，然后是发射。物体获得热能、受高能粒子撞击、受到光的照射等均会引起物体中的电子跃迁至激发态。处于激发态的电子会向较低能级跃迁，当电子跃迁前后的能级差以光的形式释放时，就发生光发射。通常光发射分为两种：荧光和磷光。物体受激后发光的持续时间小于 10^{-8}s 的，称为荧光；外来激发停止后物体继续发光的时间大于 10^{-8}s 的，称为磷光。

根据固体的能带结构，固体光发射大致可分为 3 类过程，如图 4-1-1 所示。①带间跃迁、本征跃迁：即图 4-1-1 中的 a、b、c 过程，电子从导带向价带的跃迁过程，或者导带中的电子与价带中的空穴相遇复合发光。此类发光过程有个特点，即存在一个长波限 λ_0。

$$\lambda \leqslant \lambda_0 = \frac{hc}{E_g} \tag{4-1-1}$$

式中，h 为普朗克常量；c 为真空中的光速；E_g 是禁带宽度。②非本征跃迁：如图 4-1-1 中的 d、e、f、g 过程。包括激子的复合过程(d)、能带和杂质能级之间的跃迁(e、f)、施主到受主的跃迁(g)。③带内跃迁：如图 4-1-1 中的 h、i 过程。导带内电子从较高能级向同带中的较低能级跃迁(h)或价带内电子从较高能级跃迁到同带中的较低能级(i)，因为此类过程的光辐射波长很长，我们暂且不作讨论。

从微观上看，光吸收过程与光发射过程是行进方向相反的过程，光吸收由吸收系数反映，光发射可由电子空穴的辐射复合率来反映。热平衡时，单位时间内因吸收光子产生的电子空穴对数目等于单位时间内因电子空穴相遇辐射复合的电子空穴对的数目，可写为

$$R(\nu)\mathrm{d}\nu = \frac{8\pi\alpha(\nu)\nu^2 n^2}{c^2} \frac{1}{\exp\left(\dfrac{h\nu}{k_B T}\right) - 1}\mathrm{d}\nu \tag{4-1-2}$$

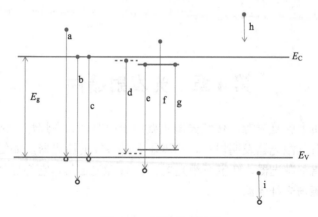

图 4-1-1　固体发光过程

式中，$R(\nu)\mathrm{d}\nu$ 为单位时间内因电子空穴相遇辐射复合的电子空穴对数目，对应光发射频率 $\nu\sim\nu+\mathrm{d}\nu$；$\alpha(\nu)$ 为与频率相关的光吸收系数；n 为光的折射率。上式称罗斯布莱克-肖克莱关系。此式反映的本质是在吸收光谱的峰值附近往往存在一个发射光谱峰值。这对实验上寻找发射光谱峰值是有利的。因为光发射除了与物质的能态结构有关外，还与激发过程有关。有了罗斯布莱克-肖克莱关系，我们可以根据物质的吸收光谱，精巧地设计激发过程，寻找发射光谱的峰值位置。对于间接带隙半导体，首先它在禁带宽度附近的吸收系数比较小，因而可以推测电子空穴对的辐射复合率也较小，因此，直接利用间接带隙半导体来制作带间发光器件是不成功的。

设电子空穴对辐射复合的平均寿命为 τ_{r}，非辐射复合的平均寿命为 τ_{nr}，则我们可以定义辐射效率 η_{r}

$$\eta_{\mathrm{r}}=\frac{1/\tau_{\mathrm{r}}}{1/\tau_{\mathrm{r}}+1/\tau_{\mathrm{nr}}}=\frac{1}{1+\tau_{\mathrm{r}}/\tau_{\mathrm{nr}}} \tag{4-1-3}$$

显然，一个好的发光器件，必须增加辐射复合的概率，减小 τ_{r}；减少非辐射复合的概率，增加 τ_{nr}。理想的发光器件，$\tau_{\mathrm{r}}/\tau_{\mathrm{nr}}\to0$，辐射效率 $\eta_{\mathrm{r}}\to1$。

4.1.2　半导体发射光谱的特点

载流子带间辐射复合是选择直接带隙半导体作为发光材料的主要依据。如常见的砷化镓（GaAs）、磷化铟（InP）、氮化镓（GaN）、铟镓砷磷（InGaAsP）、碳化硅（SiC）均属于直接带隙半导体。对于直接带隙半导体，由于其吸收系数 $\alpha(\nu)$ 很大，因此，与 $\alpha(\nu)$ 成正比的辐射强度也很强。由于在吸收边附近的吸收系数实际按指数衰减，故与之对应的发射光谱也出现一个低能尾。发射光谱的高能尾与温度有关，因为非平衡载流子占有较高能态的概率随温度的上升而增加。实验证明，直接带隙半导体的发射光谱有如下特点：①存在一个低能阈值，可由式(4-1-1)确定。②发射光谱的峰值位置在 $E_{\mathrm{g}}+k_{\mathrm{B}}T$ 附近，研究结果表明，直接带隙导带中的电子密度在 $E_{\mathrm{C}}+\frac{1}{2}k_{\mathrm{B}}T$ 处出现极大值，价带中的空穴密

度在 $E_V - \dfrac{1}{2}k_B T$ 处出现极大值,于是导带中电子向价带跃迁的峰值将位于 $E_g + k_B T$ 附近。
③发射光谱的光谱半宽度约为 $2.5k_B T \sim 3.0k_B T$。④随着掺杂浓度的增加,发射光谱峰值
向低能方向移动。重掺杂时,由于杂质浓度增加厉害时,杂质波函数重叠引起杂质能级
分裂成杂质带,杂质带与半导体能带交叠,此种情况下也会引起峰值向低能方向移动。
⑤随着注入电流的增加,峰值也向低能方向移动。

　　优质半导体发光材料必须满足:①有合适的禁带宽度;②能获得电导率高的 P 型和
N 型晶体,可制作优良的 PN 结;③载流子发光复合概率大;④可获得完整性好的优质
晶体,晶体的不完整性附带了晶格缺陷与杂质,这些会缩短非辐射复合载流子的寿命,
从而降低辐射效率。这是制作高效发光器件的必要条件。经过长期研究,人们发现一些
三元、四元混合晶体具有上述优良的特点。尤其,它们的禁带宽度还可随物质成分连续
可调,这给发光器件的设计带来了新的活力。如三元直接带隙半导体砷化铝镓
($Al_x Ga_{1-x} As$)的带隙为

$$E_g(x) = 1.424 + 1.247x \quad (\text{eV}) \qquad 0 \leqslant x < 0.45 \tag{4-1-4}$$

式中,x 表示三元混晶砷化铝镓中含有砷化铝的份额。四元直接带隙半导体铟镓砷磷
($In_{1-x} Ga_x As_y P_{1-y}$)的带隙为

$$E_g(y) = 1.35 - 0.72y + 0.12y^2 \quad (\text{eV}) \tag{4-1-5}$$

为了具有良好的发光效果,半导体间的晶格匹配是很重要的,应满足

$$x = 0.45y \tag{4-1-6}$$

【例 4-1-1】300K 时四元直接带隙半导体 $In_{1-x} Ga_x As_y P_{1-y}$ 辐射峰值波长为 $\lambda_P = 1320\text{nm}$。
试求 x 与 y。

　　解:直接带隙半导体辐射的峰值波长位于带隙附近 $E_g + k_B T$ 处,于是满足

$$h\frac{c}{\lambda_P} = E_g + k_B T$$

所以

$$\begin{aligned}
E_g &= h\frac{c}{\lambda_P} - k_B T = 6.63 \times 10^{-34} \times \frac{3.0 \times 10^8}{1320 \times 10^{-9}} - 1.38 \times 10^{-23} \times 300 \\
&= 1.465 \times 10^{-19}\,\text{J} = 0.916\text{eV}
\end{aligned}$$

由式(4-1-5)可求得

$$y = \frac{0.72 - \sqrt{0.72^2 - 4 \times 0.12 \times (1.35 - 0.916)}}{2 \times 0.12} = 0.680$$

由式(4-1-6)可求得

$$x = 0.45y = 0.45 \times 0.680 = 0.306$$

该直接带隙半导体为 $In_{0.694} Ga_{0.306} As_{0.680} P_{0.320}$。

拓展：

发光半导体器件材料之间的晶格匹配是非常重要的。因为晶格失配会造成价键悬挂，形成缺陷态，增加非辐射复合概率，降低发光效率。1921 年，Vegard 指出两种晶体 A 与 B 混合制成的混晶 A_xB_{1-x} 的晶格常数满足关系

$$a(A_xB_{1-x}) = a(A) \cdot x + a(B) \cdot (1-x)$$

式中，$a(A)$、$a(B)$ 与 $a(A_xB_{1-x})$ 依次为晶体 A 的晶格常数、晶体 B 的晶格常数与混晶 A_xB_{1-x} 的晶格常数；x 是晶体 A 在混晶中的含量。这个结果给发光器件的设计带来便利，我们可以调整含量 x 的值以期满足晶格匹配条件。混晶的带隙宽度可表达为

$$E_g(A_xB_{1-x}) = E_g(A) \cdot x + E_g(B) \cdot (1-x) - b \cdot x \cdot (1-x)$$

式中，$E_g(A)$、$E_g(B)$ 与 $E_g(A_xB_{1-x})$ 依次为晶体 A 的带隙宽度、晶体 B 的带隙宽度与混晶 A_xB_{1-x} 的带隙宽度；b 是取决于材料性质的常数。在现代发光半导体器件中会大量采用混晶，如 $Al_xGa_{1-x}As$、$In_{1-x}Ga_xAs_yP_{1-y}$、$Ga_xIn_{1-x}N$、$Ga_xAl_{1-x}N$ 等。

需要特别指出的是，虽然间接带隙半导体并不是好的能利用带间辐射的发光材料，但通过掺杂，可以变成一个与杂质能级跃迁有关的良好的发光材料，如磷化镓（GaP）。对 GaP 发光特性改造的掺杂首推的是掺入等电子发光中心。其发光过程与图 4-1-1 中的 d 过程对应。室温下 GaP 的禁带宽度 $E_g = 2.26\text{eV}$，掺杂氮（N，原子序数为 7）替代磷（P，原子序数为 15），N 与 P 有相同的价电子数，但在空间周期点阵中总电子数比正常的 P 少，因而在杂质 N 处有俘获电子的倾向（或 N 有较大的电负性），形成俘获自由电子的陷阱。称杂质 N 为等电子（价电子数相同）陷阱。俘获电子的等电子中心 N 再通过库仑作用俘获一个空穴形成激子，大大提高了辐射复合的概率。室温下，等电子中心 N 俘获电子的能级位于 GaP 导带底下方 $E_{TN} = 0.008\text{eV}$ 处，俘获空穴形成激子，空穴的能级位于 GaP 价带顶上方 $E_{hN} = 0.011\text{eV}$ 处，于是电子空穴辐射复合发射所释放的能量为 $\Delta E = E_g - (E_{TN} + E_{hN}) = 2.24\text{eV}$，对应发射光子波长为 550nm，为绿光。实验表明，若 N 的掺杂浓度大于 10^{19}cm^{-3}，则容易形成双 N 的电子陷阱，电子束缚能比单 N 的要大，双 N 束缚的激子复合时发黄光。GaP 还可掺杂氧化锌（ZnO），ZnO 络合物也构成等电子陷阱，等电子中心 ZnO 俘获电子的能级位于 GaP 导带底下方 $E_{TZnO} = 0.3\text{eV}$ 处，俘获空穴形成激子，空穴的能级位于 GaP 价带顶上方 $E_{hZnO} = 0.037\text{eV}$ 处，于是电子空穴辐射复合发射所释放的能量为 $\Delta E = E_g - (E_{TZnO} + E_{hZnO}) = 1.9\text{eV}$，对应发射光子波长为 650nm，为红光。研究表明，等电子陷阱之所以具有较高的辐射效率，是因为陷阱约束的载流子波函数所延展的空间尺寸很小，由不确定关系，在波矢空间会扩展到价带顶的上方，造成直接跃迁的局面。另外，GaP 也可以与 GaAs 形成混晶砷磷化镓（$GaAs_{1-x}P_x$），该混晶在 $x = 0.38 \sim 0.40$ 时为直接带隙半导体，室温时带隙为 $1.84 \sim 1.94\text{eV}$，具有很高的发光效率。

思考：

在 GaP 半导体中，若掺入铋（Bi，原子序数为 83）替代 P 元素，Bi 元素处有什么特征？

图 4-1-1 中 g 过程表达的是施主与受主对间的辐射复合。电子束缚在离化的施主上，空穴束缚在离化的受主上，施主与受主呈电中性的。当施主上的电子与受主上的空穴通过库仑作用形成激子，它们的波函数有很大重叠，有比较大的辐射复合概率。激子复合后，离化施主与离化受主就有较大的库仑作用势能，于是，激子辐射复合所释放的光子能量为

$$h\nu = E_{\mathrm{g}} - \left(E_{\mathrm{D}} + E_{\mathrm{A}}\right) + \frac{e^2}{4\pi\varepsilon r} \tag{4-1-7}$$

式中，E_{D} 是施主杂质能级到导带底的距离；E_{A} 是受主杂质能级到价带顶的距离；ε 是半导体的介电常数；r 为施主杂质到受主杂质间距，它的大小与分布取决于晶体结构的具体形式。由式(4-1-7)可见，施主到受主的跃迁发出的光谱线是不连续的，尤其是在 r 较小时。因为施主和受主在晶格中占领晶格格点位置，格点间的距离是一定的，且为晶格常数的整数倍，因此发出的光谱是不连续的谱线。可以分析出，施主与受主间的发射光谱有如下特点：①r 较小时，光谱呈一系列锐线。②r 从小变大的过程中，光子能量逐渐变小。r 较小时，光子能量较大，r 不连续取值比较明显，对应光谱有一系列的锐线。r 较大时，光子能量较小，r 几近连续变化，对应光谱几近连续。③发光强度随可成对杂质的数目与每对杂质间跃迁概率之积成正比。而可成对杂质的数目与 r 的幂指数成正比 ($\propto r^m$，m 取决于晶体结构)，杂质对的跃迁概率可表达为 $\exp\left(-\dfrac{r}{r_0}\right)$，$r_0$ 为经验常数。

图 4-1-2 展示的是 GaP 的施主硫(S)与受主硅(Si)的发射光谱图。横坐标是光子能量，纵坐标是相对发光强度。随着光子能量的增加，对应施主与受主间距减小，在 r 较大时，光子能量变化几近连续，光谱准连续。r 较小时，光谱呈一系列锐线。

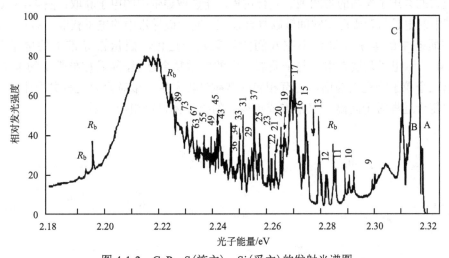

图 4-1-2 GaP：S(施主)、Si(受主)的发射光谱图

4.1.3 非辐射复合

在许多半导体中，非辐射复合的存在严重地影响着器件的发光效率。本底杂质、晶

格缺陷、缺陷与杂质的复合体等都可能成为非辐射复合中心，它们的危害极大。目前，普遍认为非辐射复合的主要过程有多声子发射复合、俄歇(Auger)复合与表面复合。

1. 多声子发射复合

很早以前就知道，有产生非辐射复合的杂质与缺陷存在，如砷化镓(GaAs)中的铁(Fe)和铜(Cu)形成的深能级中心是非辐射的。可以这样认为，像铁或铜这样的杂质原子，其基态波函数与激发态波函数之间有较大差异，以至于受周围晶格原子的联合作用后造成其平衡位置有一定的移动。如图 4-1-3 所示，杂质原子处于基态 g 的平衡位置与处于激发态 e 的平衡位置有一个移动。当在态 g 的平衡位置跃迁到态 e，原子的位置就有一个从 B_1 移动到 B 的弛豫过程，这个过程就释放至少一个声子，电子态 e 跃迁到态 g，可以释放光子，也可以存在一些机制，释放声子而不发射光子，在态 g 原子再弛豫到平衡位置 A。在这个过程中至少有两次声子发射。温度较高时，电子态 e 下，原子位置可以从 B_1 弛豫到 B_2，在电子态 g 下，原子位置从 A_2 弛豫到 A，释放更多的声子。多声子发射出的能量不仅引起器件发光效率低下，而且还会引起器件温度上升，器件光输出特性下降。同时，器件发热，引起杂质扩散更甚，多声子发射更甚，恶性循环至器件老化损坏。

2. 俄歇复合

俄歇复合是一种非辐射复合过程，它是碰撞电离的逆过程。电子空穴复合的能量并非辐射光子，而是将能量交给第三个粒子，使第三个粒子获得动能。俄歇复合是个三体碰撞过程，图 4-1-4 展示了电子空穴复合后将能量交给另外电子的五个过程。图 4-1-4(a)示出了电子与空穴的带间俄歇复合过程，能量被导带中的电子获取；图 4-1-4(b)示出了电子与空穴的有声子参与的带间俄歇复合过程，能量被导带中的电子获取；图 4-1-4(c)示出了导带中的电子与杂质态空穴间俄歇复合过程，能量被导带中的电子获取；图 4-1-4(d)示出了杂质态中的电子与价带中空穴间的俄歇复合过程，能量被导带中的电子获取；图 4-1-4(e)示出了杂质态电子与杂质态空穴的俄歇复合过程，能量被导带中的电子获取。如果第三个粒子是空穴的话，也有相应的俄歇过程发生。俄歇复合过程共有十种，带间的俄歇复合过程对于高温下窄带隙或重掺杂的半导体材料相当重要。

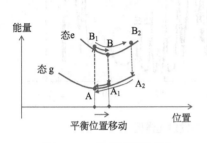

图 4-1-3　多声子发射复合

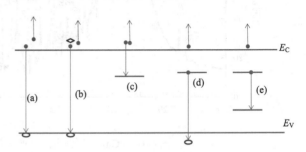

图 4-1-4　俄歇复合

3. 表面复合

实验表明，通常晶体近表面的光致发光效率比晶体内部深处低得多，这是由非辐射复合的表面复合引起的。在晶体表面处，晶格原子的有序排列中断，可以看为是一种对周期性晶格的强烈扰动，在晶体边界的能隙中产生附加的允许能级，称为表面态。在实际晶体表面还会有缺陷、表面氧化膜等，更会引起额外的表面态。这些表面态与非辐射复合的原因有着强烈的耦合，表面处的载流子复合往往是非辐射的。

4.2　半导体发光二极管

发光二极管(light emitting diode，LED)由半导体 PN 结构成，属于半导体电致发光器件，它的能量由注入载流子提供，即由电流提供高能级上的电子与低能级上的空穴，然后电子与空穴以辐射复合的形式发光，图 4-2-1 是发光二极管的构造图。将发光二极管芯片封装在电气性能好、有利于光的发射、有利于散热的结构中，构成实际的发光二极管器件。图 4-2-1(a) 是直插式封装，适合于小功率管。图 4-2-1(b) 是食人鱼封装，适合于大功率管。两种结构的共性是都有一个环氧树脂制作的出光透镜，在芯片位置都有一个反射杯，这有利于将在非出光方向传播的光会聚在出光方向射出。在食人鱼封装中，还有热沉部件，该部件能有效地将废热传导出去。在给发光二极管供电的电功率中有相当部分转化为热的形式，而热会使 LED 芯片温度升高，而温度升高会引起 LED 的输出特性变差甚至使 LED 损坏，因此，废热必须导走。图 4-2-1(c) 是发光二极管的电气符号。

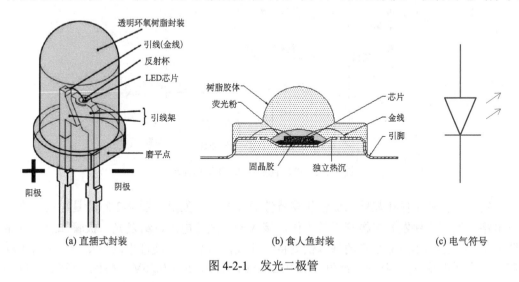

(a) 直插式封装　　　　　　　(b) 食人鱼封装　　　　　　　(c) 电气符号

图 4-2-1　发光二极管

4.2.1　发光二极管的芯片结构

发光二极管的芯片本质上是一个 PN 结，给这个 PN 结加上正向偏置电压，在电源电场力的作用下，P 型半导体中的空穴向 N 区扩散，N 型半导体中的电子向 P 区扩散，当电子与空穴在运动的过程中相遇而辐射复合就发射光子。图 4-2-2 是 PN$^+$ 同质结 LED 芯片的工作原理。图 4-2-2(a) 是 PN$^+$ 同质结 LED 芯片空间结构图。同质结指同种半导体，有相同的禁带宽度，PN$^+$ 结表明 P 型半导体轻掺杂，N 型半导体重掺杂，结区 P 部分要比 N 部分宽得多，在正向偏置电压下，PN$^+$ 结区宽度极狭窄。半导体中电子的迁移率又比空穴的迁移率大很多。当加上正向偏置电压时，电子迅速扩散至 P 区，而空穴基本没移动。PN$^+$ 结区外的 P 区也很狭窄，略大于一个电子扩散长度 L_n。图 4-2-2(b) 是 PN$^+$ 同质结 LED 芯片的能带图，在 P 区，准费米能级 E_{FP} 靠近价带顶；在 N 区，准费米能级 E_{FN} 靠近导带底，而且非常接近，表示它是重掺杂，在导带底有许多自由电子。在正向偏置电压的影响下，电子迅速扩散过极狭窄的耗尽区，来到 P 区。在 P 区与空穴相遇复合，若是辐射复合，则发射光子。PN$^+$ 同质结 LED 的发光区属于 P 区。显然结外 P 区的厚度不能太厚，若太厚，电子空穴对辐射出射的光子会被 P 型半导体吸收掉；结外 P 区的厚度也不能太薄，若太薄，电子空穴对辐射复合就不充分，有一部分电子会直接运动到电极形成电流，还有一部分电子会在 P 型半导体表面进行非辐射复合，降低发光效率。

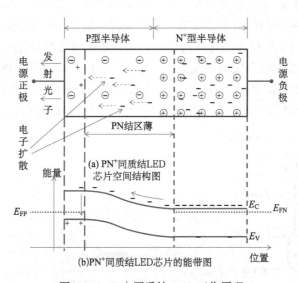

图 4-2-2　PN$^+$ 同质结 LED 工作原理

　　发光二极管工作在晶体二极管伏安特性曲线的第一象限。图 4-2-3(a) 是它的基本工作电路，为了确保发光二极管正常工作，接入一个限流电阻，给发光二极管加上正向偏置电压 U。图 4-2-3(b) 是它的基本伏安特性曲线，与晶体二极管相似，发光二极管也存在一个死区电压 U_0，其中，红色、黄色 LED 的 $U_0 = 0.20 \sim 0.25\text{V}$，绿色、蓝色 LED 的 $U_0 = 0.30 \sim 0.35\text{V}$，只有加上超过 U_0 的正向电压，发光二极管才能发光。

　　定义发光二极管的功率效率为

$$\eta_W = \frac{P}{P_e} = \frac{P}{IU} \tag{4-2-1}$$

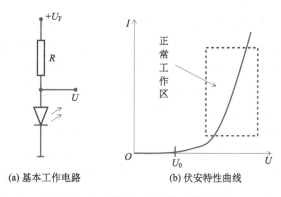

(a) 基本工作电路　　　　(b) 伏安特性曲线

图 4-2-3　发光二极管的电学特性

式中，P_e 是施加给发光二极管的电功率，它为加在发光二极管上两端的电压 U 与流过发光二极管的电流 I 之积；P 为发光二极管所发出的光功率。发光二极管的功率效率其实是很低的。为了透彻研究功率效率，我们还可以引入外量子效率 η_{ex}、内量子效率 η_{in}、注入效率 η_i、辐射效率 η_r 与出光效率 η_{op}。外量子效率 η_{ex} 被定义为单位时间内发光二极管出射的光子数与单位时间内注入发光二极管的电子空穴对数之比。

$$\eta_{ex} = \frac{P/h\nu}{I/e} = \frac{eP}{Ih\nu} \tag{4-2-2}$$

式中，h 为普朗克常量；ν 是光子频率；e 为基本电荷单位。显然，我们从式(4-2-1)与式(4-2-2)得出发光二极管的功率效率与外量子效率有如下关系：

$$\eta_W = \frac{h\nu}{eU}\eta_{ex} \tag{4-2-3}$$

内量子效率 η_{in} 被定义为单位时间内发光二极管在相应的发光区所出射的光子数与单位时间内注入发光二极管的电子空穴对数之比。注入效率 η_i 被定义为单位时间内注入所设定的发光二极管发光区的电子空穴对数与单位时间内注入发光二极管的电子空穴对数之比。辐射效率 η_r 被定义为单位时间内发光二极管在相应的发光区所辐射的光子数与单位时间内注入所设定的发光二极管发光区的电子空穴对数之比。出光效率 η_{op} 被定义为单位时间内发光二极管所出射的光子数与单位时间内发光二极管在相应的发光区所辐射的光子数之比。这些效率之间有明显的关系：

$$\eta_{ex} = \eta_{in} \cdot \eta_{op} = (\eta_i \cdot \eta_r) \cdot \eta_{op} \tag{4-2-4}$$

上式的简单关系指明了提高效率的方向。发光二极管几十年来的发展进程就是寻找合适的光谱，提高各种效率的过程。对于半导体材料来说，就是寻找合适的禁带宽度，由此人们研究出各种不同禁带宽度的双元、三元、四元等直接带隙半导体材料，它们有着较大的带间辐射发光的概率。对于间接带隙材料 GaP，通过掺入发光中心(等电子陷阱，如 N、ZnO 等)来获得较大的与杂质有关的光发射概率。通过引入异质结，利用异质结的超注入特性，提高发光二极管的注入效率；通过制作优质晶体来减小非辐射复合中心数目，延长载流子非辐射复合的寿命；通过加入发光中心(如 GaP 中的等电子陷阱)，缩短载流子辐射复合的寿命，来提高辐射效率。利用分子束外延(MBE)、金属有机化学气相沉积

（MOCVD）、制版术、电铸成型与注塑（LIGA）等技术，通过精心设计半导体材料的结构来提高出光效率。如图 4-2-4 所示，现代发光二极管普遍采用双异质结结构。如图 4-2-4（a）所示，P 型与 N 型的砷化铝镓（AlGaAs）禁带宽度较大，均为 $E_{g1}=1.7\text{eV}$，在它们中间有一层砷化镓（GaAs），称为有源层（载流子富集的区域，载流子辐射复合就变为发光层），禁带宽度较小，为 $E_{g2}=1.42\text{eV}$。在正向电压的作用下，每个异质结均出现一个载流子的势垒，PN 异质结出现电子势垒，电子从 N 区向 P 区扩散的过程中，遭此势垒阻挡被约束在发光层；NN 异质结出现空穴势垒，空穴从 P 区向 N 区扩散的过程中，遭此势垒阻挡也被约束在发光层。电子空穴在发光层充分接触，电子空穴对辐射复合辐射出能量约为1.42eV 的光子。因为 AlGaAs 的禁带宽度较大，AlGaAs 对于 1.42eV 的光子是透明的，所以可以选择 AlGaAs 为出光窗口。另一方面，由图 4-2-4（b），因 GaAs 的折射率为3.59，AlGaAs 的折射率为 3.45，GaAs 构成介质光波导，双异质结可约束光子在有源层中传输，如图 4-2-4（c），可选择在波导口输出。

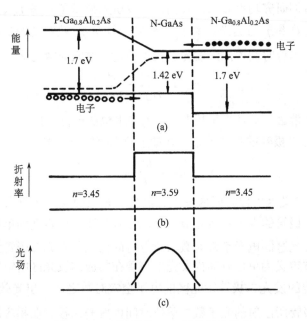

图 4-2-4　双异质结 LED 发光结构特点

图 4-2-5 是两种发光二极管的基本结构：边发射发光二极管（ELED）与面发射发光二极管（SLED）。图 4-2-5（a）是边发射发光二极管的基本结构，整个芯片厚 100μm 左右，宽 350μm，长 150μm 左右。条形电极宽几十微米，发光区就是有源层，是砷化镓（GaAs），与其他区域相比非常薄，只有 0.05μm 左右，两边的约束层 AlGaAs 的厚度约 2.0μm。来自条形电极提供的正电荷，催发 P 型半导体中的空穴向电源负极运动，最终却被异质结挡在有源层中；来自电源负极的负电荷，催发 N 型半导体中的电子向电源正极运动，最终却被异质结挡在有源层中。电子空穴在有源层中充分相遇，辐射复合发射光子。在波导的一端镀高反膜，另一端镀增透膜，就构成边发射发光二极管。在垂直于 PN 结平面

方向，输出光的发散角 $\theta_\perp \approx 30°$ ，在平行于 PN 结平面方向，输出光的发散角 $\theta_\parallel \approx 120°$ 。图 4-2-5(b)是面发射发光二极管的基本结构，40mil[①]芯片发光面积为 $1016\mu m \times 1016\mu m$ ，芯片几何尺寸为厚度 $115\mu m$、长 $1610\mu m$、宽 $1400\mu m$ ，其他芯片长、宽随输出功率大小不同而略有增大与缩小，芯片厚度基本不变。掺镁氮化镓(GaN：Mg)是透明接触层，氮化铝镓(AlGaN)是约束层，它们与氮化镓(GaN)有源层之间构成的异质结提供载流子继续扩散的阻挡势垒，将载流子约束在有源层中，同时其带隙宽度比 GaN 大，对于输出波长是透明的，提供光输出的窗口。有源层，即发光层，常采用多量子阱结构(量子阱的相关知识在后面 4.4 节介绍)。因为蓝宝石是绝缘体，所以电源负极接在如图接地符号位置。GaN 发光二极管的整个工作过程如下：电源正极输出正电荷，催发 P 型半导体中的空穴向电源负极运动，空穴被 GaN 与 AlGaN(N)异质结势垒阻挡在有源层中；同时，电源负极输出负电荷，催发 N 型半导体中的电子向电源正极扩散，电子被 GaN 与 AlGaN(P)异质结势垒阻挡在有源层中。电子空穴在有源层中相遇而复合，形成闭合扩散电流。电子空穴在有源层中的辐射复合发射出的光子，通过透明的宽带隙材料在 P 区出光。由于光子的发射方向是随机的，有一部分光会向 N 区发射。为了提高出光效率，一些旨在将传向 N 区的光反射到 P 区的结构正在发展中，如在蓝宝石上方附近设置反射镜等。应当强调，GaN 基发光二极管有个缓冲层，起到稳固外延生长的作用。在电极下方有个电流扩展层，起到避免电流集中在电极下方，防止所发光被电极遮挡的作用。

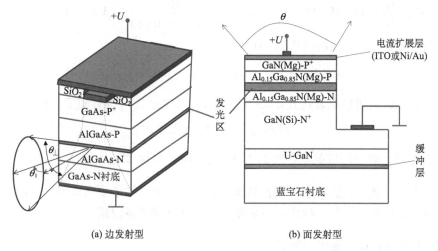

(a) 边发射型　　　　　　　　(b) 面发射型

图 4-2-5　边发射发光二极管(ELED)与面发射发光二极管(SLED)

探究：

试讨论提高 GaN 发光二极管出光效率的技术：(1)倒装芯片技术；(2)表面粗化技术。

【例 4-2-1】某有源层为 $Al_{0.05}Ga_{0.95}As$ 的双异质结发光二极管，光子能级宽度为 $3k_BT$ 。试计算该发光二极管在室温 $T = 300K$ 时所发射光的峰值波长与谱线宽度。若带隙差在

---

① mil(密耳)，英制长度单位，$1mil = 25.4\mu m$ 。

$0.25\sim0.45\text{eV}$，试确定约束层 $\text{Al}_x\text{Ga}_{1-x}\text{As}$ 的组分并讨论波导层折射率相对变化 $\dfrac{\Delta n}{n}$。（折射率表达式 $n=3.59-0.71x+0.09x^2$）

解：由式(4-1-4)可以推得有源层的带隙

$$E_g(x)=1.424+1.247x=1.424+1.247\times0.05=1.486\text{eV}$$

根据直接带隙半导体的发光特点，有关系

$$h\frac{c}{\lambda_P}=E_g+k_BT$$

所以，峰值波长为

$$\lambda_P=h\frac{c}{E_g+k_BT}=6.63\times10^{-34}\times\frac{3.0\times10^8}{1.486\times1.6\times10^{-19}+1.38\times10^{-23}\times300}$$

$$=8.222\times10^{-7}\text{m}=822.2\text{nm}$$

由题意，光子能谱宽度

$$\left|\text{d}\left(\frac{hc}{\lambda}\right)\right|=3k_BT$$

于是

$$\text{d}\lambda=3k_BT\frac{\lambda_P^2}{hc}=3\times1.38\times10^{-23}\times300\times\frac{822.2^2\times10^{-18}}{6.63\times10^{-34}\times3.0\times10^8}=4.22\times10^{-8}\text{m}=42.2\text{nm}$$

考虑约束层带隙要比有源层高 $0.25\sim0.45\text{eV}$，于是

$$x_1=0.05+\frac{0.25}{1.247}=0.25,\quad x_2=0.05+\frac{0.45}{1.247}=0.41$$

根据 $\text{Al}_x\text{Ga}_{1-x}\text{As}$ 的折射率表达式 $n=3.59-0.71x+0.09x^2$，可得有源层折射率为

$$n(\text{Al}_{0.05}\text{Ga}_{0.95}\text{As})=3.555$$

对 $x_1\sim x_2$ 范围，对应的折射率范围为 $3.418\sim3.314$，对应 $\dfrac{\Delta n}{n}=3.8\%\sim6.8\%$。

本题说明：在实际的发光二极管结构设计的过程中，除了要考虑晶格匹配、折射率波导之外，还需考虑导电、导热、热膨胀、机械强度等诸多因素。

4.2.2　发光二极管的主要输出特性

发光二极管主要的输出特性有：光谱特性、电流特性、温度特性、空间分布、频率特性。

光谱特性：主要包括峰值波长 λ_P 与光谱半宽度 $\Delta\lambda$。发光二极管的峰值波长主要取决于有源区半导体的禁带宽度 E_g 与结区温度，如例 4-2-1 所示。发光二极管的光谱半宽度同样取决于有源区半导体的禁带宽度 E_g 与结区温度。短波长 LED 的光谱半宽约为 $30\sim50\text{nm}$，长波长 LED 的光谱半宽约为 $60\sim120\text{nm}$。发光二极管的谱线宽度还能反映有源区材料的导带与价带内的载流子分布。谱线宽度随有源区掺杂浓度的增加而增加。由于面发光二极管一般是重掺杂，而边发光二极管为轻掺杂，因此面发光二极管的线宽

较宽。而且，重掺杂时，发射波长还是向长波长方向移动。同时，温度的变化会使线宽加宽，载流子的能量分布变化也会引起线宽的变化。

电流特性：发光二极管的输出光功率主要取决于注入电流与结温等因素。一般地，发光二极管的输出光功率随注入电流的增加而增加。在注入电流不太大时，发光二极管的输出光功率可表达为线性关系：

$$P = \eta_{ex} \left(\frac{I}{e} \right) h\nu = \eta_{ex} \left(\frac{hc}{e\lambda} \right) I \tag{4-2-5}$$

当注入电流较大时，光输出出现饱和现象，出现非线性。许多模拟应用中，需要线性关系，这时，可通过电路做些校准。在光纤通信应用中，ELED 要比 SLED 的线性好一些。

温度特性：当电气参数一定时，发光二极管的输出特性与结温也有一定关联。总的来说，结温越高，输出越弱。结温在 T 时，发光二极管的输出功率 P 与结温在 T_0 时的输出功率 P_0 关系为

$$P = P_0 \exp\left[-k(\Delta T) \right] = P_0 \exp\left[-k(T - T_0) \right] \tag{4-2-6}$$

式中，P 也可以是光通量；k 为温度系数。结温升高，载流子的迁移率下降、辐射复合概率下降。同时，结温升高会引起半导体禁带宽度减小，输出波长发生红移。结温升高，杂质的扩散能力加强，引起非发光中心进入结区，降低发光效率，出现光衰现象，缩短发光二极管的寿命。

空间分布：面发射型 LED 的半功率点辐射角为 120°，边发射型 LED 的平行结平面发射角为 120°，垂直结平面发射角为 25°～35°。

频率特性：LED 的频率响应为

$$\frac{P(\omega)}{P(0)} = \frac{1}{\sqrt{1 + (\omega \tau_e)^2}} \tag{4-2-7}$$

式中，ω 为调制圆频率；τ_e 为少数载流子（电子）的平均寿命；$P(0)$ 为恒定注入电流时的输出光功率；$P(\omega)$ 为注入电流以圆频率 ω 调制时的输出光功率。

拓展：

随着蓝光 LED 的突破，人们就有了制作白光 LED 的希望。现在白光 LED 已进入照明市场。白光 LED 的结构通常有四种形式：①蓝光+黄色荧光粉；②紫外光+(红、绿、蓝)三基色荧光粉；③蓝光+(红、绿)荧光粉；④红光 LED+蓝光 LED+绿光 LED。

4.2.3　发光二极管的应用

发光二极管是有着广泛应用的半导体发光器件。主要表现在信息显示(如仪器仪表的指示灯、股价显示屏、LED 广告屏等)、光纤通信(如在短程光纤通信中发光载波)、固体照明(如白光 LED 照明、光纤内窥镜照明光源)与工业自动控制(如光电耦合器)等。光

电耦合器是 LED 与光敏三极管等(光电检测器件)构成的组件,它是进行工业自动化控制的重要器件,还可以用于制作逻辑电路。图 4-2-6 呈示了三种光电耦合器的形式。图 4-2-6(a)是普通型光电耦合器,将发光二极管与光电三极管密封在一个壳里,光也在这个壳里传输,与外界有很好的光隔离。图 4-2-6(b)是透射型光电耦合器,光电三极管与发光二极管也被封闭在同一个器件里,但光路的一部分在器件外部,存在一个宽约 3mm 的槽口。当槽口有遮挡物时,光电三极管无输出;当槽口无遮挡物时,光电三极管有输出。图 4-2-6(c)是反射型光电耦合器,也有一部分光路在器件外部,当存在反射物时,达林顿功率管(组合光电三极管)有输出;当无反射物时,达林顿管无输出。图 4-2-7 是普通型光电耦合器的一个逻辑电路,该电路通过两个普通型光电耦合器实现与门操作。以高电平定义逻辑 1,低电平定义逻辑 0。给输入端 A、B 同时输入高电平时 ($U_{iA}=1$, $U_{iB}=1$),发光二极管 GY_1、GY_2 均发光,光电三极管 GG_1、GG_2 均导通且有较大的光电流流过,于是输出端 C 处于高电平,实现 $U_{oC}=1$。当输入端 A、输入端 B 至少有一个处于低电平时,光电三极管至少有一个处于截止状态,输出端 C 处于低电平,输出逻辑 0。逻辑关系式 $U_{oC}=U_{iA}\cdot U_{iB}$ 成立。用光电耦合器也能制作其他的逻辑电路。

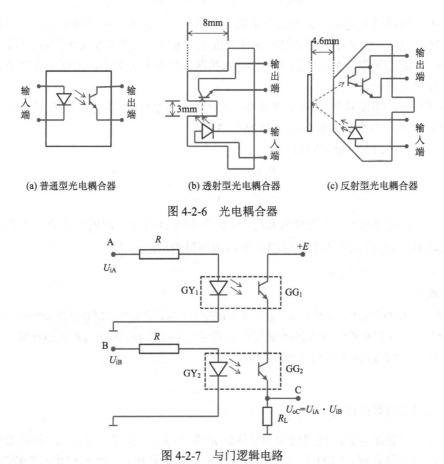

(a) 普通型光电耦合器　　(b) 透射型光电耦合器　　(c) 反射型光电耦合器

图 4-2-6　光电耦合器

图 4-2-7　与门逻辑电路

4.3　半导体激光器

半导体激光器简写 LD(laser diode)，而 laser 就是 light amplification by stimulated emission of radiation(由受激辐射光放大而产生的光)的缩写。20 世纪物理学方面的三大发明有：半导体、原子能与激光器，半导体激光器占了三大发明中的两个，所以倍受重视。

构成激光器有三大要素：第一是要有可实现粒子数反转的工作物质；第二是要有能提供工作物质能量的泵浦源；第三是要有合适的可增加光程与实现选模的谐振腔。激光器输出的是满足振荡条件的激光束。

法布里-珀罗型半导体激光器(F-P LD)是最常见最普通的 LD。图 4-3-1(a)所示是 F-P LD 的半导体器件结构图。在 N 型 GaAs 衬底上生长 N 型 $Ga_xAl_{1-x}As$ 限制层，再外延生长 $Ga_yAl_{1-y}As$ $(y<x)$ 有源层，再生长 P 型 $Ga_xAl_{1-x}As$ 限制层，再生长 P 型 GaAs 接触层，制作条形电极，焊接电极引线，由晶体的两个解理面构成谐振腔。这就构成了 F-P LD。图 4-3-1(b)为其双异质结的能带图。有源层 $Ga_yAl_{1-y}As$ 的带隙比限制层的带隙小，双异质结的势垒将注入的电子与空穴限制在有源区，在那里电子空穴对非常密集，电子占据导带底附近的较高能级，而价带顶附近的较低能级处于空态，在导带底附近与价带顶附近实现粒子数反转。当有源层中的载流子数目多到超过阈值，辐射的增益超过损耗时，就能输出相干的激光束。有源层的折射率比限制层的折射率大，构成的介质光波导将有利于激光的形成与输出。

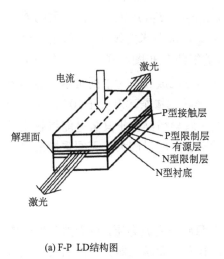
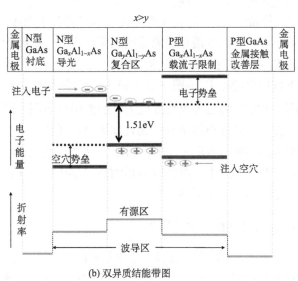

(a) F-P LD结构图　　　　　　　　(b) 双异质结能带图

图 4-3-1　F-P LD

4.3.1　半导体激光器受激放大条件

设有源区的价带顶能级为 E_V、导带底能级为 E_C，载流子注入后电子的准费米能级为 E_{FC}，空穴的准费米能级为 E_{FP}，则导带中能级 E_2 被电子占有的概率为

$$f_2(E_2) = \frac{1}{1 + \exp\left(\dfrac{E_2 - E_{FC}}{k_B T}\right)} \qquad (4\text{-}3\text{-}1)$$

价带能级 E_1 被电子占有的概率为

$$f_1(E_1) = \frac{1}{1 + \exp\left(\dfrac{E_1 - E_{FP}}{k_B T}\right)} \qquad (4\text{-}3\text{-}2)$$

电子从能级 E_2 跃迁到能级 E_1 所释放的光子能量为

$$E = \hbar\omega = E_2 - E_1 \qquad (4\text{-}3\text{-}3)$$

于是，根据爱因斯坦的关于 A、B 系数的结论有

$$B_{12} = B_{21} \qquad (4\text{-}3\text{-}4)$$

要实现受激辐射强于受激吸收，则下式成立：

$$B_{12}\rho(E)\left[f_2(E_2)(1 - f_1(E_1))\right] > B_{21}\rho(E)\left[f_1(E_1)(1 - f_2(E_2))\right] \qquad (4\text{-}3\text{-}5)$$

式中，$\rho(E)$ 为能量为 E 的光子能量密度。可推得

$$f_2(E_2) > f_1(E_1) \qquad (4\text{-}3\text{-}6)$$

联合以上各式可得

$$E_2 - E_1 < E_{FC} - E_{FP} \qquad (4\text{-}3\text{-}7)$$

由上式可得，要实现受激辐射大于受激吸收的状态，必须维持在有源区中较低电子能级 E_1 (价带中能级)与较高电子能级 E_2 (导带中能级)之间的粒子数布居反转的程度，必须对半导体有源区进行载流子的大量注入。准费米能级差 $E_{FC} - E_{FP}$ 应大于受激辐射的能级差 $E_2 - E_1$。也就是准费米能级 E_{FC} 应大于导带内能级 E_2，准费米能级 E_{FP} 应接近甚至小于价带内能级 E_1。图 4-3-2(a) 为未实现受激放大时的能级分布图，式(4-3-7)不满足。图 4-3-2(b) 为已实现受激放大时的能级分布图，式(4-3-7)已成立。对于同质结半导体激光器，就是要根据半导体物理知识进行重掺杂，N 型半导体掺杂浓度大于 $10^{18}/\text{cm}^3$，P 型半导体掺杂浓度大于 $10^{17}/\text{cm}^3$，才能满足式(4-3-7)。双异质结由于其势垒能将载流子束缚在有源区中，维持双异质结有源层中的非平衡载流子浓度足够大，无须重掺杂也可满足式(4-3-7)的要求。

4.3.2　F-P LD 的波导结构

图 4-3-3(a) 是平面波导 F-P LD 的结构图，它以有源层作为波导层，以天然解理面作为谐振腔的反射面，在那里有激光输出，称这种激光器为宽面激光器。在侧面镀防反射膜，电流在两个宽面电极之间流动。这种结构制作容易，而且能得到高的输出功率。但由于微小缺陷等原因，在垂直于传播方向的横方向上，难以获得均匀稳定的激光振荡。在许多情况下，发生丝状(filament)的现象，即在许多线条处有不稳定的、强的激射，因此难以把输出光聚集起来或使光束平行化，这样就限制了应用。输出光的波长谱也不

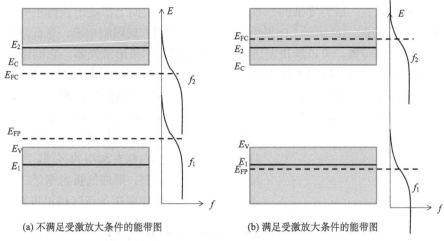

(a) 不满足受激放大条件的能带图　　　　　(b) 满足受激放大条件的能带图

图 4-3-2　半导体受激放大能带图

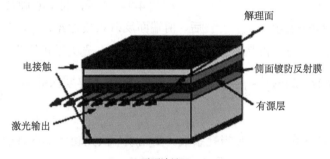

(a) 平面波导LD

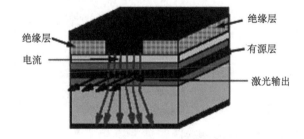

(b) 增益导引条形波导LD

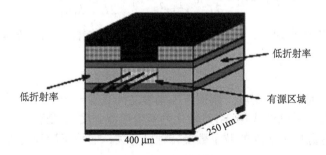

(c) 折射率导引条形波导LD

图 4-3-3　F-P LD 的波导结构

是单一峰，且峰较宽，成为复杂的分布，即在时间上、空间上都难于获得相干性高的输出光。如图 4-3-3(b)、(c)所示 LD 采用沟道波导，即横方向限制电流，进而限制光波，使光在狭窄的区域传播，可以解决上述问题，称此两种为条形激光器。它们能够获得相干性好的稳定输出，因而成为半导体激光器的主流。图 4-3-3(b)用绝缘体(如 SiO_2)限制电流区域，条形电极注入电流，只在有源层的中心区域注入载流子，因此只有有源层的中心区域实现粒子数反转，激射光只在该区域实现光的受激放大，此被称为增益导引条形激光器。图 4-3-3(c)为折射率导引条形激光器。

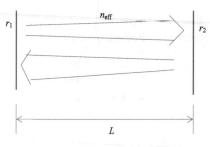

除了使用条形电极限制有源层的区域，再对有源区域外的地方进行处理，形成低折射率区，从而形成条形光波导，将光约束在条形区域里传输。

图 4-3-4　F-P 谐振腔

4.3.3　F-P LD 的输出特性

如图 4-3-4 所示，设 F-P 腔长 L，折射率 n_{eff}，后、前端面反射系数为 r_1、r_2，左侧端面处光矢量振幅为 $\bar{E}_0$，则从左到右，再从右到左，完整往返一次，光矢量可写为

$$\bar{E}_0 \exp\left[(g-\alpha_i)L/2\right]\exp\left[-j\frac{2\pi n_{eff}}{\lambda}L\right]\cdot r_2 \cdot \exp\left[(g-\alpha_i)L/2\right]\exp\left[-j\frac{2\pi n_{eff}}{\lambda}L\right]\cdot r_1 = \bar{E}$$

$$(4\text{-}3\text{-}8)$$

式中，g 为光增益系数；α_i 为腔损耗系数。要完成一次光功率不衰减的传输，必须满足

$$\exp\left[2(g-\alpha_i)L\right]\cdot r_2^2\cdot r_1^2 \geqslant 1 \qquad (4\text{-}3\text{-}9)$$

同时满足相位条件

$$\frac{4\pi n_{eff}}{\lambda}L = m\cdot 2\pi \qquad (4\text{-}3\text{-}10)$$

式中，m 为正整数。即

$$2n_{eff}L = m\lambda \qquad (4\text{-}3\text{-}11)$$

此式即驻波条件。

由式(4-3-9)可得光阈值增益系数为

$$g_{th} = \alpha_i + \frac{1}{2L}\ln\frac{1}{r_2^2\cdot r_1^2} = \alpha_i + \frac{1}{2L}\ln\frac{1}{R_1 R_2} \qquad (4\text{-}3\text{-}12)$$

式中，$R_1 = r_1^2$、$R_2 = r_2^2$ 为后、前端面反射率。若后、前端面相同，$R_1 = R_2 = R$，则

$$g_{th} = \alpha_i + \frac{1}{L}\ln\frac{1}{R} \qquad (4\text{-}3\text{-}13)$$

光阈值增益系数、阈值电流密度、阈值电流强度之间有着一一对应关系。由于电流强度比增益更容易测量，所以将式(4-3-13)转化为阈值电流强度 I_{th} 是有必要的。可以认为，光增益系数 g 与有源层中实现的粒子数反转程度有关，而粒子数反转程度依据载流子的注入数。载流子注入越多，粒子数反转越猛，增益越大。设注入电流密度为 J，则有

$$g = \beta(J - J_0) \tag{4-3-14}$$

式中，β、J_0 依次为线性增益系数与透明电流密度。阈值位置的关系为

$$g_{th} = \beta(J_{th} - J_0) \tag{4-3-15}$$

式 (4-3-15) 与式 (4-3-12) 联合，可求得

$$J_{th} = J_0 + \frac{1}{\beta}\left[\alpha_i + \frac{1}{2L}\ln\frac{1}{R_1 R_2}\right] \tag{4-3-16}$$

考虑内量子效率 η_i[①]（单位时间内有源区辐射复合出的光子数与单位时间内注入 LD 中的电子空穴对数之比，考虑到注入效率为 1，$\eta_i = \eta_r$）与限制因子 Γ（在有源层中传输的光与总传输的光的比值），上式可以修改为

$$J_{th} = \frac{1}{\eta_i}\left\{J_0 + \frac{1}{\Gamma\beta}\left[\alpha_i + \frac{1}{2L}\ln\frac{1}{R_1 R_2}\right]\right\} \tag{4-3-17}$$

如 GaAlAs / GaAs 半导体激光器可表达为

$$J_{th} = \frac{d}{\eta_i}\left\{4.5\times10^3 + \frac{20}{\Gamma}\left[\alpha_i + \frac{1}{2L}\ln\frac{1}{R_1 R_2}\right]\right\} \tag{4-3-18}$$

式中，d 为有源层厚度。当然，将电流密度乘以结面积可得阈值电流强度表达式。

　　输出光功率与注入电流的典型关系如图 4-3-5(a) 所示。注意到存在一个注入电流的阈值 I_{th}，当激光器的注入电流小于该阈值时，输出光为非相干光，且输出光功率随注入电流的增长比较缓慢。当激光器的注入电流大于这个阈值，输出光束为激光束，而且输出光功率随注入电流迅速增加。增加的关系可以看为线性关系，且斜率比较大。半导体激光器的输出特性随温度的变化而非常敏感地变化，如图 4-3-5(b) 所示。由此图可看到，阈值电流的值随温度的升高而增加，注入电流大于阈值时，输出激光功率与注入电流的关系直线的斜率随温度的升高而明显下降。半导体激光器的阈值电流随温度的关系可表达为如下形式：

$$I_{th}(T) = I_{th}(T_r)\exp\left(\frac{T - T_r}{T_0}\right) \tag{4-3-19}$$

式中，$I_{th}(T)$ 为温度为 T 时的阈值电流；T_0 为半导体激光器的特征温度；T_r 为室温。特征温度 T_0 越高，说明半导体激光器越稳定，阈值电流随温度的变化越小。AlGaAs / GaAs 激光器的特征温度为 $120\sim180\mathrm{K}$，InGaAsP / InP 半导体激光器的特征温度为 $65\sim100\mathrm{K}$。为解决半导体激光器的温度敏感性问题，可以在驱动电路中进行适当的温度补偿，或是采用制冷器来保持器件的温度稳定。通常将半导体激光器与热敏电阻、半导体制冷器等封装在一起，构成组件。如图 4-3-6 所示是 LD 温度控制装置。将热敏电阻 R_T、制冷器（TEC）、半导体激光二极管 (LD) 与 PIN 光电二极管封装在同一个管壳中，用图中电路可实现闭环负反馈自动恒温过程。如图，电阻 R_1、R_2、R_3 与 R_T 构成电桥，调节电阻 R_3

---

① 本书第 157 页中内量子效率符号为 η_{in}，考虑到激光二极管的许多文献中均以 η_i 表示内量子效率，故此处采用 η_i。

的值实现电桥平衡，可设定锁定的温度值(对应 R_T 有一定阻值)，用 A、B 两点的电位差通过运算放大器的输出来控制三极管 V 的基极电流，实现对制冷器的控制。当管中的温度恰为设定温度时，电桥平衡，A、B 两点间电位相等，运算放大器 A 就无电流输出，三极管 V 处于截止状态，制冷器 TEC 不工作。当管中温度升高时，热敏电阻的阻值就下降，引起电桥失衡，A 点的电位大于 B 点的电位，运算放大器 A 就有电位输出，三极管 V 就有一定的基极电流，经放大就有一定电流驱动 TEC 制冷，从而使管内温度下降，保持恒温。

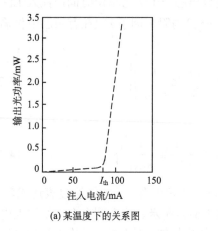
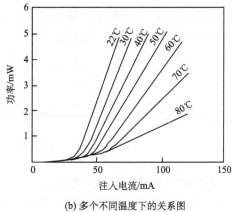

(a) 某温度下的关系图　　　　　　　(b) 多个不同温度下的关系图

图 4-3-5　LD 输出光功率与注入电流的关系

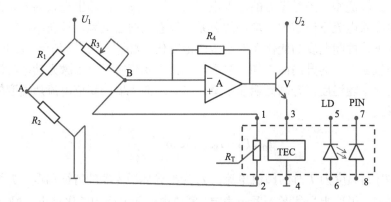

图 4-3-6　LD 温度控制装置

4.3.4　F-P LD 的激光输出模式

激光输出模式分两类：横模与纵模。

所谓横模，通常是指在垂直于光的传播方向上电磁场的分布模式，即在垂直于光的传播方向上光斑的形状大小与强度。条形波导半导体激光器的横模通常用 TEM_{mn} 来表示，其中 TEM 表示横电磁模式，mn 表示在 x 轴(水平方向：与 PN 结平面平行，有些专家称之为侧模)和 y 轴(垂直方向：与 PN 结平面垂直，有些专家称之为横模)方向上光强为零的那些点(节点)的数目。如图 4-3-7 所示，TEM_{00} 为基横模，水平方向与垂直方向均无节点；TEM_{10} 表示水平方向有一个节点，垂直方向无节点；TEM_{01} 表示水平方向无节点，垂直方向有一个节点；TEM_{22} 表示水平方向有两个节点，垂直方向也有两个节点，依此类推。对于许多应用，人们希望得到激光器的基横模输出。因为这种模式发散角小，能量集中，容易耦合到光纤中，也能通过简单的光学系统聚焦成较小斑点，这很有利于激光的应用。缩小半导体激光器有源层厚度与条宽可以实现基横模输出，如图 4-3-8 所示。近场图就是在激光器表面附近的花样，远场图就是在离激光器输出表面较远的地方观察到的结果。图中表明的该激光器垂直横模为基模，水平横模的数量随着条宽的增加而增加。条宽 10μm 时的输出为基模，20μm 时有一个节点，30μm 时有三个节点，50μm 时则有更多的节点。

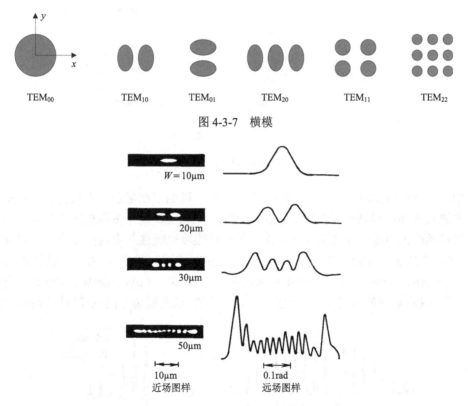

图 4-3-7　横模

图 4-3-8　AlGaAs 双异质结条形激光器横模的近场图与远场图

　　所谓纵模，是指所发出激光的波长分布模式。在注入电流的作用下，有源区的受激辐射不断增强，称为增益。在 F-P 腔中，每次通过增益媒质时的增益尽管很小，但经过多次振荡后，增益变得足够大。当腔内增益超过总损耗(包括载流子吸收、缺陷散射及端面输出)时，就产生了激光。如图 4-3-9(a) 所示，在一定的活性介质中，存在一个增益谱，通常存在取决于泵浦方式的增益峰值。由于散射、吸收等原因，也存在一个损耗谱。损耗谱原则上也与频率有关，因其起伏不太大，所以用直线(虚线)加以说明。将式(4-3-11) 改成频率关系为

$$2n_{\text{eff}}L \cdot \nu = mc \quad m = 1, 2, 3, \cdots \tag{4-3-20}$$

式中，c 是真空中的光速。只有满足上式的频率才能进行反复稳定的振荡。由上式可得相邻频率差为

$$\Delta \nu = \frac{c}{2n_{\text{eff}}L} \tag{4-3-21}$$

对应的波长差为

$$\Delta \lambda = \frac{\lambda^2}{2n_{\text{eff}}L} \tag{4-3-22}$$

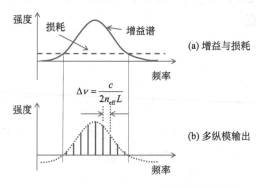

图 4-3-9　纵模

由于 L 相对光波长大许多，因此 $\Delta \lambda$ 非常小，以至于在增益大于损耗的区域中有多个不同波长的光波得到谐振输出。所以，一般地，F-P LD 是个多纵模输出的激光器，纵模的数目随注入电流的变化而变化，而且各纵模强度也随注入电流而变化。如图 4-3-10 所示，当注入电流为 67mA 时，输出光功率为 1.2mW，纵模比较多；注入电流依次为 75mA、80mA、95mA、100mA 时，输出光功率依次为 2.5mW、4mW、6mW、10mW，也依次增加，但主模（最强的纵模）的增益增加明显，边模（在主模边上的纵模）的增益却依次减

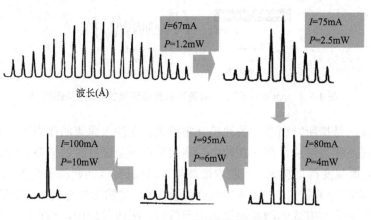

图 4-3-10　F-P LD 的静态单模现象

小且纵模数量减少，主模开始占优势，直到出现单个窄线宽的光谱为止。这种现象称为静态单模现象。

　　F-P LD 的峰值波长随温度变化而变化。结温升高时，半导体材料的禁带宽度变窄，因而造成激光器发射光谱的峰值波长移向长波方向。图 4-3-11(a) 是没加温度控制的 InGaAsP/InP 激光器的峰值波长随注入电流漂移的情况，可以看到，峰值波长随注入电流的增加而增加。可以推测，由于电流的热效应，注入电流增加，器件结温随之增加。如图 4-3-11(b) 所示，对激光器进行直接强度调制会使发射谱线增宽，振荡模数增加。这是因为对激光器进行脉冲调制时，注入电流不断变化，使有源区里载流子浓度随之变化，进而导致折射率随之变化，激光器的谐振频率发生漂移，出现动态谱线展宽。调制速率越高，调制电流越大，谱线展宽得越多。

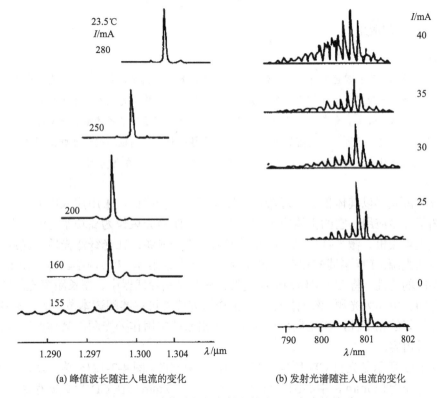

(a) 峰值波长随注入电流的变化　　　　　(b) 发射光谱随注入电流的变化

图 4-3-11　峰值波长与发射光谱随注入电流的关系

　　【例 4-3-1】某 F-P LD 的增益峰位于光波长 $\lambda = 870\text{nm}$ 处，该 LD 腔长 $L = 300\mu\text{m}$，介质的有效折射率 $n_{\text{eff}} = 3.5$，大于损耗的增益谱宽为 $\delta\lambda = 10.0\text{nm}$。试求该激光器输出的纵模数。设改变腔长时大于损耗的增益谱宽不变，则若要实现单纵模输出，应如何调整腔长？

　　解：由式 (4-3-22) 可得

$$\Delta\lambda = \frac{\lambda^2}{2n_{\text{eff}}L} = \frac{870^2 \times 10^{-18}}{2 \times 3.5 \times 300 \times 10^{-6}} = 3.6 \times 10^{-10}\text{m} = 0.36\text{nm}$$

激光器半个增益峰纵模数

$$m = \frac{\delta\lambda/2}{\Delta\lambda} = \frac{5.0}{0.36} = 13.9$$

m 为整数，取 13。于是激光器输出的纵模数为 $2 \times 13 + 1 = 27$ 个。若改变腔长时大于损耗的增益峰宽不变，则

$$m' = \frac{\delta\lambda/2}{\Delta\lambda'} = \frac{n_{\text{eff}}L'}{\lambda^2}\delta\lambda < 1$$

所以

$$L' < \frac{\lambda^2}{n_{\text{eff}}\delta\lambda} = \frac{870^2 \times 10^{-18}}{3.5 \times 10.0 \times 10^{-9}} = 2.16 \times 10^{-5}\,\text{m} = 21.6\mu\text{m}$$

即将腔长缩短到 21.6μm 以下，就可获得单纵模输出。

4.3.5 F-P LD 的应用

导引：

  激光束有着亮度高、单色性好、方向性好与相干性好的四大优点。亮度高，即光功率密度大。依据这一点可进行激光焊接、激光打标、激光切割、激光打孔与制作激光武器。单色性好，即光谱半高宽度小，有小的 $\Delta\lambda$ 与 $\Delta\nu$，依据这一点可进行精密的原子物理实验和精密测量。方向性好，即光束有小的发散角，依据这一点可进行精密的激光准直、激光导向和激光测距。相干性好，即激光有大的相干长度与长的相干时间，依据这一点，可应用于相干检测、相干光通信等方面。

  半导体激光器以其体积小、寿命长、波长可调、价格低、采用注入电流方式泵浦等优点开拓了许多应用。它的主要应用有：①利用 LD 激光束作为高功率光源，在激光切割机、激光焊接机、激光打标机、激光手术刀中作为光源；在光纤激光器、光纤放大器中作为泵浦光源。LD 泵浦的相关知识读者可阅读本章第 6、7 节内容。②利用 LD 容易被直接调制的特性，将 LD 用作为信息光源。在激光制导武器中、在长距离光纤通信中、在激光打印机中作为光源；激光打印机的工作原理读者可继续阅读本节内容。③利用 LD 激光束有较好的相干性，在光盘数据存储、读出系统中用作为光源。具体原理读者可继续阅读本节内容。

  图 4-3-12 所示是光盘 CD 片数据存储与读出原理图。图 4-3-12(a) 为 CD 片的外观形状。它的外径为 120mm，中心圆孔直径 15mm，厚 1.2mm。在 CD 片数据存储区，有螺旋线形光道，光道间距(螺距)1.6μm，光道宽度约 0.5μm，一个数据长度 0.83μm。CD 片主要由保护膜、铝膜与聚碳酸酯(对使用的激光透明)三层材料组成，如图 4-3-12(b) 所示。图 4-3-12(b) 中上图表示数据 0，直径约 1.0μm 的波长为 780nm 的激光束，射在宽为 0.5μm、深为 $\frac{\lambda}{4n}$(n 为聚碳酸酯的折射率) 的铝坑中以及射在光道边上的铝平台上，于是相同功率位相差为 π 的两反射光束干涉抵消，出现信号 0；图(b) 的下图中，光道上无坑，则反射光同相，干涉加强，出现信号 1。图 4-3-12(c) 是 CD 片的激光头。半导体砷化镓激光二极管发射 780nm 的激光，通过激光分离器，直行。再经光学系统整理(将激光束整成圆形光斑)、准直与聚焦，在光盘 CD 片上形成直径为 1.0μm 的圆形光斑。该光

斑在 CD 片上反射后，再经激光分离器，进入探测器光电二极管的光敏面上，探测器测出光信号，经电子系统放大、整理可重现 CD 片所存储的信息。

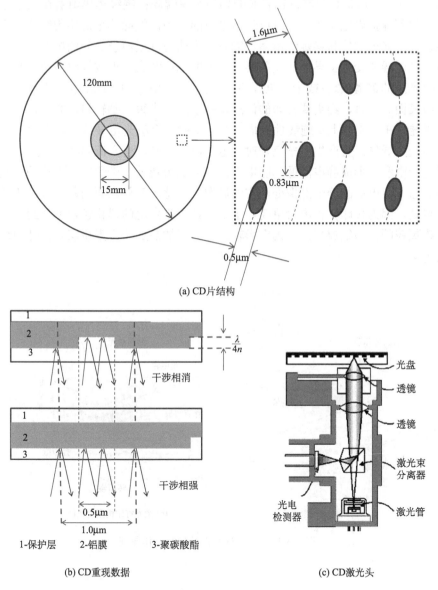

(a) CD 片结构

(b) CD重现数据

(c) CD激光头

图 4-3-12 光盘 CD 片数据存储与读出原理

探究：

设 CD 片有效存储区域是半径 $R_1 = 25$mm 到半径 $R_2 = 58$mm 的圆带区域，试根据图 4-3-12(a) 中的相关数据估计该区域中能存储的数据个数。研究增加光盘数据容量的办法。

图 4-3-13 是激光打印机结构及工作原理图。如图 4-3-13(a) 所示，激光打印机的核心元件是感光鼓，感光鼓能将入射的光束信息转化为静电潜像。如图 4-3-13(b) 所示，从

里到外，感光鼓由金属基、光电导材料与绝缘体表面三层组成（好的感光鼓有五层）。其中金属基是铝材，导电性能良好，形状为圆柱形；光电导材料通常是有机材料 OPC（oganic photoconductor），形状是附着在铝表面的均匀等厚薄膜；绝缘体再附着在光电导材料的外表面，起到保护光电导体、同时可吸附电荷的作用，绝缘体也是均匀等厚薄膜结构。无光照射时，光电导体材料是绝缘体，能阻隔金属与外层薄膜之间的电荷流动。受激光照射时，光电导体变为良导体，使外层薄膜上的电荷消失，形成静电潜像。激光打印过程中，感光鼓的铝基接地（或带正电），充电辊产生负电荷均匀地附着覆盖在匀速转动着的感光鼓表面。同时，经需要打印的信息调制过的激光束射到转镜，并在转镜上反射，通过 f-θ 透镜在感光鼓上实施线性扫描。激光束射入有机光电导体中，在激光经迹处使光电导体变为导体，且产生电子空穴对，电子流向铝基，空穴流向感光鼓外表面并与附着的负电荷中和，形成静电潜像。静电潜像转到显影辊处，带负电的墨粉颗粒被吸到感光鼓外表面无负电荷的静电潜像处，实现显像。在感光鼓外表面的墨粉颗粒随感光鼓转到转印辊处，因为转印辊正电势更高，于是，就将带负电的墨粉颗粒硬吸到打印纸上。带有墨粉颗粒的打印纸前行，碰到定影辊。定影辊加热加压将墨粉固化在打印纸上，形成固定图案。

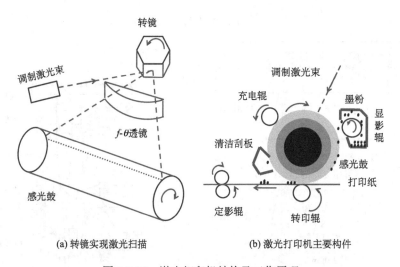

(a) 转镜实现激光扫描　　　　(b) 激光打印机主要构件

图 4-3-13　激光打印机结构及工作原理

4.4　动态单模半导体激光器

前面说到，采用缩小 F-P LD 条宽、减小有源区厚度可以得到激光的基横模输出。原则上可以缩小腔长来得到单纵模输出，然而，这种方法有一定的局限性，因为缩短腔长的后果是减小了光程，减小了光受激辐射的增益距离，这将不利于激光的形成。虽然选择适当的注入电流可得到静态单纵模输出，但改变电流时，将会引起激光输出波长的改变。直接调制会引起激光输出出现跳模及谱线展宽现象，这对相关应用会造成不良影响。

于是，人们开始研究在直接电流调制中也能保持较好单纵模性能的激光器。

常用边模抑制比(side mode suppression ratio，SMSR)描述半导体激光器的单纵模输出特性。如图 4-4-1 所示，功率最大的模称为主模，其余功率小的纵模均为边模。所有边模中的最大功率为 P_{side}，主模功率为 P_{main}，则边摸抑制比被定义为

$$\text{SMSR} = 10\lg\frac{P_{main}}{P_{side}} \qquad (\text{dB}) \qquad (4\text{-}4\text{-}1)$$

一般地，单纵模输出要求边模抑制比大于 30dB，即主模功率至少是边模功率的 1000 倍以上。

光栅是一种具有良好分光能力的色散器件，运用它可使半导体激光器实现动态单纵模输出。光栅可以被内置于半导体激光器中，如分布反馈型、分布布拉格反射器型；光栅也可以被放置在半导体激光器外，如 Littrow 型与 Littman 型。

4.4.1　分布反馈半导体激光器

分布反馈(distributed feedback，DFB)半导体激光器，在半导体激光器的有源层上或在有源层附近的约束层上制作波纹光栅，由该光栅进行光反馈，实施选模，得到单纵模输出，如图 4-4-2 所示。如图 4-4-3(a)所示，直接在有源层上方制作波纹光栅。设波纹光栅的光栅常数为 Λ，有源层有效折射率 n_{eff}，则光栅为动态单纵模输出，输出波长为布拉格波长

$$\lambda_B = 2n_{eff}\Lambda \qquad (4\text{-}4\text{-}2)$$

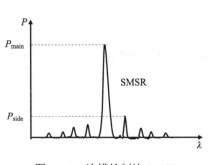

图 4-4-1　边模抑制比 SMSR

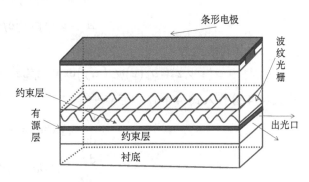

图 4-4-2　DFB LD 结构图

此种结构称为增益导引型。由于该结构直接在有源层上制作波纹光栅，制作工艺过程(如光刻、化学腐蚀)容易造成对有源层的伤害。因此，就发展了图 4-4-3(b)所示的结构，该结构克服了图 4-4-3(a)结构的缺陷，将波纹光栅制作在有源层上方的约束层上，称为折射率导引型。激射光波在有源层波导中传输时，进入约束层的衰减波在波纹光栅上衍射，其结果形成双模输出。

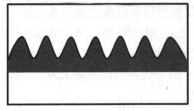
(a) 增益导引型

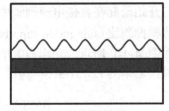
(b) 折射率导引型

图 4-4-3　DFB LD 波纹光栅的位置

设水平向右为 z 轴，垂直纸面向里是 x 轴，向上为 y 轴，波纹光栅常数为 Λ，长为 L。波导层(有源层)中的导模传播常数为 $\pm\beta$，与布拉格波长的传播常数有个小的差距 $\Delta\beta$，

$$\Delta\beta = \beta - \beta_{B} \tag{4-4-3}$$

关于模的设定与相关的描述沿用式(2-4-2)至式(2-4-5)。考虑到 A_+、A_- 均是 z 的缓变函数的变量，于是式(2-4-5)与式(2-4-8)可写为

$$\frac{\mathrm{d}A_+}{\mathrm{d}z} = -\mathrm{j}KA_-\exp(\mathrm{j}2\Delta\beta z) \tag{4-4-4a}$$

$$\frac{\mathrm{d}A_-}{\mathrm{d}z} = \mathrm{j}KA_+\exp(-\mathrm{j}2\Delta\beta z) \tag{4-4-4b}$$

为了求解上述方程组，设

$$A_+ = a_+\exp(\mathrm{j}\Delta\beta z) \tag{4-4-5a}$$

$$A_- = a_-\exp(-\mathrm{j}\Delta\beta z) \tag{4-4-5b}$$

此时，光场可表达为

$$\psi(x,y,z) = a_+(z)\psi_+(x,y)\exp(-\mathrm{j}\beta_{B}z) + a_-(z)\psi_-(x,y)\exp(\mathrm{j}\beta_{B}z) \tag{4-4-6}$$

将式(4-4-5)代入式(4-4-4)，可整理得

$$\frac{\mathrm{d}a_+}{\mathrm{d}z} + \mathrm{j}\Delta\beta a_+ = -\mathrm{j}Ka_- \tag{4-4-7a}$$

$$\frac{\mathrm{d}a_-}{\mathrm{d}z} - \mathrm{j}\Delta\beta a_- = \mathrm{j}Ka_+ \tag{4-4-7b}$$

消去 a_- 可得

$$\frac{\mathrm{d}^2 a_+}{\mathrm{d}z^2} = -q^2 a_+ \tag{4-4-8a}$$

式中，

$$q = \sqrt{(\Delta\beta)^2 - K^2} \tag{4-4-8b}$$

式(4-4-8a)的通解为

$$a_+ = a_1\exp(\mathrm{j}qz) + a_2\exp(-\mathrm{j}qz) \tag{4-4-9a}$$

将上式代入式(4-4-7a)，可推得

$$a_- = -\frac{1}{r}a_1\exp(jqz) - ra_2\exp(-jqz) \tag{4-4-9b}$$

而

$$r = \frac{K}{q + \Delta\beta} \tag{4-4-9c}$$

称 r 为波纹光栅的反射系数，表明波纹光栅将前传波反射成后传波，将后传波反射为前传波。考虑有源层的净增益 $\dfrac{G_{\mathrm{eff}}}{2}$，则前述的相关物理量可用复数描述。

$$\hat{\beta} = \beta + j\frac{G_{\mathrm{eff}}}{2} \tag{4-4-10a}$$

$$\Delta\hat{\beta} = \Delta\beta + j\frac{G_{\mathrm{eff}}}{2} \tag{4-4-10b}$$

$$\hat{q} = \sqrt{\left(\Delta\hat{\beta}\right)^2 - K^2} \tag{4-4-10c}$$

$$\hat{r} = \frac{K}{\hat{q} + \Delta\hat{\beta}} \tag{4-4-10d}$$

设谐振腔后、前端面反射系数分别为 r_1、r_2，则腔 $0 \leqslant z \leqslant L$ 满足

$$a_+(0) = r_1 a_-(0) \tag{4-4-11a}$$

$$a_-(L) = r_2 a_+(L) \tag{4-4-11b}$$

将式(4-4-9)代入式(4-4-11)，消去 a_1、a_2 可得

$$\frac{(\hat{r} + r_1)(\hat{r} + r_2)}{(1 + r_1\hat{r})(1 + \hat{r}r_2)}\exp(-j2\hat{q}L) = 1 \tag{4-4-12}$$

上式就是 DFB 激光器的一般谐振条件。设波纹光栅足够长，以致到谐振腔端面已无反射。即 $r_1 = 0$、$r_2 = 0$ 成立。则式(4-4-12)为

$$\hat{r}^2\exp(-j2\hat{q}L) = 1 \tag{4-4-13}$$

此式即理想 DFB 激光器的谐振条件。设耦合较弱 $K \ll \Delta\beta$，增益较强 $\dfrac{G_{\mathrm{eff}}}{2} \gg \Delta\beta$，

$$\hat{r}^2 \approx \frac{K^2}{G_{\mathrm{eff}}^2}\exp(-j\pi) \tag{4-4-14a}$$

$$\hat{q} \approx \Delta\hat{\beta} = \Delta\beta + j\frac{G_{\mathrm{eff}}}{2} \tag{4-4-14b}$$

式(4-4-13)可化为增益条件与相位条件

$$\frac{K^2}{G_{\mathrm{eff}}^2}e^{G_{\mathrm{eff}}L} = 1 \tag{4-4-15a}$$

$$\Delta\beta = \pm\frac{\left(m - \dfrac{1}{2}\right)}{L}\pi \qquad m = 1,2,3,\cdots$$

取 $m=1$，上式可写为

$$\Delta\beta = \frac{2\pi n_{\text{eff}}}{\lambda_{\text{B}}^2}\Delta\lambda = \pm\frac{1}{2}\frac{\pi}{L}$$

即

$$\lambda = \lambda_{\text{B}} \pm \frac{1}{2}\frac{\lambda_{\text{B}}^2}{2n_{\text{eff}}L} \tag{4-4-15b}$$

从上式可以看到，理想的折射率导引型 DFB 激光器实际上是个双模输出的激光器，波长位于布拉格波长两侧的对称位置上。可以预见，m 值增大时，腔内损耗明显增大，阈值显著增加。所以在理想的 DFB 激光器中，$m \geqslant 2$ 的模式不会起振。在实际的 DFB 激光器中，客观存在的非对称性的干扰，会导致 $m=1$ 的位于布拉格波长左右两侧的模有不同的损耗，从而引起左右模有不同的起振阈值电流，因而观察不到双模现象。又由于 $\Delta\lambda \ll \lambda_{\text{B}}$，因而有些人说 DFB 激光器为动态单模激光器，输出波长为布拉格波长也是可以理解的。

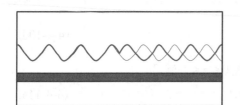

图 4-4-4　$\lambda/4$ 相移波纹光栅

理想的 DFB 激光器确实是双模输出的。欲使 DFB 激光器真正实现单模输出，可将波纹光栅做一个 $\lambda/4$ 相移，使原来的波峰变波谷，如图 4-4-4 所示。相移波纹光栅实现了动态单纵模输出，激射波长为布拉格波长。

【例 4-4-1】给腔长为 L 的 DFB 激光器的一个端面镀减反膜，使其反射系数 $r_2 = 0$，另一端仍使用晶体解理面，反射系数为 r_1 不能忽略。若波纹光栅是弱耦合的，且波导中净增益很大。试讨论该 DFB 激光器的振荡条件。

解：将 $r_2 = 0$，$\hat{r} = \dfrac{K}{\hat{q}+\Delta\hat{\beta}} \approx \dfrac{K}{G_{\text{eff}}}e^{j-\frac{\pi}{2}}$ 代入式（4-4-12）可得

$$\frac{\dfrac{K}{G_{\text{eff}}}e^{j-\frac{\pi}{2}}\left(\dfrac{K}{G_{\text{eff}}}e^{j-\frac{\pi}{2}}+r_1\right)}{\left(1+\dfrac{r_1 K}{G_{\text{eff}}}e^{j-\frac{\pi}{2}}\right)}\exp(G_{\text{eff}}L)\cdot\exp\left[-j(2\Delta\beta L)\right]=1$$

于是得增益条件

$$\frac{K}{G_{\text{eff}}}r_1 \exp(G_{\text{eff}}L) = 1$$

相位条件

$$2\Delta\beta L + \frac{\pi}{2} = 2m\pi$$

即

$$\Delta\beta = \beta - \beta_{\text{B}} = \left(m-\frac{1}{4}\right)\frac{\pi}{L}$$

式中，m 为整数。

4.4.2　分布布拉格反射型激光器

鉴于增益导引型 DFB 激光器的波纹光栅制作会对有源层造成伤害，于是就有研究将波纹光栅制作在有源层两侧的波导上。称此种半导体激光器为分布布拉格反射型激光器（distributed Bragg reflector，DBR）。波纹光栅起的作用类似于反射镜，而分布式反射的反射率随波长而变，其在布拉格波长处最大，两侧逐渐减小，如图 2-4-2 所示。

图 4-4-5（a）是 DBR 激光器波纹光栅设置示意图。有源层是波导的一部分，在有源层两侧连接带波纹光栅的波导层。工作电流将载流子注入有源层，在那里实现粒子数布居反转并实现光的受激辐射，含有波纹光栅的波导层选择布拉格波长的光振荡反复增强输出。图 4-4-5（b）是三段式波长与功率均连续可调的激光二极管。电流 I_3 控制有源层的粒子数反转程度，可调节输出功率；电流 I_1 控制波纹光栅的有效折射率 n_1，以此控制激射布拉格波长 λ_B，电流 I_2 控制相位区波导层的折射率 n_2，以期满足振荡条件：

$$\frac{2\pi}{\lambda_B}2\left(n_1 L_1 + n_2 L_2 + n_3 L_3\right) = 2m\pi \tag{4-4-16}$$

式中，L_1、L_2、L_3 依次为布拉格反射区、相位控制区与增益控制区的长度；n_3 是增益区的折射率，也受注入电流 I_3 的影响。

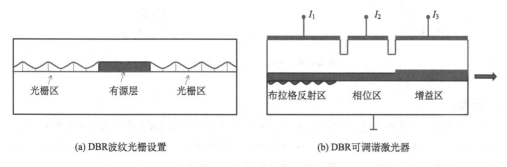

(a) DBR波纹光栅设置　　　　　　　　　(b) DBR可调谐激光器

图 4-4-5　DBR 激光器

4.4.3　光栅外腔单模激光器

以上是将波纹光栅设置在半导体内部的方法，波纹光栅也可以设置在半导体外部。为了激光器功率效率的考虑，常选用闪耀光栅作为选频元件。图 4-4-6（a）是 Littrow 结构，图 4-4-6（b）是 Littman 结构。Littrow 直接调谐闪耀光栅 G 的位置，Littman 则是调谐反射镜 M 的位置。

光学长度 L 是指从半导体激光器端面到光栅间的光程，即各介质折射率与几何长度乘积之和，显然满足

$$L = q\frac{\lambda_0}{2} \tag{4-4-17}$$

式中，q 是正整数；λ_0 是激射光波长，激射光波长 λ_0 是光栅 G 的一级闪耀波长，满足

$$2d\sin\theta_0 = \lambda_0 \tag{4-4-18}$$

式中，θ_0 是入射光线与光栅法线的夹角，也是闪耀光栅刻痕斜面相对光栅表面的夹角。闪耀光栅的作用相当于一个半反半透镜，将满足式(4-4-18)的光反射到半导体有源层中受激放大，波长稍有不同的光将在 0 级衍射方向（即以光栅平面的反射光方向）射出，出现严重损耗。激射光的出光方向位于光栅的 0 级衍射方向。Littman 调谐反射镜，出光方向不变；Littrow 调谐光栅方向，出光方向稍有改变。通常，在制作光栅外腔半导体激光器时，在靠近光栅的半导体有源区端面上涂增透膜，即其反射率 $R_2 \to 0$。光栅外腔半导体激光器不仅能实现动态单纵模输出，而且能压窄谱线宽度，甚至达 10^6 以上。

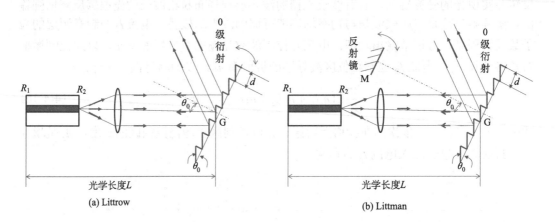

图 4-4-6　光栅外腔半导体激光器

拓展：

多普勒制冷：由于半导体能级的准连续性，半导体激光器的输出波长在一定程度上连续可调。使用光栅选模，可使激光输出波长位于合适的波长位置，同时压缩谱线宽度至原子能级宽度甚至更窄。这样，半导体激光器在精密原子物理实验中就可发挥十分重要的作用了。

原子在一定温度下有一定的平均平动动能，降低原子的运动速率就可降低原子的温度。原子以一定速度在空间运动时，当迎面撞来的光子的频率略低于原子态间的跃迁频率时，由于多普勒效应，原子感受到的光子频率会略高一些。当原子运动速度与光子频率恰当，原子感受光子的频率等于原子自身的共振吸收频率时，原子吸收光子，原子与光子发生完全非弹性碰撞。根据动量守恒定律，原子的动量就会减小，也就是原子的运动速率减小，原子从低能态跃迁至高能态。原子从高能态向低能态跃迁，其发出的光的传输方向是随机的，因而引起原子的反冲方向也是随机的，原子反冲在各方向概率相等，平均为 0。采用一对或多对相向发射的频率略低于共振吸收频率的激光束照射原子团，会快速降低原子的运动速度，从而快速制冷，达到超低温。1995 年，利用这种激光多普勒效应制冷技术，达诺基小组将铯(Cs)原子冷却到 2.8nK。

4.5 量子阱激光器

4.5.1 超晶格

1970 年日籍科学家江琦与华裔科学家朱兆祥提出了超晶格与超晶格材料的概念。超晶格是将两种或两种以上性质不同的薄膜周期性地交替生长而形成的多层结构,如图 4-5-1(a)所示。图 4-5-1(b)是组分超晶格,即两种晶格常数相同、禁带宽度不同的薄膜周期性地生长在一起的结构。其中宽带隙的禁带宽度为 E_B,薄膜厚 L_B;窄带隙的禁带宽度为 E_A,薄膜厚 L_A。类似的还有应变超晶格与掺杂超晶格。应变超晶格的不同性质是晶格常数,而掺杂超晶格的不同性质是所掺杂质的类型。

超晶格材料的特点有:①它是一种人工材料;②它可利用分子束外延等技术制造;③周期结构可按设计要求任意改变;④引进新的周期势必将产生新的效应。

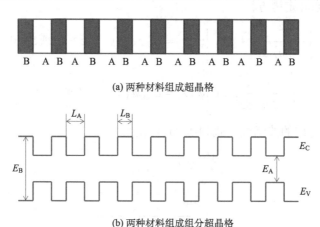

(a) 两种材料组成超晶格

(b) 两种材料组成组分超晶格

图 4-5-1 超晶格

4.5.2 量子阱激光器的特征

当组分超晶格的窄带隙材料的厚度 L_A 小到与半导体材料的自由电子的德布罗意波长相当时,就能观察到有明显的量子现象。宽禁带材料的导带底与价带顶依次构成电子与空穴的势垒,而窄带隙材料的导带底与价带顶则依次构成电子与空穴的势阱底。当只有一层窄带隙材料时称单量子阱,有多层窄带隙材料时称多量子阱,如图 4-5-2 所示。ΔE_C 为导带中电子的势阱深度,ΔE_V 为价带中空穴的势阱深度,阱宽 L_A,多量子阱中的势垒宽度为 L_B。例如,对于 GaAs/Al$_{0.25}$Ga$_{0.75}$As 量子阱,$\Delta E_C = 0.3\text{eV}$、$\Delta E_V = 0.06\text{eV}$。

设载流子的有效质量为 m_j^*,$j = \text{C}$ 时为导带中的电子,$j = \text{V}$ 时为价带中的空穴,空穴比较复杂,有重空穴、轻空穴之分。考虑单量子阱情况,即有源层尺寸 $L_x \times L_y \times L_A$,厚 L_A 很小,以阱底势能为 0,则载流子的势场表达式为

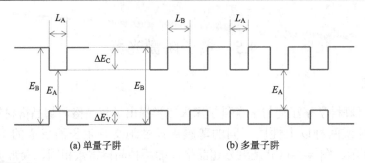

(a) 单量子阱　　　　　　　　　　(b) 多量子阱

图 4-5-2　量子阱

$$U = \begin{cases} \Delta E_j & z > L_A \text{或} z < 0 \\ 0 & 0 \leqslant z \leqslant L_A \end{cases} \tag{4-5-1}$$

载流子为二维气体，只在 z 方向受到限制，表现出明显的量子特征。于是，载流子在 z 方向满足一维定态薛定谔方程

$$\left[-\frac{\hbar^2}{2m_j^*}\frac{\mathrm{d}^2}{\mathrm{d}z^2} + \Delta E_j \right]\psi(z) = E_{zjm}\psi(z) \qquad z > L_A \text{或} z < 0 \tag{4-5-2a}$$

$$\left[-\frac{\hbar^2}{2m_j^*}\frac{\mathrm{d}^2}{\mathrm{d}z^2} + 0 \right]\psi(z) = E_{zjm}\psi(z) \qquad 0 \leqslant z \leqslant L_A \tag{4-5-2b}$$

式中，$\psi(z)$ 是 z 方向的波函数。式(4-5-2a)可化为

$$\frac{\mathrm{d}^2\psi(z)}{\mathrm{d}z^2} - k_1^2\psi(z) = 0 \tag{4-5-3}$$

式中，k_1 满足

$$k_1 = \sqrt{\frac{2m_j^*\left(\Delta E_j - E_{zjm}\right)}{\hbar^2}} \tag{4-5-4}$$

考虑波函数的有限性条件，式(4-5-3)的解为

$$\psi(z) = \begin{cases} A\exp(k_1 z) & z < 0 \\ B\exp(-k_1 z) & z > L_A \end{cases} \tag{4-5-5}$$

式中，A、B 为常数。式(4-5-2b)可化为

$$\frac{\mathrm{d}^2\psi(z)}{\mathrm{d}z^2} + k_2^2\psi(z) = 0 \tag{4-5-6}$$

式中，k_2 满足

$$k_2 = \sqrt{\frac{2m_j^* E_{zjm}}{\hbar^2}} \tag{4-5-7}$$

式(4-5-6)的解为

$$\psi(z) = C\sin(k_2 z) + D\cos(k_2 z) \qquad 0 \leqslant z \leqslant L_A \tag{4-5-8}$$

式中，C、D 为常数。考虑波函数与波函数的一次导数在 $z = 0$，$z = L_A$ 处连续，可以推得

下式

$$\tan(k_2 L_A) = \frac{2k_1 k_2}{k_2^2 - k_1^2} \tag{4-5-9}$$

将式(4-5-4)和式(4-5-7)代入上式，可得

$$\sqrt{\frac{2m_j^*\left(E_{zjm}\right)}{\hbar^2}}L_A = \arctan \frac{\sqrt{E_{zjm}\left(\Delta E_j - E_{zjm}\right)}}{E_{zjm} - \dfrac{\Delta E_j}{2}} + m\pi \tag{4-5-10}$$

式中，量子数 m 取正整数。显然，若 $\Delta E_j \to \infty$ 时，上式退化为一维无限深势阱的解。

$$E_{zjm} = \frac{m^2 \hbar^2 \pi^2}{2m_j^* L_A^2} \tag{4-5-11}$$

　　波函数在势垒中的值为 0，载流子被完全约束在势阱中。当 ΔE_j 是个有限值的时候，能量值会与式(4-5-11)有些差异，式(4-5-5)表示波函数在势垒中按指数衰减，波函数在势垒边沿附近有非零值(隧道效应)。如图 4-5-3(a)表示能级随势阱深度 ΔE_j 的改变情况，图 4-5-3(b)表示 E_{zj1}、E_{zj2} 与 E_{zj3} 的能级情况与相应的概率密度分布。

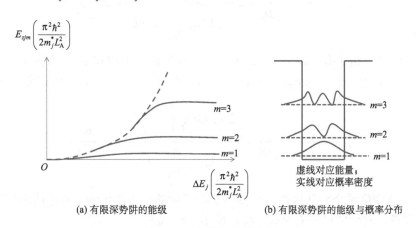

(a) 有限深势阱的能级　　　　　(b) 有限深势阱的能级与概率分布

图 4-5-3　有限深势阱的解

　　载流子在 z 方向做量子化运动，在 x、y 方向上做自由运动，载流子的能量可表示为

$$E_{jm} = E_j \pm \left(E_{zjm} + \frac{\hbar^2 k_x^2}{2m_j^*} + \frac{\hbar^2 k_y^2}{2m_j^*} \right) \tag{4-5-12}$$

式中，$j = C$ 时，取+号；$j = V$ 时，取−号。k_x、k_y 是 x、y 方向载流子运动的波矢。载流子的最低能量为 E_{j1}，而 E_{j1} 的值可通过调节阱宽 L_A 来改变。输出激光波长 λ 满足

$$h\frac{c}{\lambda} = E_g + E_{C1} + E_{V1} \tag{4-5-13a}$$

或者直接算出 λ

$$\lambda = \frac{1.24}{E_g + E_{C1} + E_{V1}} \qquad (\mu m) \qquad (4\text{-}5\text{-}13b)$$

由此式可见，量子阱激光器的输出波长可由阱宽来调整。减小阱宽，输出波长也将减小。

下面来看态密度：当载流子能量小于 E_{zj1} 时，状态数为 0，也就是单位能量单位体积的态密度为 0。当载流子能量在 $E_{zj1} \sim E_{zj2}$ 之间时，有源层单位体积单位能量的状态数为

$$\rho_{Sj1} = \frac{\mathrm{d}N}{L_x L_y L_A \mathrm{d}E} = \frac{2 \times 2\pi k \mathrm{d}k \Big/ \left(\dfrac{2\pi}{L_x}\dfrac{2\pi}{L_y}\right)}{L_x L_y L_A \dfrac{\hbar^2}{2m_j^*} 2k\mathrm{d}k} = \frac{m_j^*}{\pi \hbar^2 L_A} \qquad (4\text{-}5\text{-}14)$$

式中，$2\times$ 是因为泡利不相容原理。当载流子能量在 $E_{zj2} \sim E_{zj3}$ 之间时，有源层单位体积单位能量的状态数为

$$\rho_{Sj2} = \frac{\mathrm{d}N}{L_x L_y L_A \mathrm{d}E} = 2\frac{2 \times 2\pi k \mathrm{d}k \Big/ \left(\dfrac{2\pi}{L_x}\dfrac{2\pi}{L_y}\right)}{L_x L_y L_A \dfrac{\hbar^2}{2m_j^*} 2k\mathrm{d}k} = 2\frac{m_j^*}{\pi \hbar^2 L_A} \qquad (4\text{-}5\text{-}15)$$

上式与式(4-5-14)相比多个数字 2，原因是每个量子能级上均有 x、y 方向上无穷多的动能分量值。当载流子能量在 $E_{zj3} \sim E_{zj4}$ 之间时，有源层单位体积单位能量的状态数为

$$\rho_{Sj3} = \frac{\mathrm{d}N}{L_x L_y L_A \mathrm{d}E} = 3\frac{2 \times 2\pi k \mathrm{d}k \Big/ \left(\dfrac{2\pi}{L_x}\dfrac{2\pi}{L_y}\right)}{L_x L_y L_A \dfrac{\hbar^2}{2m_j^*} 2k\mathrm{d}k} = 3\frac{m_j^*}{\pi \hbar^2 L_A} \qquad (4\text{-}5\text{-}16)$$

如此类推，态密度是个阶跃函数。如图 4-5-4(a) 中的粗直线所示，描述的态密度为大于 0 的分段常量。对于体材料 $L_x \times L_y \times L_z$，能量表达式为

$$E_{Ct} = E_C + \left(\frac{\hbar^2 k_x^2}{2m_C^*} + \frac{\hbar^2 k_y^2}{2m_C^*} + \frac{\hbar^2 k_z^2}{2m_C^*}\right) \qquad (4\text{-}5\text{-}17a)$$

$$E_{Vt} = E_V - \left(\frac{\hbar^2 k_x^2}{2m_V^*} + \frac{\hbar^2 k_y^2}{2m_V^*} + \frac{\hbar^2 k_z^2}{2m_V^*}\right) \qquad (4\text{-}5\text{-}17a)$$

导带中电子最低能量为 E_C，价带中空穴的最高能量为 E_V。单位体积单位能量的状态数为

$$\rho_{SC} = \frac{\mathrm{d}N}{L_x L_y L_z \mathrm{d}E} = \frac{2 \times 4\pi k^2 \mathrm{d}k \Big/ \left(\dfrac{2\pi}{L_x}\dfrac{2\pi}{L_y}\dfrac{2\pi}{L_z}\right)}{L_x L_y L_z \dfrac{\hbar^2}{2m_C^*} 2k\mathrm{d}k} = \frac{m_C^*}{\pi^2 \hbar^2}\sqrt{\frac{2m_C^*}{\hbar^2}}\left(E_{Ct} - E_C\right)^{1/2} \qquad (4\text{-}5\text{-}18a)$$

$$\rho_{SV} = \frac{dN}{L_x L_y L_z dE} = \frac{2 \times 4\pi k^2 dk \Big/ \left(\frac{2\pi}{L_x} \frac{2\pi}{L_y} \frac{2\pi}{L_z} \right)}{L_x L_y L_z \frac{\hbar^2}{2m_V^*} 2k dk} = \frac{m_V^*}{\pi^2 \hbar^2} \sqrt{\frac{2m_V^*}{\hbar^2}} \left(E_V - E_{Vt} \right)^{1/2} \qquad (4\text{-}5\text{-}18b)$$

式中，ρ_{SC}、ρ_{SV} 依次为导带中电子的态密度与价带中空穴的态密度。对于体材料有源层，单位能量的态密度与能量 $E = \left| E_{jt} - E_j \right| (j = C, V)$ 的开方成正比。在价带顶与导带底，态密度为 0。如图 4-5-4(a) 中的粗虚线描述体材料态密度与能量的关系，在价带顶与导带底，态密度均为 0。图 4-5-4(a) 画出了两种空穴，其中粗虚线是重空穴，细曲线为轻空穴的。对于体材料，这两种空穴在价带顶是简并的。量子阱的引进，使两种空穴的 E_{V1} 不再简并。我们应该注意到，由于空穴的有效质量 m_V^* 比电子的有效质量 m_C^* 大，引起的态密度也是不相等的。

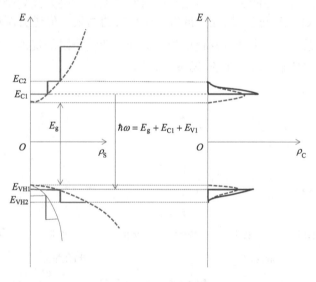

(a) 态密度与能量的关系　　　　(b) 载流子密度与能量的关系

图 4-5-4　量子阱单位能量态密度、载流子密度与能量关系

将态密度乘以费米-狄拉克统计函数可得温度为 T 时的载流子密度。单位能量的自由电子密度可表示为

$$\rho_{CC1} = \rho_{SC1} \cdot \frac{1}{1 + \exp\left(\dfrac{E_{C1} - E_{FC}}{k_B T} \right)} = \frac{m_C^*}{\pi \hbar^2 L_A} \cdot \frac{1}{1 + \exp\left(\dfrac{E_{C1} - E_{FC}}{k_B T} \right)} \qquad (4\text{-}5\text{-}19)$$

式中，E_{FC} 为有电子注入时的准费米能级，E_{C1} 由式 (4-5-12) 确定。单位能量的自由空穴密度可表示为

$$\rho_{CV1} = \rho_{SV1} \cdot \left[1 - \frac{1}{1 + \exp\left(\dfrac{E_{V1} - E_{FP}}{k_B T}\right)} \right] = \frac{m_V^*}{\pi \hbar^2 L_A} \cdot \left[\frac{\exp\left(\dfrac{E_{V1} - E_{FP}}{k_B T}\right)}{1 + \exp\left(\dfrac{E_{V1} - E_{FP}}{k_B T}\right)} \right] \quad (4\text{-}5\text{-}20)$$

图 4-5-4(b)中的粗实线描述载流子密度，虚线描述体材料的载流子密度。由此可见，量子阱实现粒子数反转就比较容易，对应阈值电流就比较低。而且粒子数反转的峰值宽度比较小，对应光谱线宽也较窄。

应该注意到，量子阱中 E_{C1} 上的自由电子密度与 E_{V1} 上的自由空穴密度是不同的。如果能设法让它们相同，阈值电流还可以下降。图 4-5-5 呈现了两种应变：(a)拉伸作用，势垒层的晶格常数要比势阱层的晶格常数大；(b)压缩作用，势垒层的晶格常数要比势阱层的晶格常数小。研究结果表明，当势阱层较薄，势垒层的晶格常数改变不太多时(<1%)，并不会产生缺陷，相反还能引起能带结构的有利改变。如略升高导带底与价带顶的阶跃能量，使 E_{FP} 进入价带一些，加强价带势阱对空穴的约束，促进有源层中电子浓度与空穴浓度尽可能接近，进一步降低阈值电流。此即应变量子阱的优点。与其他半导体激光器相比，量子阱激光器的阈值电流(密度)较低。

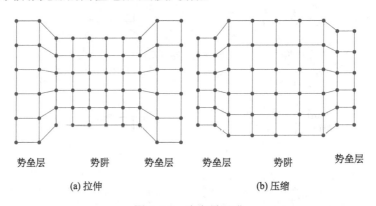

势垒层　　　　势阱　　　势垒层　　　　势垒层　　　势阱　　　　势垒层

(a) 拉伸　　　　　　　　　　　(b) 压缩

图 4-5-5　应变量子阱

量子阱激光器中，阱宽变得很薄，有源区体积非常小，在双异质结有源层中的增益关系式(4-3-14)中，虽然透明电流密度 J_0 会略有变大，但限制因子 Γ 却大大变小，J_0 在总阈值电流密度 J_{th} 中所占比例可以忽略，增益与电流密度关系不再是线性，而代之以对数关系

$$g = g_0 \ln\left(\frac{J}{J_0}\right) = J_0 \beta \ln\left(\frac{J}{J_0}\right) \quad (4\text{-}5\text{-}21)$$

式中，g_0 为量子阱的增益系数；J_0 为透明电流密度；β 为线性增益系数。将阈值量代入上式，再由式(4-3-12)可得

$$J_{th} = J_0 \exp\left(\frac{g_{th}}{J_0\beta}\right) = J_0 \exp\left(\frac{\alpha_i + \dfrac{1}{2L}\ln\dfrac{1}{R_1 R_2}}{J_0\beta}\right) \tag{4-5-22}$$

考虑到内量子效率 η_i 与光限制因子 Γ，上式可改为

$$J_{th} = \frac{J_0}{\eta_i} \exp\left(\frac{\alpha_i + \dfrac{1}{2L}\ln\dfrac{1}{R_1 R_2}}{J_0\beta\Gamma}\right) \tag{4-5-23}$$

光在单量子阱中传输时，只有很小一部分在有源区中，限制因子非常小

$$\Gamma_S \approx 2\pi^2\left(n_A^2 - n_B^2\right)\left(\frac{L_A}{\lambda}\right)^2 \tag{4-5-24}$$

式中，n_A 为阱介质的折射率；n_B 为垒介质的折射率。如 $L_A = 15\text{nm}$，$\lambda = 1.55\mu\text{m}$，$n_A = 3.54$，$n_B = 3.18$ 时，单量子阱限制因子 $\Gamma_S = 0.0045$。采用多量子阱，无疑能提高光限制因子

$$\Gamma_M \approx \frac{N_A L_A}{N_A L_A + N_B L_B} \cdot 2\pi^2\left(n^2 - n_B^2\right)\left(\frac{N_A L_A + N_B L_B}{\lambda}\right)^2 \tag{4-5-25}$$

式中，N_A、N_B 分别是阱数、阱间垒数。n 为平均折射率

$$n = \frac{N_A L_A n_A + N_B L_B n_B}{N_A L_A + N_B L_B} \tag{4-5-26}$$

显然，$N_A = 1$，$N_B = 0$，式(4-5-25)即变为式(4-5-24)。当 $L_A = 15\text{nm}$，$L_B = 60\text{nm}$，$\lambda = 1.55\mu\text{m}$，$n_A = 3.54$，$n_B = 3.18$，$N_A = 5$，$N_B = 4$ 时，多量子阱限制因子 $\Gamma_M = 0.107$，明显大于 Γ_S，这将有利于阈值电流密度的下降。多量子阱的阱数越多，限制因子将越大，这一点对于降低阈值电流是有利的。但阱数越多，使得注入载流子越困难，降低内量子效率，这对降低阈值电流密度将是不利的。因此，在实际制作器件时，需考虑量子阱数目的优化问题。另外，在结构方面，设置强化约束载流子物质层是明智的选择。如图4-5-6(a)所示为简单多量子阱，图 4-5-6(b)为阶跃分别限制多量子阱，图 4-5-6(c)为渐变分别限制多量子阱。对于单量子阱也有类似结构。

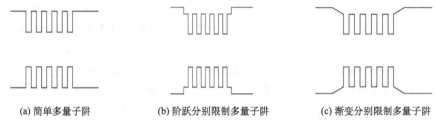

(a) 简单多量子阱　　　　　(b) 阶跃分别限制多量子阱　　　　　(c) 渐变分别限制多量子阱

图 4-5-6　多量子阱结构的强化结构

量子阱激光器的特征温度较高。如 AlGaAs LD 的 $T_0 \approx 120\text{K}$，而 AlGaAs QW LD 的 $T_0 \approx 160\text{K} \sim 300\text{K}$；InGaAsP LD 的 $T_0 \approx 50\text{K}$，InGaAsP QW LD 的 $T_0 \approx 150\text{K}$。量子阱激光器有较高的斜率效率。电流注入半导体激光器的斜率效率被定义为注入电流大于阈值电流时每增加单位电流引起的激光输出功率的增加量。实验上可以依据下式测定：

$$\eta_S = \frac{P_2 - P_1}{I_2 - I_1} \tag{4-5-27}$$

式中，P_2、P_1 依次是额定输出光功率的 90% 与 10% 的值；I_2、I_1 分别为与 P_2、P_1 对应的注入电流值。与其他半导体激光器比，量子阱激光器还有寄生参数小、张弛振荡小的特点，因此适合高速光通信对光源的要求。

【例 4-5-1】设 GaAs 导带中电子的有效质量为 $m_e^* = 0.07 m_e$，价带中重空穴的有效质量为 $m_h^* = 0.47 m_e$，体材料 GaAs 的禁带宽度为 $E_g = 1.424\text{eV}$。试计算阱宽为 $L_A = 10.0\text{nm}$ 的 GaAs 量子阱中自由电子能级 E_{C1} 与自由空穴能级 E_{V1} 以及量子阱激光器的输出波长。比较多量子阱激光器与单量子阱激光器在阈值电流密度的差异。

解：用一维无限深势阱的结果进行计算，由式 (4-5-11)

$$E_{j1} = \frac{\hbar^2 \pi^2}{2 m_j^* L_A^2} \qquad j = \text{C,V}$$

$$E_{C1} = \frac{\hbar^2 \pi^2}{2 m_e^* L_A^2} = \frac{1.055^2 \times 10^{-68} \pi^2}{2 \times 0.07 \times 9.11 \times 10^{-31} \times 10.0^2 \times 10^{-18} \times 1.6 \times 10^{-19}} = 5.383 \times 10^{-2}\,\text{eV}$$

$$E_{V1} = \frac{\hbar^2 \pi^2}{2 m_h^* L_A^2} = \frac{1.055^2 \times 10^{-68} \pi^2}{2 \times 0.47 \times 9.11 \times 10^{-31} \times 10.0^2 \times 10^{-18} \times 1.6 \times 10^{-19}} = 8.02 \times 10^{-3}\,\text{eV}$$

由式 (4-5-13b)

$$\lambda = \frac{1.24}{E_g + E_{C1} + E_{V1}} = \frac{1.24}{1.424 + 0.054 + 0.008} = 0.834\mu\text{m} = 834\text{nm}$$

由式 (4-5-23)、式 (4-5-24) 和式 (4-5-25) 看到，量子阱激光器的阈值电流密度与光限制因子密切相关。单量子阱因有源区太薄而造成光限制因子非常小，采用多量子阱可成倍地增加光限制因子，减小阈值电流密度。

拓展：

密集波分复用 DWDM 光源：在光纤通信中，将多个不同波长的信号光导入同一单模光纤中传输、通信的技术称为波分复用技术。若相邻信道的光波长间隔 $\Delta\lambda \leqslant 1.6\text{nm}$（或频率间隔 $\Delta\nu \leqslant 200\text{GHz}$），则此种复用称为密集波分复用。密集波分复用技术大大提高了对通信资源的利用率，同时对光源提出了相当苛刻的要求。为了保证不出现信道间的串扰，激光器输出波长应该非常稳定，中心波长的漂移应小于 $\pm\Delta\lambda/5$；激光器输出 -20dB 谱线宽度应小于 0.2nm。应变多量子阱加上内置分布反馈光栅构成的 MQW DFB 半导体激光器（即有源层采用多量子阱，在有源层上方构建光栅实现选模）能满足这方面的要求。

垂直腔面发射激光器（vertical cavity surface emitting laser, VCSEL）：量子阱能提供粒子布居集中到

非常一致的粒子数反转，实现激光发射的超低阈值电流与比较细的线宽。尽管有源层非常薄，仍然能在有源层厚度方向实现谐振，发射激光束。谐振腔的制造可在多量子阱有源层的上方与下方生长多层膜，构成 DBR 分布反射器谐振腔。这就能制造成功垂直腔面发射激光器。VCSEL 可充分发挥光子的并行操作能力与大规模集成面阵的优势，在光信息处理、光互连、光交换、光计算、神经网络等领域具有广泛的应用前景。

4.5.3　量子线与量子点激光器

载流子在两个方向上具有量子效应的有源区，称量子线。载流子在三个方向均有量子效应的有源区称量子盒(点)。如图 4-5-7(a) 所示，是量子阱激光器的工作原理示意图，载流子从上下表面注入多量子阱中，电子被注入 E_{C1} 能级上方附近、空穴被注入 E_{V1} 能级下方附近，实现粒子数反转布居，在前后晶面谐振腔之间谐振，完成光的受激放大输出。图 4-5-7(b) 是量子线激光器的结构示意图，量子线在两个方向上有量子效应，态密度比量子阱更大，输出激光更好。图 4-5-7 属于边发射型半导体激光器。如图 4-5-8 是量子盒(点)激光器的示意图，量子点在三个方向上均有量子效应，能级接近原子能级，态密度为 δ 函数。量子点激光器输出的激光束，性能更好。图 4-5-8 属于面发射型激光(二极管)。

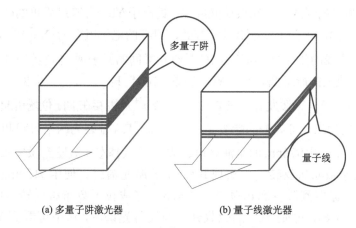

(a) 多量子阱激光器　　　　　　　　(b) 量子线激光器

图 4-5-7　量子阱激光器与量子线激光器

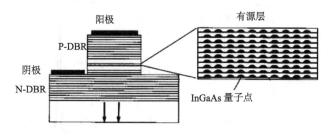

图 4-5-8　量子点半导体激光(二极管)

4.6　光纤激光器

以光纤作为工作物质的激光器称光纤激光器(fiber laser)。1961 年，美国光学公司的 Snitzer 等就光纤激光器做出了开创性工作。20 世纪 80 年代，英国 Southampton 大学的 Poole 等用金属有机化学气相沉积(metal-organic chemical vapor deposition, MOCVD)法制成了低损耗的掺铒光纤，奠定了制作实用的光纤激光器的基础。现今，已发展了许多种光纤激光器。

按工作物质分，光纤激光器可分为：稀土类掺杂光纤激光器、光纤非线性效应激光器、单晶光纤激光器、塑料光纤激光器。按谐振腔结构分，光纤激光器可分为：Fabry-Perot 腔光纤激光器、环行腔光纤激光器。按输出波长数目分，光纤激光器可分为：单波长光纤激光器与多波长光纤激光器。按光纤结构分类，光纤激光器可分为：单包层光纤激光器、双包层光纤激光器。

4.6.1　稀土掺杂光纤激光器的工作物质

在光纤纤芯中掺稀土元素可构造光纤激光增益介质。最常见的稀土元素有镱、铒等。它们常以 3 价离子的形式掺杂在玻璃光纤中。镱离子 Yb^{3+} 有着最简单的能级结构。镱元素，原子序数为 70，电子组态为 $[Xe]4f^{14}6s^2$，Yb^{3+} 的电子组态为 $[Xe]4f^{13}$，其中 $[Xe]$ 为氙占 54 个电子构成的闭壳层，$4f^{13}$ 与 $4f^1$ 具有相类同的原子项，但能级的排列满足倒序，即 LS 耦合中 J 值大的能级低。于是 Yb^{3+} 的原子态有 $^2F_{7/2}$、$^2F_{5/2}$，根据洪德定则，$^2F_{7/2}$ 为基态所在的态，$^2F_{5/2}$ 为激发态。在室温附近，Yb^{3+} 周围存在的配位场引起能级的斯塔克分裂，$^2F_{7/2}$ 分裂为三个可观测的能级 a、b、c，而 $^2F_{5/2}$ 分裂为两个可观测的能级 d、e，如图 4-6-1(a)所示。用 976nm 的泵浦光可造成 Yb^{3+} 从基态 a 激发到激发态 d，使态 d 与态 b 间形成粒子数布居反转，可实现 1081nm 的激光辐射。使用 915nm 的泵浦光可造成 Yb^{3+} 从基态 a 激发到激发态 e，使态 e 与态 b 间形成粒子数布居反转，可实现 1025nm 的激光辐射。图 4-6-1(b)是 Yb^{3+} 的吸收光谱与发射光谱图，从中可看到 Yb^{3+} 在 915nm

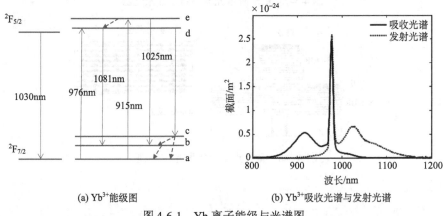

(a) Yb^{3+} 能级图　　　　　　　　(b) Yb^{3+} 吸收光谱与发射光谱

图 4-6-1　Yb 离子能级与光谱图

处有较强的吸收峰，有约 50nm 的谱宽度。在 976nm 处有个更强的吸收峰，高度大约是 915nm 处的 4 倍,但谱宽较窄。发射光谱也有两个峰值,分别位于 976nm 处与 1031nm 处。由于不存在其他激发态能级，理论上镱离子不会发生激发态吸收和能量上转换，因此，较高的掺杂浓度不会引起发光淬灭，从而掺镱是获得高功率输出的首选。

Er^{3+} 的能级相对复杂。铒 Er ，原子序数为 68，电子组态为 $[Xe]4f^{12}6s^2$ ， Er^{3+} 的电子组态为 $[Xe]4f^{11}$ ，而 $4f^{11}$ 与 $4f^3$ 具有相类同的原子项，能级的排列还是满足倒序，即 LS 耦合中 J 值大的能级低。 Er^{3+} 除了有原子态 $^4I_{15/2}$ 、 $^4I_{13/2}$ 、 $^4I_{11/2}$ 、 $^4I_{9/2}$ 之外，还有其他多个原子态，能级渐高。 Er^{3+} 易发生激发态吸收和能量上转换以及在较高掺杂浓度下淬灭的现象。因此，用单一掺杂 Er^{3+} 来制作高功率光纤激光器存在非常大的困难。但 Er^{3+} 的激射波长恰位于光纤通信中的波长范围内，掺铒光纤激光器与光纤放大器有着非常大的应用价值。如图 4-6-2 是 Er^{3+} 的几个低能级图。 Er^{3+} 基态

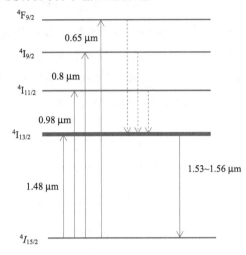

图 4-6-2　Er^{3+} 的几个低能级

位于 $^4I_{15/2}$ 态， $^4I_{13/2}$ 是个亚稳态，寿命长达 10ms ，并且由于不同格点位置配位场的随机性被分裂成能带。从基态 $^4I_{15/2}$ 吸收波长为 1.48μm 、 0.98μm 、 0.8μm 、 0.65μm 的光子后， Er^{3+} 可依次跃迁到激发态 $^4I_{13/2}$ 、 $^4I_{11/2}$ 、 $^4I_{9/2}$ 和 $^4F_{9/2}$ 。从亚稳能带 $^4I_{13/2}$ 向基态的跃迁可获得波长在 1.53～1.56μm 的光子。图 4-6-3 是 Er^{3+} 的吸收光谱与荧光光谱。 Er^{3+} 在 1510nm 处有一个谱宽约 100nm 的吸收峰，对应 Er^{3+} 从 $^4I_{15/2}$ 跃迁到 $^4I_{13/2}$ 。在 980nm 处有一个谱宽约 40nm 的吸收峰，对应 Er^{3+} 从 $^4I_{15/2}$ 跃迁到 $^4I_{11/2}$ 。 Er^{3+} 的荧光峰位于 1510nm 处，与亚稳能带 $^4I_{11/2}$ 向基态 $^4I_{15/2}$ 的跃迁对应。

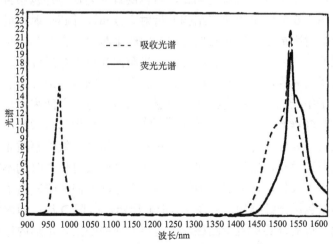

图 4-6-3　Er^{3+} 的吸收光谱与荧光光谱

要获得在通信波长的大功率激光输出，人们将 Er^{3+}、Yb^{3+} 共掺，得到了不错的效果。如图 4-6-4 所示。Yb^{3+} 的亚稳态能级 $^4F_{5/2}$ 与 Er^{3+} 的激发态能级 $^4I_{11/2}$ 恰巧相等，Er^{3+}、Yb^{3+} 共掺时，Yb^{3+} 将激发态 $^4F_{5/2}$ 能量快速传递给 Er^{3+} 的态 $^4I_{11/2}$，该过程可用下式表示：

$$Yb^{3+}\left(^4F_{5/2}\right)+Er^{3+}\left(^4I_{15/2}\right)\rightarrow Yb^{3+}\left(^4F_{7/2}\right)+Er^{3+}\left(^4I_{11/2}\right) \tag{4-6-1}$$

处于态 $^4I_{11/2}$ 的 Er^{3+} 离子再经无辐射快速弛豫过程跃迁到亚稳态 $^4I_{13/2}$，协助 Er^{3+} 实现 $^4I_{13/2}$ 态与 $^4I_{15/2}$ 态间的粒子数布居反转。980nm 的泵浦光本身也对 Er^{3+} 离子激发，形成态 $^4I_{11/2}$，态 $^4I_{11/2}$ 再经无辐射快速弛豫过程跃迁到亚稳态 $^4I_{13/2}$。两种过程一起，加强了粒子数布居反转，可获得大功率的激光输出。

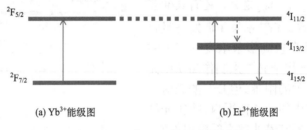

(a) Yb^{3+}能级图　　　　　　　　　(b) Er^{3+}能级图

图 4-6-4　Er^{3+}、Yb^{3+} 共掺能级图

4.6.2　光纤激光器的泵浦方式

光纤激光器普遍采用光泵浦方式。光源常选用半导体激光器。基本的泵浦方式是使用聚光元件(如透镜)将 LD 所发射的光束经过光纤端面引导进入光纤纤芯之中。此种方式称端面泵浦方式。

为了提高激射光的输出功率，增加泵浦光功率是必然的基本选择。采用双包层波导结构与多点侧面泵浦是高功率光纤激光器的常见方式。如图 4-6-5(a) 所示是双包层波导结构的基本形式。掺杂单模纤芯直径为 a，内包层直径为 b，外包层直径 c，可看作同心圆柱体结构。图 4-6-5(b) 是双包层结构的折射率分布，纤芯折射率最大，内包层折射率次之，外包层折射率最小。纤芯与内包层界面约束激射光在纤芯中传播。内包层与外包层界面约束泵浦光在内包层与纤芯中传播。当泵浦光反复穿过纤芯时，其光能逐步被纤芯中的活性离子所吸收，以此实现粒子数布居反转。图 4-6-5(c) 所示的是最有效泵浦光的传输方式：子午光线。子午光线在外包层与内包层界面之间来回反射传播时，每次均能穿过纤芯，如 $ee'ee'ee'ee'ee'e\cdots$，$ff'ff'ff'ff'f\cdots$ 等。这种光线的光能最终会被纤芯中的活性物质所吸收，只要光纤足够长。图 4-6-5(d) 所示是无效的泵浦光传播形式：螺旋光线。螺旋光线在传播时，每次在外包层与内包层之间反射传播时均不穿过纤芯，无法被纤芯中的活性离子吸收，达不到泵浦的效果。于是，人们就研发出了 D 形、偏心形、矩形、梅花形等双包层光纤结构，如图 4-6-6(a) 所示。所谓 D 形，即内包层的形状类似英文字母 D。偏心形的纤芯被置于圆柱形内包层的非中心处。矩形内包层、梅花形内包层即将内包层设计成矩形形状与梅花形形状，在图 4-6-6(a) 中显而易见。图 4-6-6(b) 中还展示了 D 形、矩形、偏心形与同心形双包层结构的纤芯吸收率与光纤长度的计算结果。由图中可见，D 形结构的吸收率随光纤长度的增长最快，而同心形结构的吸收率增长慢而且不久就见极限值。

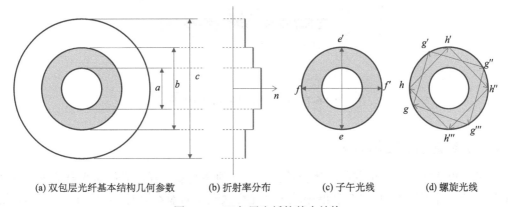

(a) 双包层光纤基本结构几何参数　　(b) 折射率分布　　(c) 子午光线　　(d) 螺旋光线

图 4-6-5　双包层光纤的基本结构

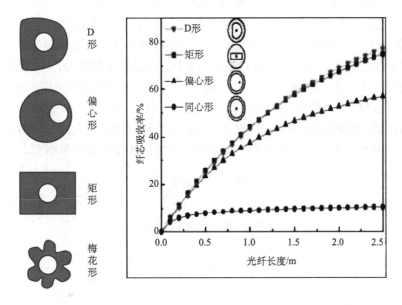

(a) 几种内包层结构　　　(b) 几种内包层纤芯吸收率与光纤长度之间的关系

图 4-6-6　双包层光纤的改进形状

在双包层光纤激光器中，除了在前后两个端面同时泵浦外，还常采用多点的侧面泵浦技术。切开双包层光纤的外包层用棱镜耦合可使泵浦光注入内包层，如图 4-6-7 所示。这种技术可多点实施，可极大地提高泵浦功率。

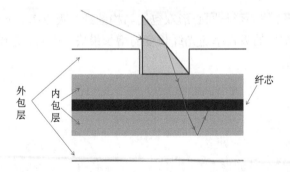

图 4-6-7　侧面泵浦棱镜耦合示意图

4.6.3　光纤激光器的选模技术

采用单模掺杂光纤可获得基横模输出。与其他激光器一样，光纤激光器的纵模选择也是靠谐振腔来实施的。F-P 型谐振腔也是光纤激光器的基本构型。如图 4-6-8 所示，给光纤端面抛光后镀上介质膜 M1 与 M2，要求 M1 对泵浦光透明，对激射光高反（$R_1 = 100\%$）；M2 对泵浦光高反，对激射光透射一部分作为输出，如 $R_2 = 95\%$。M1 与 M2 构成激射光的 F-P 腔。多模大功率半导体激光器 LD 发射泵浦光经隔离器射进稀土掺杂光纤(如掺铒光纤 EDF)中，在那里，稀土离子吸收泵浦光后实现粒子数布居反转，激射光在 F-P 腔中谐振增益，实现激光输出。图中的介质膜反射镜 M1 与 M2 还可用定向耦合器、光纤光栅与光纤环镜替代。如图 4-6-9 所示，用布拉格光纤光栅 FBG 代替 M1，用光纤环镜代替 M2，可得单频光纤激光器。其中 FBG 对泵浦光 100%的透射，激射波长为布拉格波长，激射波长的准 3dB 耦合器将主要光能反射进输入端口，而在另一个端口输出激光。由于布拉格光纤光栅的选频作用，所以该激光器输出单纵模。

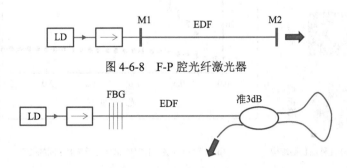

图 4-6-8　F-P 腔光纤激光器

图 4-6-9　一种变形的 F-P 腔光纤激光器

光纤激光器的单纵模输出还可以通过缩短腔长（M1、M2 间距）、M1 与 M2 均用相同布拉格波长的光纤光栅代替（称 DBR 光纤激光器）、除去 M1 与 M2 并在掺杂光纤上制作 π 相移布拉格光纤光栅（称 DFB 光纤激光器）、复合谐振腔等来获得。如图 4-6-10 所示的 Fox-Smith 结构属于复合谐振腔结构。其中，M1 与 M4 之间构成一个谐振腔，M1 与 M3 之间构成另一个谐振腔，掺杂光纤 EDF 位于 M1 一侧。只有这两个谐振腔的共同纵模才有可能谐振输出。不失一般性，设光纤的折射率均为 n，几何参数如图 4-6-10 所示，

则 M1、M4 腔中的谐振频率 ν_i 为

$$\nu_i = \frac{q_i c}{2n(L_1 + L_4)} \tag{4-6-2}$$

式中，q_i 为正整数。M1、M3 腔中的谐振频率 ν_j 为

$$\nu_j = \frac{\left(q_j + \frac{1}{2}\right)c}{2n(L_1 + L_3)} \tag{4-6-3}$$

式中，q_j 也为正整数。设此时两腔谐振频率相等，即

$$\frac{q_i c}{2n(L_1 + L_4)} = \frac{\left(q_j + \frac{1}{2}\right)c}{2n(L_1 + L_3)} \tag{4-6-4}$$

设 L_3 略大于 L_4，M1、M4 腔隔 N 个，M1、M3 腔隔 $N+1$ 个，此时两腔频率又相等，即

$$\frac{(q_i + N)c}{2n(L_1 + L_4)} = \frac{\left[\left(q_j + \frac{1}{2}\right) + N + 1\right]c}{2n(L_1 + L_3)} \tag{4-6-5}$$

式(4-6-5)减式(4-6-4)可得两腔共同的谐振频率间隔 $\Delta\nu$ 为

$$\Delta\nu = \frac{Nc}{2n(L_1 + L_4)} = \frac{(N+1)c}{2n(L_1 + L_3)} \tag{4-6-6}$$

消去 N，可得

$$\Delta\nu = \frac{c}{2n(L_3 - L_4)} \tag{4-6-7}$$

由上式可见，选择光纤长度 L_3、L_4 为适当值，使 $L_3 - L_4$ 足够小，可得复合谐振腔的纵模间隔足够大。当两谐振腔中只有一个共同的纵模频率落在增益线宽内，便实现了 Fox-Smith 型光纤激光器的单纵模输出。

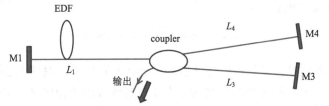

图 4-6-10 Fox-Smith 结构光纤激光器

　　得益于光纤易于弯折光路，光纤激光器也常采用环形谐振腔。如图 4-6-11 所示为环形腔光纤激光器的基本光路图。半导体激光器 LD 发出的泵浦光经波分复用器 WDM 耦合进掺铒光纤 EDF 中，泵浦光被铒离子 Er^{3+} 吸收形成粒子数反转，激射光经隔离器 ISO 及耦合器 coupler 经光栅 FBG 选模后返回到光纤环路，波长为布拉格波长的激射光在光纤环路中反复振荡增益形成激光输出。

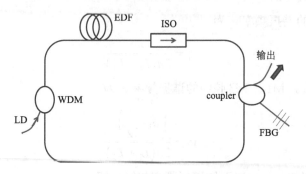

图 4-6-11　环形腔光纤激光器光路图

　　与光学环形器组合,环形腔光纤激光器还可以实现多个波长的单模输出,如图 4-6-12 所示。半导体激光管 LD 辐射的 980nm 的泵浦光束由波分复用器 WDM 耦合进光纤环路,泵浦光在掺铒光纤 EDF 中传播时被铒离子吸收,之后形成铒离子粒子数布居反转。铒离子从激发态跃迁发射 1550nm 左右的激射光,经环形器进入 8 组光纤光栅臂,于是 8 个布拉格波长各不等的光纤光栅反射出 8 个对应波长的光束,经环形器传入光纤链路。偏振控制器 PC 可控制相应波长的损耗,被选出的 8 个波长的光均衡地以 90% 的比例在环形链路中反复谐振增益,最后在耦合器的输出端输出。

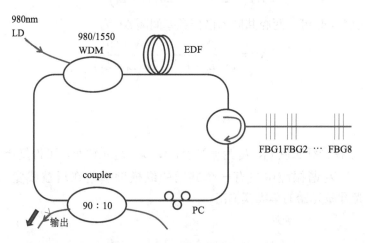

图 4-6-12　多波长环形腔光纤激光器

　　环形腔光纤激光器除了能输出连续激光束外,还能经调 Q 技术与锁模技术输出脉冲激光束。如图 4-6-13 所示是使用可饱和吸收体来实现被动锁模的脉冲光纤激光器的光路图。半导体激光管 LD 发射的激光束作为泵浦光由波分复用器 WDM 耦合进光纤环路,泵浦光在掺铒光纤 EDF 中传播时被铒离子吸收,之后形成铒离子粒子数布居反转。铒离子跃迁发射 1500nm 左右的激射光,该激光束可用偏振控制器 PC 调节损耗,再经可饱和吸收体压窄,经耦合器后大部分光进入光路继续经隔离器 ISO 谐振放大。耦合器将激射光的一小部分经输出端输出。如图 4-6-14 是可饱和吸收体压窄光脉冲的情景。可饱和吸收体在光脉冲到来的前沿吸收光,饱和吸收后,对脉冲峰值透明,因而脉冲峰值完全通过，而粒子数布居反转的高能态粒子迅速跃迁减弱了粒子数布居反转的程度，到脉冲的后沿来到时，又起到吸收光的效果。因而可饱和吸收体有压窄光脉冲的能力。未泵浦的光纤、半导体量子阱、石墨烯等均可拿来制作可饱和吸收体。

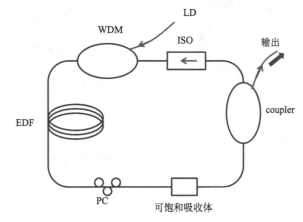

图 4-6-13　可饱和吸收体锁模光纤激光器

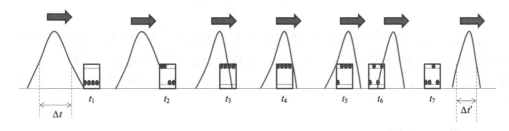

图 4-6-14　可饱和吸收体压窄光脉冲的过程

拓展：

激光切割：激光切割的一种机制是高功率密度激光照射在材料上，引起被照射处的材料吸收光能后熔化。当材料底层被熔化时，由切割嘴喷出的强大气流将熔融液体吹走，实现切割。切口宽度取决于光斑尺寸。光纤激光器产生的激光不仅功率密度大，而且光束质量高、光斑尺寸小。因此，光纤激光器是进行激光切割等激光加工的重要光源。图 4-6-15 是五轴联动激光切割原理图。图(a)是激光切割头实物图，图(b)是激光束运行光路图。经扩束准直的激光束由 4 块反射镜反射，最后由透镜聚焦成一个非常小的光斑。整个装置被密封在切割嘴的位置与方向连续可调的装备中，切割嘴离开工件表面的距离由电容式传感器测定，高压气体可通过切割嘴喷出。装置的温度由水冷系统控制。

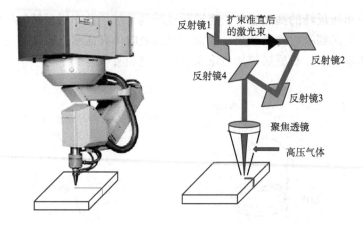

(a) 五轴联动激光切割头　　　　　　(b) 五轴联动激光切割头光路图

图 4-6-15　激光切割原理图

4.7 光 放 大 器

光放大器本质上是低于激光器阈值增益的光放大输出。它与激光器的最大不同是它的功能为对外界输入光进行放大，而激光器是选择自己的某种(些)辐射进行放大。常见的光放大器有半导体光放大器、稀土掺杂光纤放大器(主要有掺铒光纤放大器)与拉曼光纤放大器。

4.7.1 半导体光放大器

半导体光放大器(semiconductor optical amplifier，SOA)就是注入电流小于阈值电流的半导体激光器。如图 4-7-1 所示，由光纤输入端输入的信号光功率 P_{Sin} 经半导体光放大器(虚线框内)放大，最后以光功率 P_{Sout} 在光纤输出端输出。可以定义光放大器的增益

$$G = \frac{P_{Sout}}{P_{Sin}} \tag{4-7-1a}$$

或用分贝表示

$$G = 10\lg\frac{P_{Sout}}{P_{Sin}} \quad (\text{dB}) \tag{4-7-1b}$$

低于阈值的注入电流促使半导体有源区实现粒子数布居反转，当波长位于增益峰内的信号光穿过有源区时，该信号光就可由受激辐射实现光放大。半导体光放大器主要由输入输出耦合透镜(很多时候是光纤透镜)与半导体 LD 元件组成，其核心元件就是改造过的半导体 F-P LD。若 F-P 腔的后、前端界面的反射率为 R_1、R_2，腔长为 L，单程增益为 G_S，则

$$G_S = \exp\big[(\Gamma g - \alpha)L\big] \tag{4-7-2}$$

式中，Γ 是光学限制因子；α 为损耗；g 是增益系数。省去透镜系统对光信号的改变的

考虑，可推得 F-P 腔的增益 G 可表达为

$$G = \frac{(1-R_1)(1-R_2)G_S}{\left(1-\sqrt{R_1R_2}G_S\right)^2 + 4\sqrt{R_1R_2}G_S\sin^2\left[\frac{\pi(\nu-\nu_0)}{\Delta\nu}\right]}$$ (4-7-3)

式中，ν_0 是增益谱中心频率；ν 是信号光频率；$\Delta\nu$ 是 F-P 腔的纵模间隔频率，参见式 (4-3-21)。定义增益峰谷比 ΔG，

$$\Delta G = \frac{G_{\max}}{G_{\min}} = \frac{\left(1+\sqrt{R_1R_2}G_S\right)^2}{\left(1-\sqrt{R_1R_2}G_S\right)^2}$$ (4-7-4)

称 $\Delta G > 3\mathrm{dB}$ 的半导体放大器为 F-P 型放大器；称 $\Delta G < 3\mathrm{dB}$ 的半导体放大器为行波 (traveling wave，TW) 型放大器。从结构上分，半导体光放大器可分为 F-P 型光放大器与行波型光放大器两种。显然，$R_1 = R_2 = 0$ 时，增益峰谷比 $\Delta G = 1(0\mathrm{dB})$ 为理想的行波放大器。一般地，不镀膜 F-P 型腔构成的放大器为 F-P 放大器，其端面反射率约为 0.3。利用 $\Delta G = 3\mathrm{dB}$，可以算出行波放大器的条件是

$$\sqrt{R_1R_2}G_S < 0.17$$ (4-7-5)

如果要求 $G_S = 30\mathrm{dB}$，则端面反射率应小于 1.7×10^{-4}。镀增透膜，可实现端面反射率小于 10^{-3}，但还是不能实现行波放大器。改进半导体元件制作工艺，镀膜加倾斜有源层，如图 4-7-2 所示，可极大地削弱信号光在腔中的反射谐振，端面反射率可达 10^{-4}，从而实现半导体行波放大器。图中，半导体有源层相对水平位置倾斜大约 8°，当然，半导体放大器的其他元件的放置必须做相应的改变。另一个结构也能实现行波放大器，就是在有源层与腔端面之间插入透明窗口，信号光束在半导体与空气的界面上被透明窗口分束，反射光束经过分束后就不可能回到有源区，这样能实现端面反射率小于 10^{-4}。

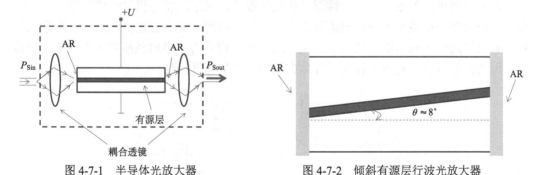

图 4-7-1　半导体光放大器　　　　　　　图 4-7-2　倾斜有源层行波光放大器

设光沿 z 方向传播，有源层长 L，z 位于 $0 \leqslant z \leqslant L$，为简单，不考虑透镜耦合系统对信号光的影响。当注入电流一定时，有源层位置 z 处的增益系数 g 可表示为

$$g(z) = \frac{g_0}{1 + P_S(z)/P_{\mathrm{Sat}}}$$ (4-7-6)

式中，g_0 为无输入时非饱和介质的最大增益系数；$P_S(z)$ 为 z 处的信号光功率；P_{Sat} 为

光放大器的饱和光功率。如介质中有 100 个电子空穴对，1 个信号光子入射，可产生 100 个受激辐射光子，$g_0 = 101$ 最大。当有 2 个信号光子入射时，增益最大 $g_{max} = 51$；当有 5 个信号光子入射时，增益最大 $g_{max} = 21$；当有 10 个信号光子入射时，增益最大 $g_{max} = 11$；当有 100 个信号光子入射时，增益最大 $g_{max} = 2.0$。经过 $\mathrm{d}z$ 信号光功率增加 $\mathrm{d}P_S$

$$\mathrm{d}P_S = g(z)P_S(z)\mathrm{d}z = \frac{g_0}{1 + P_S(z)/P_{Sat}}P_S(z)\mathrm{d}z \tag{4-7-7}$$

将上式整理并积分，即

$$\int_{P_S(0)}^{P_S(L)} \frac{1 + P_S(z)/P_{Sat}}{P_S(z)}\mathrm{d}P_S = \int_0^L g_0\mathrm{d}z \tag{4-7-8}$$

令

$$G_0 = \exp(g_0 L) \tag{4-7-9}$$

则式 (4-7-8) 可为

$$G = 1 + \frac{P_{Sat}}{P_{Sin}}\ln\left(\frac{G_0}{G}\right) \tag{4-7-10}$$

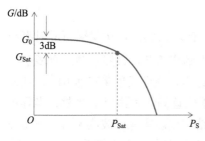

图 4-7-3　增益与输入光功率的关系

注入电流一定，半导体光放大器能维持的粒子数反转就一定，其增益随输入信号光功率的增加而下降，当增益缩小到 $G_{Sat} = G_0 - 3\mathrm{dB}$ 时，对应的输入信号光功率称饱和光功率 P_{Sat}。图 4-7-3 演示了增益与输入光功率的变化关系。出现增益饱和的原因是载流子经受激辐射减少后得不到及时的补充。增益饱和现象甚至在维持信号光的输入功率，增加注入电流时，也会出现。

为了获得更大的增益，一种锥形结构就被设计出来了。将电极设计成如图 4-7-4 的形式，维持在电极整个区域里电流密度为一个恒定的值，在有源层所对应的锥形区域里粒子数反转达到相同水准，信号光在逐步增强的过程中将不会出现增益饱和现象。也避免了因为发热过多、光场太强对半导体有源层产生破坏性损伤。

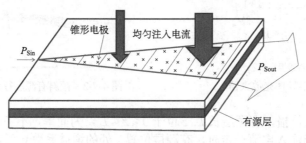

图 4-7-4　锥形放大器

探究：

在原子物理实验中，希望得到一个窄线宽高功率的激光束。采用光栅外腔半导体激光器可得到低功率窄线宽的激光输出。若将此激光束导入一个与之匹配的锥形半导体光放大器，就能得到一窄线宽高功率的激光束。在温度为170nK时，观测到铷原子的玻色-爱因斯坦凝聚。试查阅相关资料，指出运用此种激光束的理由为【　　】。

(A) 功率大，铷原子可以吸收光能成为气体，否则铷为固体

(B) 功率大，铷原子能迅速多次吸收光子能量，快速减慢运动速度

(C) 窄线宽，可以提高光子被铷原子吸收的利用率

(D) 窄线宽，铷原子就会被夹在线缝里，无法动弹，实现玻色-爱因斯坦凝聚

半导体有源层呈扁平矩形状非对称性结构，引起 PN 结平面方向（水平方向）的衍射损耗比垂直 PN 结平面方向（垂直方向）的衍射损耗小，从而引起水平方向的增益比垂直方向的增益大，造成放大的光信号水平方向偏振的光强大于垂直方向偏振的光强，即出射光呈偏振相关性。这种偏振相关性可采用合适的光路设计来加以弥补，如图 4-7-5 所示。图 4-7-5(a) 在同一光路中，将相同的半导体放大器相互正交地放置；图 4-7-5(b) 自然光先经过偏振分束器分成振动方向相互正交的两束光，这两束光单独经过相同放置的相同半导体放大器放大后再经偏振合束器合束传输；图 4-7-5(c) 自然光经耦合器进入偏振控制器，再经过半导体放大器放大后，再经法拉第旋转器振动方向转过45°后，遇反射镜返回，再遇法拉第旋转器继续转过45°后，经半导体放大器放大后经偏振控制器，最后由耦合器耦合进另一光路输出。

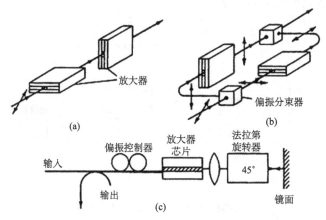

图 4-7-5　消除半导体光放大器的偏振相关性的影响

4.7.2　掺铒光纤放大器

将稀土掺杂光纤激光器的谐振腔去掉便得到稀土掺杂光纤放大器，将掺铒光纤激光器的谐振腔去掉便得到掺铒光纤放大器。

如图 4-7-6 所示是同向泵浦的掺铒光纤放大器结构示意图。它主要由掺铒光纤 EDF、光隔离器 ISO、LD 泵浦光源、耦合器 WDM 与滤波器组成。半导体激光器发出的光作为

泵浦光，泵浦光与信号光被耦合器 WDM 耦合进同一光路在同一方向上传输。泵浦光进入掺铒光纤 EDF 将基态铒离子激发到激发态，使铒离子布居反转。落在增益谱中的信号光通过 EDF 时得到受激放大，经隔离器 ISO 与滤波器后输出。光隔离器阻止反向光传输，保证放大器稳定工作。滤波器滤除噪声光波，在在线应用中确保不同波长光有相同的增益(称增益平坦)。图 4-7-7 所示是反向泵浦的掺铒光纤放大器结构示意图，图 4-7-8 所示是双向泵浦的掺铒光纤放大器结构示意图。显而易见，反向泵浦光路图中，泵浦光的传播方向与信号光传播方向相反，双向泵浦中同向泵浦与反向泵浦均有。同向泵浦型光纤放大器有好的噪声性能，反向泵浦型光纤放大器的输出信号功率高，双向泵浦型光纤放大器的输出信号功率比单泵浦源高 3dB，且放大特性与信号传输方向无关。

　　应用能量守恒与转化定律，我们可以估计出泵浦光源的最小功率。掺铒光纤放大器的泵浦方式普遍采用光泵浦。设泵浦光波长为 λ_P、信号光波长为 λ_S，泵浦光功率为 P_P，则单位时间内泵浦光最多能转化为信号光的光子数 ΔN 为

$$\Delta N = \frac{P_P}{hc/\lambda_P} \tag{4-7-11}$$

最多能转化为信号光的功率 ΔP_S 为

$$\Delta P_S = \frac{P_P}{hc/\lambda_P} \cdot \frac{hc}{\lambda_S} = \frac{\lambda_P}{\lambda_S} P_P \tag{4-7-12}$$

于是，最大的信号光输出 P_{Sout} 为

$$P_{Sout} = P_{Sin} + \frac{\lambda_P}{\lambda_S} P_P \tag{4-7-13}$$

于是，光纤光放大器的增益 G 可表示为

$$G \leqslant 1 + \frac{\lambda_P}{\lambda_S} \cdot \frac{P_P}{P_{Sin}} \tag{4-7-14}$$

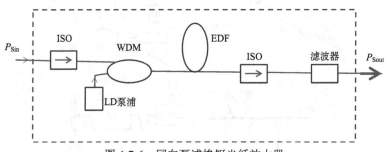

图 4-7-6　同向泵浦掺铒光纤放大器

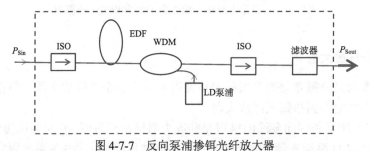

图 4-7-7　反向泵浦掺铒光纤放大器

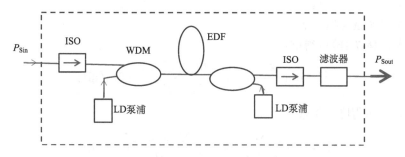

图 4-7-8 双向泵浦掺铒光纤放大器

与半导体光放大器类同，稀土掺杂光纤放大器也有如图 4-7-3 的增益饱和现象存在。对于某一掺铒光纤放大器(EDFA)，输入信号较小时增益最大。随着输入信号的增加，增益会逐步减小。对于给定的放大器长度(EDF 长度)，小信号增益也随泵浦功率的变化而变化。如图 4-7-9(a)所示，小信号增益随泵浦功率在开始时按指数增加，当泵浦功率超过一定值时，增益增加变缓，并趋于一恒定值。如图 4-7-9(b)所示，当泵浦功率一定时，放大器在某一最佳长度时获得最大增益，如果放大器长度超过此值，由于泵浦的消耗，最佳点后的掺铒光纤不能受到足够泵浦，而且要吸收已放大的信号能量，导致增益很快下降。因此，在 EDFA 设计中，需要在掺铒光纤结构参数的基础上，选择合适的泵浦功率和光纤长度，使放大器以最佳状态工作。

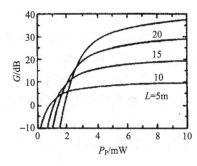

(a) 固定EDF长度，G随泵浦功率的变化

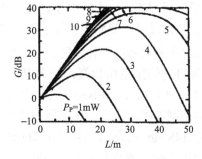

(b) 固定泵浦功率，G随EDF长度的变化

图 4-7-9 EDFA 的增益

由于自发辐射是不可避免的，而自发辐射的光在传播时也会得到放大，引起信号的信噪比下降。噪声指数可以定量描述放大器的噪声性能。噪声指数 NF 定义为

$$\mathrm{NF} = \frac{(\mathrm{SNR})_{\mathrm{in}}}{(\mathrm{SNR})_{\mathrm{out}}} \tag{4-7-15a}$$

$$\mathrm{NF} = 10\lg\frac{(\mathrm{SNR})_{\mathrm{in}}}{(\mathrm{SNR})_{\mathrm{out}}} \quad (\mathrm{dB}) \tag{4-7-15b}$$

式中，$(\mathrm{SNR})_{\mathrm{in}}$ 为信号输入时的信噪比；$(\mathrm{SNR})_{\mathrm{out}}$ 为信号输出时的信噪比。

【例 4-7-1】某放大器信号输入功率为 $P_{\mathrm{Sin}} = 250\mu\mathrm{W}$，1nm 输入噪声功率为 $P_{\mathrm{Nin}} = 25\mathrm{nW}$，输出信号的功率为 $P_{\mathrm{Sout}} = 50\mathrm{mW}$，1nm 输出噪声功率为 $P_{\mathrm{Nout}} = 20\mu\mathrm{W}$。试

求该放大器的增益与噪声指数。

解：由式(4-7-1b)可得增益

$$G = 10\lg\frac{P_{Sout}}{P_{Sin}} = 10\lg\frac{50\times10^{-3}}{250\times10^{-6}} = 23.0 \quad (dB)$$

由式(4-7-15b)可得噪声指数

$$NF = 10\lg\frac{(SNR)_{in}}{(SNR)_{out}} = 10\lg\frac{250\times10^3/25}{50\times10^3/20} = 6.0(dB)$$

4.7.3　拉曼光纤放大器

拉曼光纤放大器运用的是受激拉曼散射(stimulated Raman scattering，SRS)，该散射属于非线性效应的表现。早在 1962 年，Woodbury 在使用硝基苯材料研究调 Q 红宝石激光器时发现,在激光束入射硝基苯后的出射光束中,除了红宝石激光器发射的原有 694nm 光谱线之外,还有一条出射方向一致、发散角很小的 766nm 的红光谱线。研究结果表明,这条 766nm 的红光谱线是与硝基苯分子振动密切联系的一种相干辐射,被称为受激拉曼散射。1972 年,贝尔实验室的 Stolen 等就观察到在单模石英光纤中存在受激拉曼散射。现在,利用受激拉曼散射,人们已制作出拉曼光纤放大器与拉曼光纤激光器。

量子理论认为,当波长为 λ_P 的泵浦光的功率密度超过某一阈值时,泵浦光子与能级为 E_0 的介质分子碰撞后使介质分子跃迁到虚能级 E_2 上,当落在拉曼增益谱中的波长为 λ_S 的信号光子路过时,就感应出虚能级分子向分子振动能级 E_1 的跃迁,释放的 Stocks 光子与信号光子具有相同的传播特征,如图 4-7-10(a)所示。图 4-7-10(b)示出了具有一致偏振方向的线偏振光作为泵浦光与信号光,它们通过石英光纤的拉曼增益(Raman gain)与频率差(frequency offset)的变化关系。图中,拉曼光谱中的不同的峰值对应石英材料本身的不同的振动模式。拉曼增益的最高峰值位于频率偏移为 13.2THz 处。例如,一个波长为 1480nm 的泵浦光会在 1576nm 处具有最大的拉曼增益。当信号光与泵浦光的偏振方向正交时,增益非常小,接近 0。

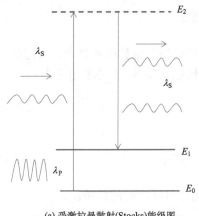

(a) 受激拉曼散射(Stocks)能级图

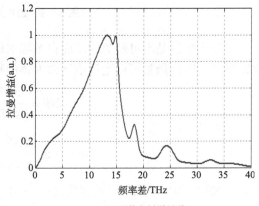

(b) 石英光纤增益谱

图 4-7-10　受激拉曼散射原理

利用上述原理，可设计出光纤放大器。拉曼光纤放大器的泵浦方式与掺铒光纤放大器类同，也分同向泵浦、反向泵浦与双向泵浦。选择多个波长的泵浦，优化各泵浦源的功率，可实现拉曼光纤放大器的增益平坦。采用光纤光栅作为 DBR 反射器，可构建拉曼光纤激光器。

4.7.4　光放大器的应用

光放大器在光路图中常用三角形表示，如图 4-7-11 所示。在光纤通信中，光放大器是不可缺少的光器件。它的主要应用有三种。第一种是将光放大器放在光发射器的后面，主要功能是放大信号光功率，使信号光在光纤链路能有效地传输较远距离。此种放大器称功率放大器。现在已有与光源集成在一起的功率放大器成品出售。功率放大器的主要参数是饱和输出功率与色散容限。第二种是将放大器放在光纤链路中间，在信号光衰减到最低限度之前将信号光放大，之后，信号光继续传输很远距离。起到信号的中继放大作用，称中继放大器。中继放大器的主要技术指标是增益平坦。第三种是将放大器放置在光探测器之前，放大微弱光信号、提高光探测的灵敏度。称此种放大器为前置放大器。在具体应用时，为了尽可能加长无中继放大器的传输光纤长度，前置放大器往往由拉曼光纤放大器(反向泵浦)与掺铒光纤放大器组合而成。此外，在城域网中，光放大器常用作对功率分配器的功率补偿。

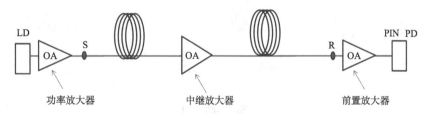

图 4-7-11　光放大器的三种应用

在进行光纤通信系统设计时，可参考 ITU – T 建议的 G.957 最坏值计算法进行设计。虽然计算的值比较小，数据相对保守，但能确保在系统终了时系统还能正常工作。光接口 S、R 间光纤长度可先计算功率限制长度值 L_1 与色散限制长度值 L_2，然后取两者中的较小值即可。功率限制长度值可按下式计算：

$$L_1 = \frac{P_t - P_r - P_P - M_C - \sum A_C}{A_f + A_S} \tag{4-7-16}$$

式中，L_1 为因光功率损耗引起的长度限制，单位 km；P_t 为 S 点寿命终了时的最小光功率，单位 dBm；P_r 为 R 点寿命终了时的最差接收灵敏度，单位 dBm；P_P 为光通道功率代价，单位 dB；M_C 为光缆线路光功率余量，单位 dB；$\sum A_C$ 为 S、R 连接点间活动连接器的衰减之和，单位 dB；A_f 为光纤的损耗常数，单位 dB / km；A_S 为光缆固定接头的长度平均损耗，单位 dB / km。色散限制长度值按下式计算：

$$L_2 = \frac{D_{max}}{D} \tag{4-7-17}$$

式中，$D_{\max}$ 为 S、R 之间的最大色散容许值；D 为光纤的色散系数。

【例 4-7-2】 如图 4-7-12 所示为使用波长为 1550nm 的双线光纤通信系统，其中发射端用功率放大器 EDFA，饱和输出功率 18dBm、光源色散容限为 1400ps/nm。接收端用 RFA 组合 EDFA 构成前置放大器，接收端的接收灵敏度为 –40dBm。单模光纤 G.655 的衰减系数 $A_f = 0.22\text{dB/km}$、$A_S = 0.015\text{dB/km}$、$D = 4.0\text{ps}/(\text{nm}\cdot\text{km})$、光功率余量 $M_C = 5\text{dB}$、光通道功率代价 $P_P = 2\text{dB}$、活动连接器损耗 $\sum A_C = 1\text{dB}$。试计算最大无中继长度。

解：由式(4-7-16)可算出功率限制长度

$$L_1 = \frac{P_t - P_r - P_P - M_C - \sum A_C}{A_f + A_S} = \frac{18 - (-40) - 2 - 5 - 1}{0.22 + 0.015} = 212\text{km}$$

由式(4-7-17)可算出色散限制长度

$$L_2 = \frac{D_{\max}}{D} = \frac{1400}{4.0} = 350.0\text{km}$$

本光纤通信系统属于功率限制系统，光再生长度为 212km。

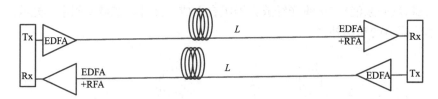

图 4-7-12 双线通信系统

习　题　4

4-1．写出罗斯布莱克-肖克莱关系，指出其重要的意义。在波矢空间画出直接带隙半导体的带间跃迁过程并指出直接带隙半导体发射光谱特征。

4-2．用三元半导体 $Al_xGa_{1-x}As$ 制作发射峰值波长为 $\lambda_P = 0.71\mu m$ 的在室温（$T = 300\text{K}$）工作的发光器件，试计算其中 Al、As 的含量。

4-3．用四元半导体 $In_{1-x}Ga_xAs_yP_{1-y}$ 制作发射峰值波长为 $\lambda_P = 1300\text{nm}$ 在室温（$T = 300\text{K}$）工作的发光器件，试求该四元半导体的具体表达式。

4-4．试叙述 GaP：N 的发光机制并讨论 GaP：N 的发光过程，探讨 GaP：Bi 的发光与 GaP：N 的异同。

4-5．某发光二极管发射 460nm 的光，出光效率为 $\eta_{op} = 8.5\%$，载流子辐射复合寿命 $\tau_r = 5.0\text{ns}$，非辐射复合寿命 $\tau_{nr} = 100.0\text{ns}$，若注入电流为 350.0mA。则该发光二极管能输出的最大功率是多少？（设注入效率为1）

4-6．设 $Al_xGa_{1-x}As$ 的折射率可表达为 $n = 3.59 - 0.71x + 0.09x^2$，以 $Al_xGa_{1-x}As$ 为有源层、$Al_yGa_{1-y}As$ 为约束层，制作双异质结发光二极管，要求输出峰值波长为 $\lambda_P = 0.78\mu m$，且有源层与限制

层带隙差在 $0.25 \sim 0.45\text{eV}$。试求 x 与 y 的值。讨论折射率波导的 $\dfrac{\Delta n}{n}$。

4-7. 如题图所示是某款双异质结发光二极管，300K 时，发射波长为 420nm，注入电流 20.0mA 时输出功率为 2.0mW。试指出图中 1、2 所指是什么层？起什么作用？为了提高出光效率，可在什么位置制作反射镜？设 $\text{In}_x\text{Ga}_{1-x}\text{N}$ 的禁带宽度可表达为 $E_g = 0.74x + 3.39(1-x) - x(1-x)(\text{eV})$。试计算有源层材料含 InN 的比例与该 LED 的外量子效率。

4-8. 试用光电耦合器设计与非逻辑门。

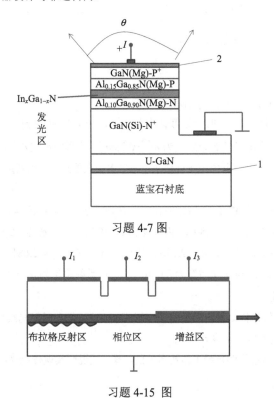

习题 4-7 图

习题 4-15 图

4-9. 试写出半导体受激放大辐射的条件，分析制造同质结半导体激光器的努力方向。

4-10. 某 F-P LD 腔长 $L = 450\mu\text{m}$、自然解理面的反射率为 $R = 0.32$，腔损耗系数 $\alpha_i = 10\text{cm}^{-1}$。试求该激光器产生激光阈值处的光增益系数。若在其一端面处镀高反膜使其反射率增加至 $R_1 = 0.95$，再求改进后的激光器产生激光阈值处的光增益系数。若内量子效率 $\eta_i = 0.80$，光限制因子 $\varGamma = 0.95$，线性增益系数 $\beta = 0.05\text{cm}^2/\text{A}$，透明电流密度 $J_0 = 4.5 \times 10^{-3}\text{A}/\text{cm}^2$，试求改进的激光器的阈值电流密度。

4-11. 试分析温度对 F-P LD 的阈值电流密度、激射波长、输出功率的影响。

4-12. 某 InGaAsP F-P LD 的阈值电流强度 $I_{\text{th}} = 10.0\text{mA}$，输出激射波长 $\lambda = 1550\text{nm}$。当注入电流 $I = 30.0\text{mA}$ 时，输出功率为 $P = 3.0\text{mW}$。试求该激光器的外量子效率、外微分量子效率与外功率转换效率。（设在 LD 上的压降为 $V = 1.1\text{V}$）

4-13. DFB LD 的中文名称是什么？试写出 DFB LD 的一般谐振条件，令 $\hat{r} = 0$，推出 F-P LD 的阈值增益公式及相位条件。

4-14. 试从 DFB LD 的一般谐振条件出发，讨论理想折射率导引 DBF LD 的激光输出特点和获得动态单纵模输出的方法。

4-15. DBR LD 的中文名称是什么？叙述如题图所示的输出波长与功率均连续可调的半导体激光器的工作原理。

4-16. 如题图所示是光纤光栅外腔半导体激光器的结构原理图。请分析该激光器的工作原理。

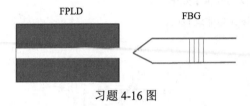

习题 4-16 图

4-17. 什么是超晶格材料？它有哪几种类型？

4-18. 已知 300K 时 $In_xGa_{1-x}N$ 的带隙可表达为 $E_g = 1.89x + 3.39(1-x) - x(1-x)$。设量子阱有源层材料为 $In_{0.2}Ga_{0.8}N$，导带中电子的有效质量为 $m_e^* = 0.38m_e$，价带中重空穴的有效质量为 $m_h^* = 0.96m_e$，量子阱宽 8.0nm。试求量子阱中自由电子能级 E_{C1} 与自由空穴能级 E_{V1} 以及量子阱激光器的输出波长。增加阱宽，输出波长如何移动？

4-19. 已知 300K 时，单量子阱 $In_{0.2}Ga_{0.8}N$ 的透明电流密度为 $J_0 = 200A/cm^2$，增益系数为 $g_0 = 8700cm^{-1}$，内量子效率 $\eta_i = 0.80$，内损耗 $\alpha_i = 10.0cm^{-1}$，腔长 $L = 300\mu m$、端面反射率 $R_1 = R_2 = R = 0.30$，有源层折射率为 $n_1 = 2.716$，约束层折射率为 $n_2 = 2.681$。试求阱宽为 8.0nm 的单量子阱激光器的阈值电流密度与 5 个阱宽为 8.0nm、垒宽（折射率也为 $n_2 = 2.681$）为 10.0nm 的多量子阱激光器的阈值电流密度。

4-20. 比较双异质结体材料与量子阱的态密度形式，评述它们在激射光线宽、阈值电流密度方面的差别。如何进一步降低阈值电流密度？

4-21. 如题图所示是铒镱共掺光纤工作物质的能级图。试说明实现传统光纤通信波段的高功率激光输出的原理。

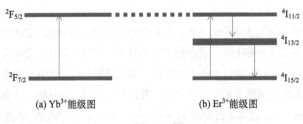

(a) Yb^{3+}能级图　　　　　　(b) Er^{3+}能级图

习题 4-21 图

4-22. 什么是子午光线？什么是螺旋光线？从理论计算的效果看，随着光纤长度的增加，在矩形内包层、偏心形内包层、D 形内包层、同心形内包层中吸收率增加最明显的是哪一个？

4-23. 如题图是环镜光纤激光器的结构原理图。分析布拉格光纤光栅与准 3dB 耦合器的要求。说明该激光器的工作原理。

习题 4-23 图

4-24. 如题图所示是双波长光纤激光器的原理图。试叙述双波长激光输出的工作原理。

4-25. 叙述用可饱和吸收体压窄激光脉冲的原理。试叙述题图中用半导体可饱和吸收体实现锁模超短脉冲输出的光纤激光器工作原理。

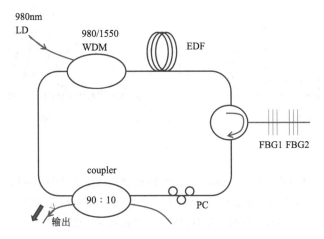

习题 4-24 图

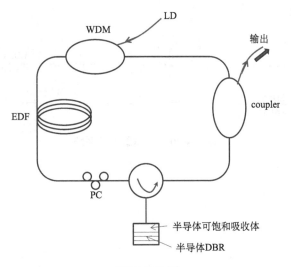

习题 4-25 图

4-26. 半导体光放大器的端面反射率 $R_1 = R_2 = R = 2.0 \times 10^{-4}$，腔长 $L = 600\mu m$，增益系数 $g = 1000 cm^{-1}$，光限制因子 $\Gamma = 0.114$，腔损耗系数 $\alpha_i = 10.0 cm^{-1}$。试计算该放大器的单程放大倍数与增益峰谷比。该光放大器是否属于行波放大器？

4-27. 某掺铒光纤放大器的工作波长为 $\lambda=1550\text{nm}$，设计对输入光 $P_{\text{Sin}}=0\text{dBm}$ 的增益为 $G=25\text{dB}$。采用输出波长为 $\lambda_{\text{p}}=980\text{nm}$ 的半导体激光器泵浦，若耦合效率为 $\eta=0.8$，问至少需要多少泵浦功率？

4-28. 什么是受激拉曼散射？利用受激拉曼散射制成的光放大器有什么特点？

4-29. 给拉曼光纤放大器装上谐振腔可实现拉曼光纤激光器。试叙述题图中将半导体激光器发射的波长为 $\lambda_{\text{p}}=976\text{nm}$ 的多模大功率泵浦光转化为单模波长为 $\lambda=1480\text{nm}$ 的优质激光束的原理。图中 99.9%、15%、5%是指对应波长处的反射率，1175、1240、1315、1395、1480 是相应的布拉格光纤光栅的布拉格波长，其单位为 nm。

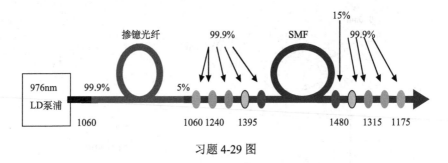

习题 4-29 图

4-30. 如题图所示为使用波长为1550nm 的双线光纤通信系统，其中发射端用功率放大器 EDFA，饱和输出功率18dBm、光源色散容限为1600ps/nm。接收端用 RFA 组合 EDFA 构成前置放大器，接收端的接收灵敏度为 –42dBm。单模光纤 G.655 的衰减系数 $A_{\text{f}}=0.20\text{dB/km}$、$A_{\text{S}}=0.015\text{dB/km}$、$D=4.0\text{ps/(nm·km)}$、光功率余量 $M_{\text{C}}=5\text{dB}$、光通道功率代价 $P_{\text{P}}=2\text{dB}$、活动连接器损耗 $\sum A_{\text{C}}=1\text{dB}$。试计算最大无中继长度。

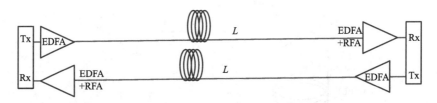

习题 4-30 图　双线通信系统

第5章 光显示器件

人类从自然获得的信息中有60%左右是以光的形式呈现的。眼睛是人类获取信息的主要器官。光显示器可协助人眼获取信息,它运用光电技术将各种信息以数、字符、图形与图像等形式展示出来。1897年,德国的布劳恩发明了布劳恩管,开创了光显示器的纪元。1921年,美国的西屋电器公司制作出了商用的显示管,1927年,还制作了示波管。1950年,美国的RCA公司发明了三枪三束荫罩式彩色显像管,1953年实用化。20世纪60年代以后,科学家们又发明了等离子体显示器、液晶显示器等十几种新型显示器,极大地丰富了人类生活的内容、提高了人类生活的质量。现代市场上主要活跃的显示器有阴极射线管、液晶显示器与等离子体显示器,本教材将重点介绍。

导引:

描述光显示器的主要特性参数有:亮度、对比度、分辨率等。①亮度就是在垂直于光束传播方向单位面积上的发光强度,单位是尼特(nit,$1\text{nit} = 1\text{Cd}/\text{m}^2$)。在普通室内照度下,一般显示器应有70nit的亮度,在白天室外,应有300nit。人眼能忍受的最大亮度是5000nit,人眼可见的最低亮度为0.07nit。②对比度就是画面上最高亮度与最低亮度的比值,一般为30:1。画面亮度的等级层次数量称灰度。一般画面有8级左右的灰度。人眼能分辨的最大灰度为100级。③分辨率是人眼观察图像清晰程度的标志。可用光栅高度内能分辨的等宽黑白条纹(对比度100)数目或电视扫描行数来表达。如果垂直方向能分辨250对黑白条纹,则垂直方向的分辨率为500行。分辨率有时也用光点直径来表示,一般光点直径为0.20~0.25mm。

5.1 阴极射线管

阴极射线就是从阴极发射出来的电子束。用电磁场控制电子束运动,引导电子束轰击荧光粉发出可见光可实现信息的光显示。1897年布劳恩发明的布劳恩管是现代阴极射线管(cathode ray tube,CRT)的雏形。经过百年的发展与改进,CRT已获得了非常好的光显示质量。现在,阴极射线管已有许多种,可分为示波管与显像管。运用示波管制作的示波器可用来检测、演示、分析各种形式的电信号。运用显像管制作的电视机可用来监视、观察、展现各种现实情境。

5.1.1 单色阴极射线管

单色阴极射线管的主要应用就是黑白电视机与示波器,阴极射线管是这些设备的核心元件。如图5-1-1所示,单色阴极射线管主要由4部分组成:玻壳、电子枪系统、偏转系统和荧光屏。阴极射线管属于真空器件,是由圆锥形的玻璃壳封闭起来的工作空间,其真空度小于10^{-7}Torr[①]。被封入玻壳中发射电子束用的电子枪系统（阴极、G_1、G_2、G_3、G_4、G_5）能发射具有一定动能的水平电子细束。结构中，阴极、第一控制栅极G_1、加速极G_2构成电子发射系统。用灯丝给涂有易发射电子的氧化钡等物质的阴极加热，温度高达 950~1100K 的阴极能稳定地发射大量电子，改变栅极G_1与阴极之间的电位差可改变通过G_1的电子数量。控制加速极G_2与阴极间的电势差可控制电子束的动能。结构中，第二阳极G_3、聚焦极G_4与高压阳极G_5构成聚焦系统，可实现电子束射到荧光屏时是一个细小斑点。偏转系统位于玻壳之外，可被用来控制电子束偏转的角度。具体地，就是改变通过磁轭的电流来改变磁场进而实现改变电子束行进的方向。在示波管里，常用电场来改变电子束的方向。用两对相互正交的平板电极间形成的电场，可控制电子束的飞行角度。静电偏转系统能偏转的角度较小，20°~30°。磁偏转的角度较大，所以电视管均采用磁偏转系统。位于玻壳正面用于显示的荧光屏主要有两层结构，荧光粉层与铝膜。荧光粉被均匀地涂布于玻璃壳的内侧，在荧光粉层的内侧镀有厚 0.1~0.5μm 的铝膜。该铝膜有三个作用：①保持电势恒定，导走积累的负电荷；②透过电子束，反射荧光粉的后向发射光，增强图像亮度；③保护荧光粉，避免负离子对荧光粉的轰击。

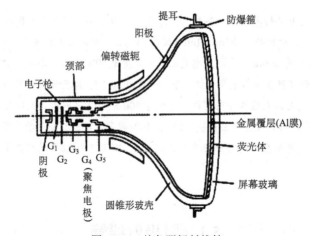

图 5-1-1　单色阴极射线管

在广播电视技术中，将一幅画面称为一帧，并规定每秒传送 25 帧。每帧又要分解为几十万个像素，这些像素又被分割成 625 行，这样每秒就要传送 25×625=15625 行，要实现这样的速度，必须采用电子扫描（电子束在荧光屏上的着点改变）来实现。为了充分利用矩形屏幕并使扫描设备简单可靠，采用了匀速单向直线扫描方式。如图 5-1-2 所示，有逐行扫描与隔行扫描两种扫描方式。逐行扫描就是对于一帧图片自左到右与自上到下一次性地完成扫描，如图 5-1-2(a)所示。隔行扫描，也称飞跃扫描，一帧图片分两次扫，先奇数行，后偶数行，如图 5-1-2(b)所示。图 5-1-3 为匀速扫描的电流，$j=H$ 时为行扫描参数，$T_H = 64$μs 为行扫描周期，$T_{Ht} = 52$μs 为行扫描时间，经过 52μs 时间电子束从屏

----

① $1\text{Torr} = \dfrac{1}{760}\text{atm} = 133.29\text{Pa}$ 。

幕左端运动到右端，$T_{Hr} = 12\mu s$ 为行回归时间，经过 $12\mu s$ 时间电子束从右回归到左端。$j = V$ 时为场扫描参数，$T_V = 20ms$ 为场扫描周期，$T_{Vt} = 18.4ms$ 为场扫描时间，经过 $18.4ms$ 时间电子束从屏幕上端运动到下端，$T_{Vr} = 1.6ms$ 为场回归时间，经过 $1.6ms$ 时间电子束从下端回归到上端。显然满足 $64\mu s \times \dfrac{625}{2} = 20ms$，属于隔行扫描。每两场构成 1 帧完整图片，花时 $40ms$。

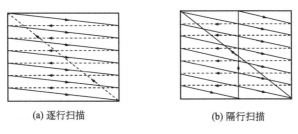

(a) 逐行扫描　　　　　　　　(b) 隔行扫描

图 5-1-2　扫描方式

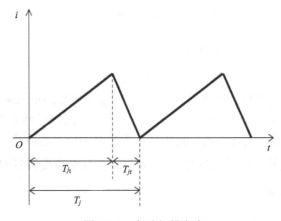

图 5-1-3　匀速扫描电流

　　荧光粉是实现电光转换的关键物质。阴极射线管发展的初期，采用的荧光粉是硫化锌、硅酸锌铍和一些镉化合物。第二次世界大战后，TV 使用由蓝色荧光粉 ZnS：(Ag,Cl)（在基质晶体 ZnS 中掺入激活剂 Ag 与 Cl）和黄色荧光粉 (Zn,Cd)S：(Ag,Cl)（在基质晶体 (Zn,Cd)S 中掺入激活剂 (Ag,Cl) 混合物的荧光屏。现在的黑白电视机常采用蓝色荧光粉 ZnS：Ag 和黄色荧光粉 (Zn,Cd)S：Ag 以 55：45 的比例混合而成的 P4 荧光粉。

　　硫化锌 (ZnS) 荧光粉的发光机制与第 4 章中的半导体施主受主间的辐射复合机制类同，如图 5-1-4 所示。ZnS 属于直接带隙半导体，其禁带宽度 $E_g = 3.6 \sim 3.8eV$，杂质银（Ag）属于受主，其能级离价带顶约 $0.85eV$，杂质氯（Cl）属于施主，其能级离导带底约 $0.10eV$。高能电子束轰击荧光粉产生大量的电子空穴对，导带中的电子被施主俘获，价带中的空穴被受主俘获。施主电子与受主空穴进行辐射复合，发出的光子能量约为 $2.75eV$，峰值波长为 $450nm$，呈蓝色。同理，混晶硫化锌镉 ((Zn,Cd)S) 的禁带宽度比 ZnS 的略小，发黄光。荧光粉的重要物理量有发光效率与余晖时间。发光效率指荧光粉发光强度（光通量）与吸收电子束功率之比，单位为坎德拉/瓦特（或流明/瓦特）。通常值为 $5Cd/W$，有的达 $10Cd/W$，而白炽灯 $<2Cd/W$。余晖时间指外界停止激励开始到磷光光通量下降到原来值的 10% 所需的时间。将余晖时间大于 $0.1s$ 的，称长余晖时间；将余晖时间介于 $0.1s \sim 1ms$ 的，称中余晖时间；将余晖时间小于 $1ms$ 的，称短余晖时间。

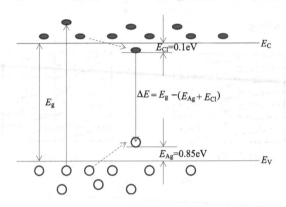

图 5-1-4　ZnS 荧光粉发光机制

荧光屏上的亮度 L 通常可表达为

$$L = KjU_a^2S \tag{5-1-1}$$

式中，K 是取决于荧光粉性质的参数；j 为电子轰击荧光粉的电流密度；S 是被轰击到的荧光粉面积；U_a 是屏幕电压，与电子束的动能相关。阴极射线管在正常工作时，屏幕电压 U_a 是不变的。由上式可看到，我们可以改变电子枪中的栅极 G_1 与阴极之间的电位差来改变出射电子数量，调节电流密度 j，实现调节屏幕亮度的目的。

5.1.2　彩色阴极射线管

彩色阴极射线管如图 5-1-5 所示，相对单色阴极射线管而言，在结构的三个方面作了重大改变。第一是荧光屏，第二是电子枪，第三是增加荫罩板。在荧光屏的内侧均匀涂布红 R、绿 G、蓝 B 三原色荧光粉，以三原色来实现彩色重现。电子枪能发射依次受红、绿、蓝信号控制（将信号电压加在电子枪的阴极或栅极上）的 3 个电子束，分别射向它们各自所对应的荧光粉上。早期，3 枪按品字排列，如图 5-1-6 所示。为了能使红、绿、蓝三电子束能准确地瞄准各自的荧光粉，在荧光屏与电子枪之间靠近荧光屏的附近增加一个开有许多小孔的荫罩板。荫罩板小孔的个数等于像素的个数，每个像素在荧光屏有红、绿、蓝三个荧光粉点与之对应。电子枪后来一字排开，对应的孔也设计成长条形，有利于显示亮度的提高与产品生产的便利。

荧光屏上相同荧光粉点的最近距离称点距 P_S，荧光屏到电子枪口间距 L，电子枪口间距 S_g，荫罩板到荧光屏间距 q，它们之间必满足下列几何关系：

$$\frac{S_g}{L-q} = \frac{P_S/3}{q} \tag{5-1-2}$$

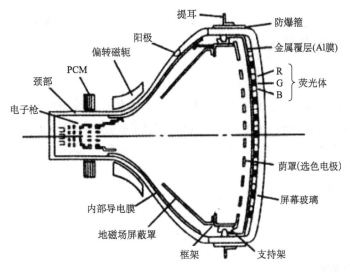

图 5-1-5　彩色阴极射线管

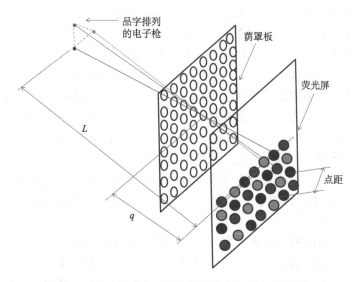

图 5-1-6　电子枪、荫罩板与荧光屏间的几何关系

　　荧光屏上荧光粉斑点直径非常小，只有几微米到十几微米。整个荧光屏上存在 100 万以上的粉点。荫罩板上孔也非常多，约是荧光屏粉点的 1/3。荧光粉点共约占荧光屏面积的 90%，未涂荧光粉的部分约占 10%。相同荧光粉之间的点距通常有 0.31mm、0.28mm、0.25mm，一般电视管取 0.28mm，更清晰大屏幕显示器取 0.25mm，有的甚至取 0.21mm。

　　彩电所用荧光粉有：红粉 Y_2O_3: Eu^{3+}、Y_2O_2S: Eu^{3+}、YVO_4: Eu^{3+}；绿粉 ZnS: Cu,Au,Al、Y_2U_2S: Tb^{3+}、Gd_2U_2S: Dy^{3+}、$Y_3Al_5O_{12}$: Tb^{3+}，蓝粉还是 ZnS：Ag。

　　阴极射线管显示器的优点是明显的。它亮度高（达 $750 \sim 1000Cd / m^2$）、对比度高（达 1000∶1）、分辨率高（达 $400 \sim 1000$）、色域广（全色）、响应速度快（小于 0.1ms）、视角宽

（近180°）、寿命长（达2000 h）、价格低廉。CRT 也有一些缺陷，如体积大、厚度大、质量大，存在一定的软 X 射线。

探究：

为了保持 CRT 显示的优点，克服 CRT 的缺点，一种新型的光显示器正在被研发，那就是场致发射显示器（field emission display，FED）。采用尖端冷阴极发射电子可避免 X 射线的产生，控制电子束的剂量，近距离轰击荧光粉可实现光显示，保持了 CRT 显示的优点，又可实现显示器薄型化、轻量化和平板化。试研究、分析其现状。

5.2　液晶显示器

5.2.1　液晶基础知识

1888 年，奥地利植物学家莱尼茨尔在做加热胆甾醇苯甲酸酯结晶的实验时发现：在145.5℃时，样品结晶凝结成浑浊黏稠的液体，加热到 178.5℃时，样品变成了透明的液体。1889 年，德国物理学家莱曼用偏光显微镜观察此种物质时，发现这种物质有双折射现象，他阐明了这一现象并提出了"液体晶体"这一学术用语，反映这种物质既具有液体的流动性，又具有晶体的各向异性性质。1963 年，美国 RCA 公司的威利阿姆斯发现了用电刺激液晶时，其透光方式会改变。1968 年，同一公司的哈伊卢马以亚小组，发明了应用此性质的显示装置。这就是液晶显示屏（liquid crystal display，LCD）的开端。1973年，英国哈尔大学的格雷教授发现了稳定的液晶材料（联苯系），同时日本精工出产了利用液晶显示的数字表。1976 年，由日本夏普公司在世界上首次将液晶显示应用于计算器（EL-8025）的显示屏中。1988 年，夏普公司又推出了 14 英寸液晶显示器。由此，开创了显示器领域的新篇章。

液晶是一种物质的特殊形态，液体的流动性与晶体的各向异性两者兼而有之。液晶有两大类：热致液晶与溶致液晶。热致液晶可采用降温的方法来获得。即将某些熔融的液体降温，当其温度下降到一定程度后物质分子的取向获得有序化，从而得到液晶态。上述胆甾醇苯甲酸酯液晶具有双熔点现象。$T_1 = 145.5$℃属于固态与液晶态之间的相变温度，$T_2 = 178.5$℃属于液晶态与液态之间的相变温度，称 T_2 为清亮点。溶致液晶指某些有机分子溶解在溶剂中，使溶液中溶质的浓度增加，溶剂的浓度减小，有机分子的排列也会获得有序化而实现的物质形态。作为显示器应用，使用的液晶都属于热致液晶。

在显示器中用的典型液晶分子具有棒状结构，如图 5-2-1 所示。图中 R 指如烷基、烷氧基等极性基团。适合显示器用的棒状分子还必须满足：分子的长度与宽度之比应大于 4，分子的长轴具有一定的刚性、不易弯曲，在分子的末端具有极性或可被极化的基团。

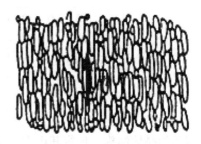

图 5-2-1　几个棒状分子　　　　　　　　　　图 5-2-2　向列相液晶

常见的液晶有三种形态：向列相（nematic）、胆甾相（cholesteric）与近晶相（smectic）。向列相液晶的棒状分子倾向于沿特定的方向排列，存在长程的方向序。分子的质心位置分布却是杂乱无章的，不存在长程的位置序。表现出液体的特征，具有流动性，如图 5-2-2 所示。胆甾相液晶的棒状分子依靠其端基的相互作用，依次平行排列成层状。它们的长轴在平面上，相邻两层间分子长轴的取向规则地扭转在一起，角度的变化呈螺旋形，如图 5-2-3 所示。近晶相液晶的棒状分子相互平行地排列成层状结构，分子的长轴垂直于层面。在层内，分子的排列具有二维有序性，分子的质心位置排列则是无序的，分子只能在本层内活动。在层间具有一维平移序，层间可以相互滑移。图 5-2-4 所示为 A 型近晶相液晶。

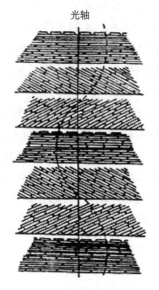

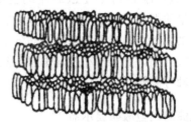

图 5-2-3　胆甾相液晶　　　　　　　　　　图 5-2-4　近晶相液晶（A 型）

由于液晶分子的特殊结构，外电场对液晶分子有比较强烈的作用，同时液晶分子之间也存在比较强烈的相互作用，液晶分子的取向取决于外部作用与内部作用的平衡。液晶存在三种弹性形变，如图 5-2-5 所示，有展曲、扭曲与弯曲。任何一种复杂的形变都可以表达为这三种形变的叠加。

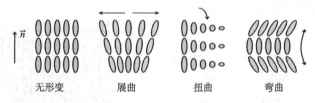

无形变　　　　展曲　　　　扭曲　　　　弯曲

图 5-2-5　液晶的三种形变

液晶的晶体结构，使得其电学、光学特性表现出各向异性。电学方面，介电常数随分子空间取向的变化而变。定义沿液晶分子长轴方向的介电常数为 $\varepsilon_{\|}$，垂直于液晶分子长轴方向的介电常数为 $\varepsilon_{\perp}$，两方向的介电常数之差 $\Delta\varepsilon = \varepsilon_{\|} - \varepsilon_{\perp}$。若 $\Delta\varepsilon > 0$，则为 P 型液晶，在外电场的作用下，液晶分子长轴方向将平行于外电场方向；若 $\Delta\varepsilon < 0$，则为 N 型液晶，在外电场的作用下，液晶分子长轴方向将垂直于外电场方向。目前液晶显示器主要应用 P 型液晶。棒状液晶分子与玻璃基板接触锚定的方式取决于液晶分子与取向层的相互作用。给玻璃基板表面均匀地涂上聚合物聚酰亚胺（PI）等物质，再用绒布按一定方向一定力度摩擦之，经烘干、固化形成取向膜。棒状液晶分子进入取向膜的沟槽中取得最低的自由能，牢牢地锚定在取向膜（玻璃基板）上。

光学方面，液晶的各向异性表现出单轴晶体的特性。对于向列相液晶与近晶相液晶（A 型），单轴晶体的光轴在液晶分子的长轴方向。寻常光的折射率 $n_{\mathrm{o}} = n_{\perp}$，光矢量的振动方向与液晶分子的长轴垂直；非常光 $n_{\mathrm{e}} = n_{\|}$，光矢量的振动方向与液晶分子的长轴平行。对于向列相液晶，$\Delta n = n_{\mathrm{e}} - n_{\mathrm{o}} < 0$。由于液晶具有单轴晶体的光学各向异性，所以具有以下光学特性：①能使入射光沿液晶分子偶极矩的方向偏转；②使入射的偏光状态及偏光轴方向发生变化；③使入射的左旋及右旋偏光产生对应的透过或反射。液晶显示器件基本上就是根据这三种光学特性设计制造的。

液晶的电光效应是指当液晶材料受施加的电场（电压）改变时，引起其光学性质也发生改变的现象。液晶的电光效应有很多，由于篇幅关系，我们只介绍常见的液晶显示器 TN LCD、STN LCD 与 TFT LCD 中的主要电光效应——旋光效应。偏振光在液晶中传输时，光矢量的振动方向会随着液晶分子的转动而转动。也就是说，对于振动方向与液晶分子的长轴平行的偏振光会随着液晶分子的长轴的转动而转动，偏振方向一直在液晶分子的长轴方向上。对于振动方向垂直于液晶分子长轴方向的光振动将一直保持垂直于液晶分子长轴方向的振动。

5.2.2　扭曲向列型液晶显示器

在液晶显示器中，最先获得大量应用的是扭曲向列型液晶显示器（TN LCD）。就是将棒状向列型液晶分子的排列方向作 90° 扭曲所得的应用，如图 5-2-6 所示。图中，自上而下的光学元件有偏光片、前玻璃、前电极、定向层（取向层）、液晶、封接边、定向层、背电极、背玻璃、偏光片、反射层。显然，所用电极应是透明电极。注意到液晶分子在上下定向层边的取向扭转了90°。该显示器是反射型的，无须内置光源，常见于电子表、计算器等，如图 5-2-7 所示，该图所示的是常白型 TN LCD，背景浅色，内容深色，也称正像显示。通过合理设计，我们还能得到常黑型显示，即背景深色、内容浅色，也称负像显示。图 5-2-8 示出了一种常白型 TN LCD 的显示细节。液晶盒中取向膜的方向与同侧偏光片的偏振化方向一致，而两个偏光片的偏振化方向正交。于是，从上方垂直入射的自然光经过前偏光片后变为线偏振光，振动方向与液晶长轴（取向膜的沟槽）方向一致，不加电场时（左图），线偏振光的偏振化方向随液晶分子的长轴扭转90°，到背取向膜、背偏光片，由于线偏振光的振动方向与背取向膜沟槽方向、背偏光片的偏振化方向一致，所以线偏振光顺利通过到下面，如图 5-2-6 所示，光射到反射层（镜）后沿原路返回，显示亮态。当给要显示的电极加超过阈值的电压时，如图 5-2-8 右图，P 型棒状液晶分子将沿电场方向排列。于是，从上方垂直入射的自然光经偏光片、取向膜后，光矢量的振动方向不再扭转，到背偏光片处由于光矢量的振动方向与背偏光片的偏振化方向正交而遭

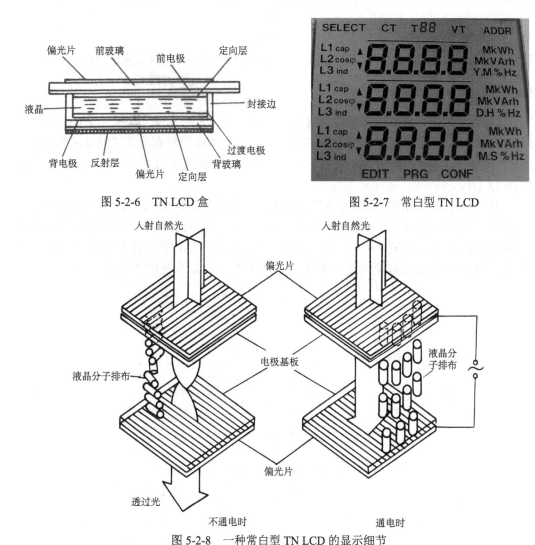

图 5-2-6　TN LCD 盒　　　　　　　　　　图 5-2-7　常白型 TN LCD

图 5-2-8　一种常白型 TN LCD 的显示细节

遇吸收，无光从液晶盒反射出，显示暗态。
此种常白型显示所用的光是光矢量振动方向
与棒状分子的长轴方向一致的光，属于 e 光。
将前、后偏光片一起沿光的传输方向转过
90°，还能是一种常白型 TN LCD 显示器，
只不过所用的光是 o 光。把其中的一块偏光
片转过 90°，另一块偏振片不动，可得到常
黑型显示器。

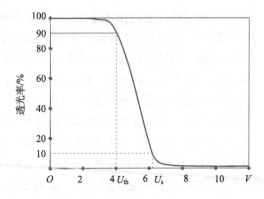

图 5-2-9 是常白型 TN LCD 的电光曲线，
横坐标是在液晶上施加的电压，纵坐标是液

图 5-2-9   常白型 TN LCD 的电光曲线

晶的透光率。图中透光率 90%处对应的电压称为阈值电压 U_{th}，透光率 10%处对应的电
压称为饱和电压 U_s。称饱和电压 U_s 与阈值电压 U_{th} 的比值为陡度 P，即

$$P = \frac{U_s}{U_{th}} \tag{5-2-1}$$

显然 $P>1$，P 越接近 1 越陡。曲线越陡，显示就越方便，显示图像将越精细。

5.2.3 超扭曲向列型液晶显示器

研究结果表明，液晶电光曲线的陡度与扭曲角有很大的关联，如图 5-2-10 所示。当
扭曲角达 270° 时，液晶电光曲线的陡度非常大，这就意味着将有非常精细显示的品质。
定义扭曲角大于 90° 的扭曲为超扭曲，以此设计构造的液晶显示器称超扭曲液晶显示器
（STN LCD）。

超扭曲液晶盒的结构与图 5-2-6 TN LCD 的结构层次是类同的，但在以下几个方面是
不同的：①超扭曲液晶分子扭转的角度是 270° 或附近；②前后偏光片的偏振化方向与取
向膜的沟槽方向存在一定夹角，一般为 30°；③超扭曲显示用的是液晶对光的双折射效
应；④超扭曲显示的常见模式是黑/黄模式或白/蓝模式，而不是黑/白模式。

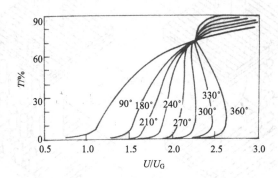

图 5-2-10   不同扭曲角的电光曲线

5.2.4 薄膜晶体管液晶显示器

普通简单矩阵液晶显示器 TN 型及 STN 型的电光特性，对多路、视频运动图像的显示很难满足要求。原因是有所谓的"交叉效应"存在。当某一个像素被选通(施加超过阈值电压的电压)时，附近像素也会有一定电压(半选通)；当加在显示像素上的电压超过阈值电压较多且电光曲线不够陡时，附近未被选中的像素也会部分呈现显示状态，这对精准的图像显示很不利。克服交叉效应的最有效方法是采用有源矩阵，引进薄膜晶体管。

图 5-2-11 是薄膜晶体管液晶显示器(TFT LCD)的结构图。与一般液晶显示器类似，两片玻璃板之间封入普通 TN 型液晶，所不同的是在玻璃基板上要放置扫描线(行)和信号线(列)，在交点上再制作上 TFT 有源器件和像素电极。结构中框胶用于两玻璃基板的黏合，同时约束液晶分子在其确定的区域中。间隙粒子起到支撑作用。胶框与间隙粒子一起维持液晶盒具有一定的不变厚度。上玻璃板是一共用电极，如果是彩色显示，则还要在上面用微细加工方式(染色法或印刷法)制作上与下面矩阵对应的 R、G、B 滤色膜。TFT 的栅极 G 接扫描电压，源极 S 接信号电压，漏极 D 接 ITO 像素电极，与液晶像素串联。液晶像素可以等效成一个电容 C_{LC}。显示时，若图像的更新频率是 60Hz，则为了维持图像在更新期间内保持稳定的电压(对应一定的灰度阶)，液晶上必须维持电压在 16ms 内不变。而像素液晶的电容 $C_{LC}\approx0.1pF$，不够大，于是需并联一个存储电容 $C_{ST}\approx0.5pF$。

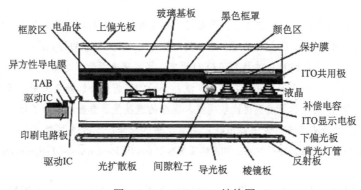

图 5-2-11 TFT LCD 结构图

薄膜晶体管相当于一个受控的开关，它的栅极与 X 行扫描线相连，它的源极与 Y 信号电极相连，它的漏极与液晶和存储电容相连。若给 TFT 的栅极加上一定正向电压(大于晶体管的导通阈值)，TFT 的源极就与漏极导通，开关闭合。若给 TFT 的栅极不加电压，则 TFT 的源极与漏极绝缘，开关断开。如图 5-2-12 所示，当给 X_i 行加上扫描脉冲时，该行的所有显示单元均与相应的显示 Y 信号导通，不在该行的所有显示单元均与 Y 线断开，处于缓慢的放电状态。信号线只给 X_i 行上的相应显示单元充电，使其电压能准确地等于像素相应灰阶的电压。当给 X_{i+1} 行扫描时，X_{i+1} 行的所有显示单元均与 Y 线接通，信号线只给 X_{i+1} 行上的相应显示单元充电，使其电压能准确地等于像素相应灰阶的电压。而其他的任何行均处于缓慢的放电状态，保持灰阶显示。如此不断地重复，能显示彩色的运动画面。

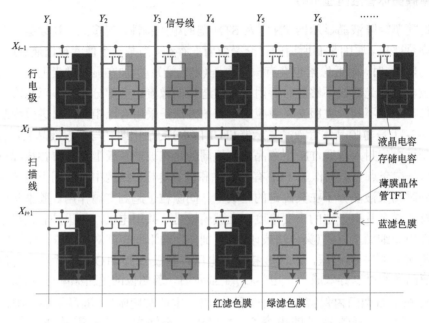

图 5-2-12　TFT LCD 扫描显示原理

探究：

　　TFT LCD 与 CRT 相比，有着体积小、质量轻、厚度薄、无 X 射线污染等优点。但它也有缺点，如可视角小。对于 CRT 来说，因为显示光来源于荧光粉发光，其光辐射的特点没有明显的方向选择性，因此它的可视角很大，接近180°。对于 TFT LCD 而言，显示光来源于背光源，而且液晶厚度按屏幕法线方向传输光设计的。当视线偏离法线方向时，液晶分子的双折射特性就会改变，因而会引起视觉失真。这一点，早期的液晶显示器表现得比较明显。现今的液晶显示器普遍采用了增宽视角技术，可视角有了明显改善。试查阅资料，说明以下技术增宽视角的原理：①在液晶盒两侧贴相位差补偿膜；②平面开关(in plane switching, IPS)技术；③多畴垂直排列(multi-domain vertical alignments, MVA)技术。

　　TFT LCD 显示器是需要背光源的。由背光源发出均匀的带有一定漫散射的高亮度白色光是显示彩色重现的重要保障。另外，提高显示亮度也是在设计液晶显示器中必须考虑的一个重要方面。如图 5-2-12 中所看到的，为了能做到精准的彩色重现，液晶屏上有许多地方，如 TFT 的位置、存储电容的位置、导线的位置等均要用黑框遮挡。真正能透出光的地方应尽量大。开口率 A_R (aperture ratio)被定义为液晶显示器有效的透光区域与显示屏幕面积的比，它是一个简单的定量描述指标。我们来分析一下液晶显示器中从正下方背光源处发出的光在向上传播的过程中光功率的演变情况。从背光源发射出来的光线会依序穿过偏光板、玻璃、液晶、彩色滤光片等光学元件。假设偏光板的透光率为 50%、玻璃的透光率为 95%(需要计算上下两片)、液晶的透光率为 95%、开口率为 50%(有效透光区域只有一半)，彩色滤光片的透光率为 27%(假设材质本身的透光率为 80%，但由于滤光片本身涂有色彩，只能容许该色彩的光波通过。以 RGB 三原色来说，只能容许三种中的一种通过，所以仅剩下 1/3 的亮度。所以总共透光率为 80%×33%=27%）。我们可简单地计算出，从背光源发出的光线只会剩下 6%，实在是少得可怜。这也是为什么在 TFT LCD 的设计中，要尽量提高开口率的原因。只要提高开口率，便可以增加亮度，而同时背光源的亮度也不用那么高，可以节省耗电及花费。

思考：

试设想提高液晶显示器显示亮度的方法。

5.3　等离子体显示器

等离子体是物质的第四种形态。给电中性气体加热到一定温度，气体分子因有非常大的热运动能量，相互碰撞时，分子被分解成正离子、负离子与电子。整个体系呈电中性，正离子所携带的正电荷总量将等于负离子与电子所携带的负电荷总量，我们称此种物质为等离子体。具体地，属于高温等离子体。给气体加一定的电场，气体中剩余的电子与离子(宇宙射线等能产生原始的小量离子和电子)在电场的作用下加速获得足够大的动能，这些高能的电子或离子与气体分子碰撞时会引起次级电离，进而形成等离子体。此种等离子体属于低温等离子体。

等离子体显示器(plasma display panel，plasma display plate，PDP)运用的是低温等离子体。

5.3.1　气体放电基本知识

如图 5-3-1 所示是放电管中气体的伏安特性曲线。

曲线 ac 段属于非自持放电，在非自持放电时，参加导电的电子主要是由外界催离作用(如宇宙射线、放射线、光、热作用)造成的，当电压增加，电流也随之增加并趋于饱和，c 点之前称为暗放电区，放电气体不发光。该区域的特点是放电电流较小，其值小于 10^{-8} A，撤走电离源放电就停止。cd 段，也称汤森放电区。气体被击穿，c 点或 d 点的电压 U_f，称为击穿电压或着火电压、起辉电压。气体被击穿时，产生大量正负离子与电子，电压迅速下降。若电阻不大，则放电很快过渡到 e，形成过渡区，称欠辉区。若电阻足够大，可稳定放电。ef 段，被称为正常辉光放电区。电流在 $10^{-4} \sim 10^{-3}$ A 之间，e 点电压 U_s，称为维持电压。fg 段，为异常辉光放电区，如加大电流并使电压突破 g 点，则电流突然猛增，管压降突然降低，进入弧光放电区。U_g 为弧光放电的着火电压。

等离子体显示器工作在伏安特性曲线 cd、de、ef 区段。

当辉光放电时，在放电管内形成明暗交替的辉光放电区，如图 5-3-2 所示。图中包括Ⅱ负辉区、Ⅲ法拉第暗区、Ⅳ正柱区(等离子区)、Ⅰ阴极光膜和Ⅴ阳极辉区四个发光区。其中前两者发光较强，负辉区发光最强，是 PDP 的主要发光源。

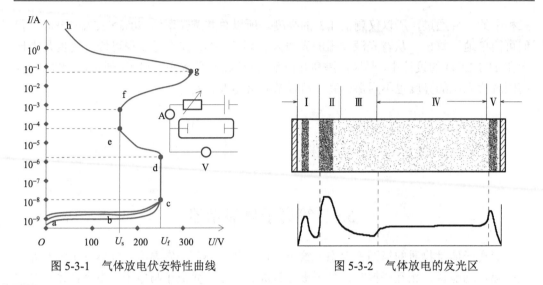

图 5-3-1　气体放电伏安特性曲线　　　　　　　图 5-3-2　气体放电的发光区

在两块玻璃基板之间充入一定的惰性气体，再加上一定形式的电压。惰性气体在电场的剧烈作用下电离形成等离子体，等离子体中处于激发态的粒子直接发可见光或者发紫外光再经荧光粉转化为可见光，从而可实现等离子体显示。等离子体显示器可分为直流显示器（DC PDP）与交流显示器（AC PDP），如图 5-3-3 所示。图 5-3-3（a）为交流等离子体显示器的结构图，放电电极由电介质绝缘，而电介质由氧化镁保护。高压高频的交流电加在对置的电极上，气体经猛烈放电发出可见光，实现显示。图 5-3-3（b）为直流等离子体显示器的结构图，电极被裸露在气体中，给对置在气体中的电极加上高压直流电，气体经猛烈放电发出可见光，实现显示。可以预见，这两种结构中，交流等离子体显示器将具有较长的寿命，因为它的电极不会受到高速离子的直接轰击。

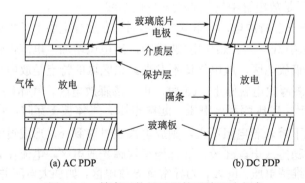

(a) AC PDP　　　　　　　　　　(b) DC PDP

图 5-3-3　等离子体显示器的两种驱动方式

5.3.2　单色等离子体显示器

单色等离子体显示器所用气体为氖（Ne）和氩（Ar）的混合气体，压强约为 0.5 个大气压，其中氩的含量约为 0.1%。所发光的颜色为橙红色，波长在 $400 \sim 700\text{nm}$，峰值波长为 582nm。

　　氖和氩组成的气体容易电离，是俗称的潘宁气体。Ne 的亚稳态能级是 16.62eV，寿命 $10^{-4} \sim 10^{-2}$s。Ar 的电离能为 15.76eV，小于 Ne 的亚稳态能级。这种气体的潘宁电离模式为

$$Ne^m + Ar \rightarrow Ne + Ar^+ + e \tag{5-3-1}$$

式中，m 表示亚稳态；+ 表示一价正离子，即单原子分子的电离态；e 是电子。由于亚稳态 Ne^m 的寿命非常长，与 Ar 分子的碰撞概率又比较大，所以短时间内能产生大量的离子与电子。Ar 的存在降低了 Ne 气的着火电压。分子与分子之间、分子与电子之间、分子与离子之间发生形式多样的频繁碰撞。在众多的碰撞过程中，以下的几个过程有着典型性：

$$e^* + Ne \rightarrow e + Ne^* \tag{5-3-2}$$

$$e^* + Ar \rightarrow 2e + Ar^+ \tag{5-3-3}$$

$$Ne^* + e \rightarrow Ne^m + e^* \tag{5-3-4}$$

式中，* 表示高能粒子或激发态粒子。处于激发态的分子向低能级的跃迁过程会发射可见光光子。如 $Ne(2p^5 3p^1)$ 向 $Ne(2p^5 3s^1)$ 的跃迁过程，就会发射 585nm、614nm、640nm 的可见光。

　　等离子体显示屏可以看作由许许多多的发光小灯组成，每个小灯可看作显示的一个像素。每个小灯以等功率脉冲光发射的形式发光，其发光的强弱由发光脉冲的数量来决定。发光强，对应单位时间内发光脉冲多；发光弱，对应单位时间内发光脉冲数量少。

　　显示时，每个等离子体单元均受两类电脉冲（方波）信号的控制。一类是维持脉冲，交变的维持脉冲频率 $f = 30 \sim 50$kHz、脉冲宽度 $5 \sim 10\mu$s、峰值电压 $U_s = 90 \sim 100$V，其值小于等离子体的着火电压 U_f。显示信号电压也是方波，但不是交变的。显示信号电压有书写脉冲 U_W 与擦除脉冲 U_C 两类。其中，书写脉冲的脉宽比维持脉冲的脉宽略小，脉冲峰值大于着火电压 U_f。而擦除脉冲 U_C 的脉宽更窄，其峰值小于维持脉冲。一定电离度下的等离子体在维持脉冲的电场力作用下，电子与负离子向瞬时阳极运动，正离子向瞬时阴极运动，如图 5-3-4(a) 所示。维持脉冲结束之时，由于正负离子的质量较大，有一定惯性，以至于在原负极附近聚集形成正壁电荷，在原正极附近形成负壁电荷，在正负壁电荷之间形成壁电场，该电场引起一定的壁电压 U_b，U_b 的大小取决于等离子体的电离度，若先前猛烈放电过，则等离子体电离度大，形成的壁电压大 $U_{b大}$；若先前没猛烈放电，则形成的壁电压小 $U_{b小}$。设计 $U_{b大}$、$U_{b小}$ 与维持电压 U_s 满足如下关系：

$$U_{b大} + U_s > U_f \tag{5-3-5}$$

$$U_{b小} + U_s < U_f \tag{5-3-6}$$

于是，等离子体的发光就有了记忆性质。若先前猛烈放电发光过，则以后每一次维持脉冲来临，等离子体就继续发光，直到遭遇擦除脉冲为止；若先前未猛烈放电未发光，则以后每一次维持脉冲来临，等离子体就一直维持不发光，直到遭遇书写脉冲为止。擦除脉冲 U_C 的加入，满足

$$U_{b大} + U_C < U_f \tag{5-3-7}$$

擦除脉冲幅度较小，宽度较短，触发一次微弱的放电，减小等离子体内的正负电荷密度，实现较小电离度。擦除脉冲施加后，维持脉冲只能引发小的壁电压。若要在不发光的等离子体上引发猛烈放电发光，则必须施加书写脉冲。书写脉冲峰值电压 U_W 超过着火电压，时间宽度比维持脉冲略短，引发一次猛烈放电，并提高等离子体的电离度，促使以后的每一次维持脉冲均发光。

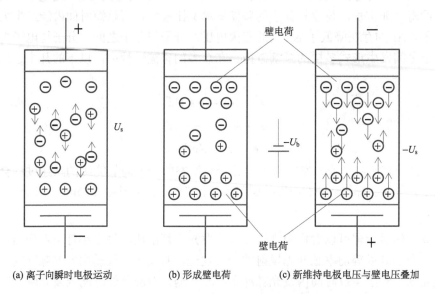

(a) 离子向瞬时电极运动　(b) 形成壁电荷　(c) 新维持电极电压与壁电压叠加

图 5-3-4　交流等离子体显示器显示原理

等离子体显示器的灰度控制方法在本书第 1 章第 1 节中已讲述，这里就不再重复了。

5.3.3　彩色等离子体显示器

彩色等离子体显示器一般用含氙的气体，如 $Ne+Xe(4\%)$、$He+Xe(10\%)$、$He+Ne(20\%\sim30\%)+Xe(4\%)$ 等。气体放电引发氙分子激发而发光，主要发出 147nm 的紫外光，再由紫外光轰击红绿蓝荧光粉实现彩色显示。

以 $Ne+Xe$ 气体为例。Ne 的亚稳态能级是 16.62eV，而 Xe 的电离能为 12.13eV，Ne 的亚稳态能级大于 Xe 的电离能，所以气体 $Ne+Xe$（含量较少）构成潘宁气体。放电过程中，电子与分子之间、分子与分子之间、分子与离子之间、离子与电子之间频繁碰撞，以下几个过程比较典型，对于等离子体显示过程比较重要。

$$e^* + Ne \rightarrow 2e + Ne^+;\quad e^* + Xe \rightarrow 2e + Xe^+ \tag{5-3-8}$$

如图 5-3-5(1)、(1′)过程，热电子 e^*（动能较大的电子）与 Ne 分子、Xe 分子碰撞引起 Ne、Xe 分子电离，反复进行，实现电离雪崩，可获得大量电子与离子。

$$e^* + Ne \rightarrow e + Ne^m;\quad Ne^m + Xe \rightarrow Ne + Xe^+ + e \tag{5-3-9}$$

如图 5-3-5(2)过程，热电子与 Ne 分子碰撞，引起 Ne 分子激发成亚稳态 Ne^m。或如图 5-3-5(2′)过程，处于高能态的 Ne 分子释放一定能量后，处于亚稳态 Ne^m。亚稳态 Ne^m 再与 Xe 分子碰撞，将能量转移给 Xe 分子，导致 Xe 分子电离。如图 5-3-5(3)过程，此过程被称为潘宁电离，它有较大的电离截面。潘宁电离，一方面减少亚稳态分子数量，另一方面增加 Xe 电离的机会，可降低着火电压。

$$e + Xe^+ \rightarrow Xe^{**} + h\nu;\quad e + Xe^{**} \rightarrow Xe^* + h\nu\,(828nm) \tag{5-3-10}$$

如图 5-3-5（4'）过程所示，电子与 Xe^+ 碰撞，释放一部分能量后，形成高激发态 Xe^{**} 分子。同时，电子与 Xe 分子碰撞也能实现高激发态 Xe^{**}，如图 5-3-5（4）过程所示。处于高激发态分子 Xe^{**} 释放 828nm 的光子后，退变为低激发态分子 Xe^*。

$$Xe^*\left({}^1S_4\right) \rightarrow Xe + h\nu\,(147nm) \tag{5-3-11}$$

处于低激发态的 Xe^* 分子（可以由式（5-3-10）过程获得，也可以由如图 5-3-5（5）过程获得）释放 147nm 的真空紫外光，本身回到基态。

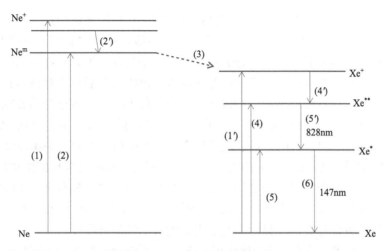

图 5-3-5　Ne+Xe 气体的电离与发光

　　147nm 的紫外光投射到红绿蓝荧光粉上，发出可见的彩色光。这是彩色等离子体显示器的主要发光过程。

　　考虑到荧光粉的作用，彩色等离子体显示器有两种基板形式：双基板型与单基板型，如图 5-3-6 所示。其中，双基板型的电极被面对面地放置在两块玻璃基板上，荧光粉被涂在基板一侧。交流放电时，带电粒子在两基板（电极）之间来回做往复式运动。带电粒子容易直接轰击荧光粉，损害荧光粉的寿命。而单基板型的电极被放置于同一玻璃基板上，荧光粉涂在另一块玻璃基板上，放电时带电粒子在同一侧做往复式运动，对荧光粉的轰击与伤害较小。

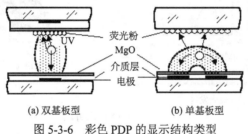

(a) 双基板型　　　　　　(b) 单基板型

图 5-3-6　彩色 PDP 的显示结构类型

荧光粉采用红粉$(Y,Gd)BO_3$：Eu^{3+}，绿粉 Zn_2SiO_4：Mn^{2+}、$BaAl_{12}O_{19}$：Mn^{2+}，蓝粉 $BaMgAl_{10}O_{17}$：Eu^{2+}、$BaMgAl_{14}O_{23}$：Eu^{2+}。荧光粉显示方式有透射式与反射式。如图 5-3-7(a)是反射式的，它的特点是荧光粉层可以涂得比较厚，有利于提高紫外光向可见光的转化利用率。透射式的对荧光粉的涂覆厚度要求较严。从图中应该看到，障壁有着重要作用，一方面将玻璃基板保持在一定的间隙，给气体放电提供确定的空间；另一方面，它能隔开不同发光腔室间的相互干扰。

思考：

试比较 PDP 中的障壁与 LCD 中的垫颗粒(Spacer)作用的异同。

AC PDP 显示运动图像的方法有三类：点扫描、行扫描与面扫描。点扫描与阴极射线管扫描方式类同，就是按上到下、左到右逐点点亮显示单元，每点显示时间小于 0.1μs，这种方法要求发光强度要大。面扫描方式是建立一个与发光单元一样多的存储器，将一帧图片的视频信息先按发光单元存储在相应的存储器中，然后每个存储器控制相对应的显示单元显示，这样逐帧的显示，构成运动画面。图 5-3-7(b)是行扫描方式，将画面逐行扫描，显示图片，这种方法是研究与商品应用最多的方法。下面介绍 ADS(address display period-separated subfield) 显示驱动技术。如画面显示单元数 480×852，即有 480 行，852×3（三原色）列。显示单元的显示灰度由扫描电极与维持电极间的电压脉冲控制，是否显示由数据电极与扫描电极之间的脉冲来控制。将扫描周期分为 $N(N=8)$ 个子场，每一个子场均分为三段，分别称准备期(初始化期)、寻址期与维持期，如图 5-3-8 所示。其中准备期的任务就是将每个显示单元的电离度调低到最低限度，并一致。寻址期，采用行扫描方式，将要点亮的单元用数据电极输入书写脉冲，产生一定的电离度，使其能在维持脉冲的作用下形成较大的壁电压。某一子场的寻址期间，将所有在该子场要点亮的单元均产生大的壁电荷，所有不点亮的单元均只有小的壁电荷。寻址期时间对每个子场均相等。维持期对每个子场的时间是不相等的，其中第 N 个子场点亮的脉冲数为 2^{N-1}

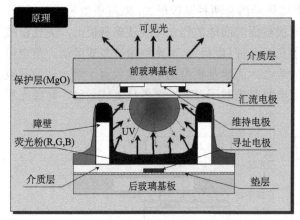 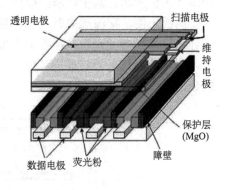

(a) 反射式荧光发射   (b) AC PDP显示原理

图 5-3-7 PDP 显示方法

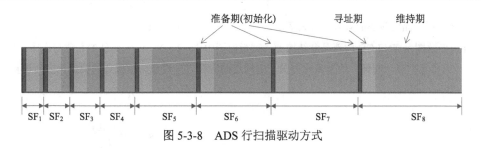

图 5-3-8　ADS 行扫描驱动方式

个。维持期对所有单元均加维持脉冲。于是，所有被书写过的单元均被点亮，所有没被书写过的单元均不发光。每个子场结束时，对被点亮单元均加一擦除脉冲，结束发光。然后，进入下一个子场进程。从 $N=1$ 直至 $N=8$，8 个子场的显示叠加成一个完整图片。

思考：

从彩色重现与扫描方式两个方面比较 CRT、LCD、PDP 光显示的原理。

习　题　5

5-1．彩色电视管(CRT)由哪几部分组成？各部分作用是什么？试叙述彩色电视管蓝色荧光粉的发光机制。

5-2．一满帧图像，分辨率为 VGA 制式 460 像素×480 像素，每个像素量化量为 8bit，刷新频率为 30Hz，则 1s 视频图像的资料长度为多少字节？假设拨号上网的速率为 33.6kb/s，以这样的速率来传送 1min 图像资料大约需要多少时间？假如图像压缩比为 50:1，实时传输图像需要多大的传输速率？

5-3．某显示器分辨率为 1311×737，拟采用电子束匀速扫描技术实现光显示。设场频为 50Hz，行扫描与场扫描的回归时间均占扫描周期的 8.0%，若是逐行扫描，试求行扫描时间。若是隔行扫描，则行扫描时间又是多少？

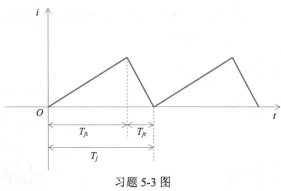

习题 5-3 图

5-4．什么是热致液晶？它有什么特点？向列相液晶有何特点？画图说明向列相液晶扭曲形变。

5-5．什么是 P 型液晶？P 型液晶分子在电场作用下，其指向矢将如何改变？设 TN 液晶的透过率为 $T = 1 - \dfrac{\sin^2\left(\dfrac{\pi}{2}\sqrt{1+\alpha^2}\right)}{1+\alpha^2}$，式中，$\alpha = \dfrac{2\Delta n d}{\lambda}$，而 Δn 为 e 光与 o 光折射率之差，d 为液晶层厚度。若

$\Delta n = 0.08$ ，则液晶层最小的有效厚度为多少？

5-6. 如题图是 TN LCD 的液晶盒结构图，试指出图中 1、2、3、4、5 元件的名称与作用，作图说明用 o 光的常黑型显示起偏片的偏振化方向、定向层的沟槽方向设置与检偏片的偏振化方向设置。

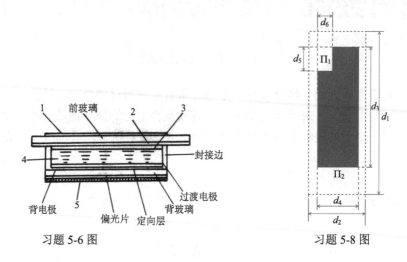

习题 5-6 图　　　　　　　　　　　　　习题 5-8 图

5-7. 试比较 STN 与 TN 液晶盒的结构，说明 STN LCD 的工作原理。

5-8. 如题图是 TFT LCD 的显示单元图，Π_1 是 TFT 所占的位置，Π_2 是存储电容所占位置。设图中参数为 $d_1 = 0.300\text{mm}$、$d_2 = 0.100\text{mm}$、$d_3 = 0.260\text{mm}$、$d_4 = 0.096\text{mm}$、$d_5 = 0.050\text{mm}$、$d_6 = 0.030\text{mm}$。试计算该显示单元的开口率。若背光源的亮度为 $10000\text{lm}/\text{m}^2$，则通过该显示单元后的光通量为多少？（设液晶、滤光片、玻璃的损耗均为 95%）

5-9. 等离子体显示器所用的等离子体是高温等离子体吗？如题图是单色交流等离子体显示器单元的结构图。试指出图中 1、2、3 元件的名称与作用。

5-10. 依次指出壁电压、维持电压、着火电压的意思。叙述施加维持脉冲后等离子体单元具有记忆功能的原理。

5-11. 如题图是交流单基板彩色等离子体显示器单元的结构图，指出图中 1 的名称与作用。试指出在彩色等离子体显示器中显示三原色红绿蓝的办法。

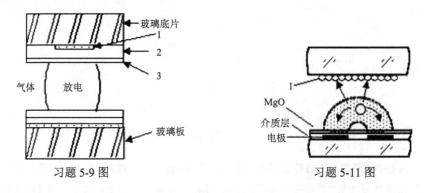

习题 5-9 图　　　　　　　　　　　　习题 5-11 图

5-12. 举例说明什么是潘宁气体？该气体在等离子体显示过程中的作用是什么？叙述 ADS 寻址显示的工作原理。

参 考 文 献

常本康. 2015. 负电子亲和势光电阴极 50 年史话. 红外技术, 37(10): 801-806.

杜宝勋. 2001. 半导体激光器原理. 北京: 兵器工业出版社.

郭培源, 付扬. 2015. 光电检测技术与应用. 北京: 北京航空航天大学出版社.

郭玉彬, 霍佳雨. 2008. 光纤激光器及其应用. 北京: 科学出版社.

黄德修, 刘雪峰. 1999. 半导体激光器及其应用. 北京: 国防工业出版社.

黄章勇. 2001. 光纤通信用光电子器件和组件. 北京: 北京邮电大学出版社.

刘公强, 乐志强, 沈德芳. 2001. 磁光学. 上海: 上海科学技术出版社.

刘泰康, 等. 2015. 光子晶体技术及应用. 北京: 国防工业出版社.

罗钧, 付丽. 2012. 光存储与显示技术. 北京: 清华大学出版社.

马春生, 刘式墉. 2006. 光波导模式理论. 长春: 吉林大学出版社.

祁康成, 曹贵川. 2012. 发光原理与光学材料. 成都: 电子科技出版社.

唐晋发, 顾培夫, 刘旭, 等. 2006. 现代光学薄膜技术. 杭州: 浙江大学出版社.

王庆友. 2000. CCD 应用技术. 天津: 天津大学出版社.

王新久. 2006. 液晶光学与液晶显示. 北京: 科学出版社.

杨祥林, 等. 2000. 光放大器及其应用. 北京: 电子工业出版社.

余金中, 王杏华. 2001. 半导体量子器件物理讲座. 第六讲半导体量子阱激光器. 物理, 30(11): 717-723.

张静, 王海, 刘树勇. 2017. 光在吸收介质中传播的折射定律. 大学物理, 36(1): 19-21, 36.

张松祥, 胡齐丰. 1996. 光辐射探测技术. 上海: 上海交通大学出版社.

赵坚勇. 2013. 等离子体显示(PDP)技术. 北京: 国防工业出版社.

附录 1 耦合模方程的推导

将式(2-3-2)中的 ψ 以光矢量的分量 E_y 代替，即

$$E_y\left(x,y,z,t\right)=\sum_{mp}A_m^p\left(z\right)E_{ym}^p\left(x,y,z\right)\exp\left(j\omega t\right)=\sum_{mp}A_m^p\left(z\right)E_{ym}^p\left(x,y\right)\exp\left[j\left(\omega t-p\beta_m z\right)\right]$$

(f-1-1)

式中，$p=\pm1$，表示波传播的方向，以 $p=+1$ 表示波沿 z 轴正向传播，反之，以 $p=-1$ 表示波沿 z 轴逆向传播。引入式(2-2-10a)，即

$$\nabla^2\vec{E}-\mu_0\varepsilon\frac{\partial^2\vec{E}}{\partial t^2}=\mu_0\frac{\partial^2\left(\Delta\vec{P}\right)}{\partial t^2}$$

(f-1-2)

将此式表达成分量 E_y 的形式，即

$$\nabla^2 E_y-\mu_0\varepsilon\frac{\partial^2 E_y}{\partial t^2}=\mu_0\frac{\partial^2\left(\Delta P_y\left(\vec{r},t\right)\right)}{\partial t^2}$$

(f-1-3)

将式(f-1-1)代入式(f-1-3)，运用 $\mu_0\varepsilon\omega^2=n^2k^2$ 可得

$$\begin{aligned}
\mu_0\frac{\partial^2\left[\Delta P_y\left(\vec{r},t\right)\right]}{\partial t^2}&=\sum_{mp}\nabla_t^2\left\{A_m^p\left(z\right)E_{ym}^p\left(x,y\right)\exp\left[j\left(\omega t-p\beta_m z\right)\right]\right\}\\
&\quad+\sum_{mp}\frac{d^2}{dz^2}\left\{A_m^p\left(z\right)E_{ym}^p\left(x,y\right)\exp\left[j\left(\omega t-p\beta_m z\right)\right]\right\}\\
&\quad+\mu_0\varepsilon\omega^2\sum_{mp}A_m^p\left(z\right)E_{ym}^p\left(x,y\right)\exp\left[j\left(\omega t-p\beta_m z\right)\right]\\
&=\sum_{mp}A_m^p\left(z\right)\left\{\nabla_t^2 E_{ym}^p\left(x,y\right)\cdot\exp\left[j\left(\omega t-p\beta_m z\right)\right]\right\}\\
&\quad+\mu_0\varepsilon\omega^2\sum_{mp}A_m^p\left(z\right)E_{ym}^p\left(x,y\right)\exp\left[j\left(\omega t-p\beta_m z\right)\right]\\
&\quad+\sum_{mp}E_{ym}^p\left(x,y\right)\frac{d^2}{dz^2}\left\{A_m^p\left(z\right)\exp\left[j\left(\omega t-p\beta_m z\right)\right]\right\}\\
&=\sum_{mp}A_m^p\left(z\right)\left[\nabla_t^2 E_{ym}^p\left(x,y\right)+n^2k^2\right]\exp\left[j\left(\omega t-p\beta_m z\right)\right]\\
&\quad+\sum_{mp}E_{ym}^p\left(x,y\right)\left[\frac{d^2 A_m^p\left(z\right)}{dz^2}-j2p\beta_m\frac{dA_m^p\left(z\right)}{dz}-A_m^p\left(z\right)\beta_m^2\right]\exp\left[j\left(\omega t-p\beta_m z\right)\right]\\
&=\sum_{mp}A_m^p\left(z\right)\left[\nabla_t^2 E_{ym}^p\left(x,y\right)+\left(n^2k^2-\beta_m^2\right)E_{ym}^p\left(x,y\right)\right]\exp\left[j\left(\omega t-p\beta_m z\right)\right]\\
&\quad+\sum_{mp}E_{ym}^p\left(x,y\right)\left[\frac{d^2 A_m^p\left(z\right)}{dz^2}-j2p\beta_m\frac{dA_m^p\left(z\right)}{dz}\right]\exp\left[j\left(\omega t-p\beta_m z\right)\right]
\end{aligned}$$

(f-1-4)

由式 (2-2-31)

$$\nabla_t^2 \psi_m(x,y) + \left(n^2 k^2 - \beta_m^2\right)\psi_m(x,y) = 0 \qquad \text{(f-1-5)}$$

即

$$\left[\nabla_t^2 E_{ym}^p(x,y) + \left(n^2 k^2 - \beta_m^2\right)E_{ym}^p(x,y)\right] = 0 \qquad \text{(f-1-6)}$$

成立。当波导不理想不太严重时，组合系数 A_m 将是随 z 变化缓慢的函数。式 (2-3-3) 即为

$$\frac{\mathrm{d}^2 A_m^p(z)}{\mathrm{d}z^2} \ll \left|2\beta_m \frac{\mathrm{d}A_m^p(z)}{\mathrm{d}z}\right| \qquad \text{(f-1-7)}$$

所以式 (f-1-4) 即为

$$\mu_0 \frac{\partial^2\left(\Delta P_y(\vec{r},t)\right)}{\partial t^2} = \sum_{mp} E_{ym}^p(x,y)\left[-\mathrm{j}2p\beta_m \frac{\mathrm{d}A_m^p(z)}{\mathrm{d}z}\right]\exp\left[\mathrm{j}(\omega t - p\beta_m z)\right] \qquad \text{(f-1-8)}$$

考虑到

$$\Delta P_y(\vec{r},t) = \varepsilon_0 \cdot \Delta\varepsilon_r \cdot E_y = \Delta P_y(\vec{r})\exp\left[\mathrm{j}(\omega t)\right] \qquad \text{(f-1-9)}$$

式 (f-1-8) 可为

$$\mathrm{j}\frac{\mu_0}{2}\omega^2 \Delta P_y(\vec{r}) = -\sum_{mp} E_{ym}^p(x,y)\left[p\beta_m \frac{\mathrm{d}A_m^p(z)}{\mathrm{d}z}\right]\exp\left[\mathrm{j}(-p\beta_m z)\right] \qquad \text{(f-1-10)}$$

上式两边左乘 $E_{yl}^{q*}(x,y)\exp\left[\mathrm{j}(q\beta_l z)\right]$ 再在 xy 平面内积分，利用正交归一化条件式 (2-2-33)，

$$c\iint\limits_S \psi_l^*(x,y)\psi_m(x,y)\mathrm{d}x\mathrm{d}y = \delta_{lm} \qquad \text{(f-1-11)}$$

用 E_y 表示，即

$$\frac{\beta_m}{2\omega\mu_0}\iint\limits_S E_{yl}^{q*}(x,y)E_{ym}^p(x,y)\mathrm{d}x\mathrm{d}y = \delta_{lm} \qquad \text{(f-1-12)}$$

式 (f-1-10) 为

$$\mathrm{j}\frac{\mu_0}{2}\omega^2 \int E_{yl}^{q*}(x,y)\Delta P_y(x,y)\mathrm{d}s \cdot \exp\left[\mathrm{j}(q\beta_l z)\right]$$

$$= -\sum_{mp}\int E_{yl}^{q*}(x,y)E_{ym}^p(x,y)\mathrm{d}s \cdot \left[p\beta_m \frac{\mathrm{d}A_m^p(z)}{\mathrm{d}z}\right]\exp\left[\mathrm{j}(q\beta_l - p\beta_m z)\right] \qquad \text{(f-1-13)}$$

考虑到 $m = l$ 时，$p = \pm q$ 均满足归一化条件。于是上式为

$$\mathrm{j}\frac{\mu_0}{2}\omega^2 \int E_{yl}^{q*}(x,y)\Delta P_y(x,y)\mathrm{d}s \cdot \exp\left[\mathrm{j}(q\beta_l z)\right]$$

$$= \frac{2\omega\mu_0}{\beta_l}\left\{-q\beta_l \frac{\mathrm{d}A_l^q(z)}{\mathrm{d}z} + q\beta_l \frac{\mathrm{d}A_l^{-q}(z)}{\mathrm{d}z}\exp\left[\mathrm{j}(2q\beta_l z)\right]\right\} \qquad \text{(f-1-14)}$$

设 $q = +1$，上式可整理为

$$\left\{-\frac{\mathrm{d}A_l^{(+)}(z)}{\mathrm{d}z}\exp\left[-\mathrm{j}(\beta_l z)\right] + \frac{\mathrm{d}A_l^{(-)}(z)}{\mathrm{d}z}\exp\left[\mathrm{j}(\beta_l z)\right]\right\} = \mathrm{j}\frac{\omega}{4}\int E_{yl}^{(+)*}(x,y)\Delta P_y(x,y)\mathrm{d}s \qquad \text{(f-1-15)}$$

附录 2 光电子探测器的噪声

噪声是除反映实际真信号以外杂乱的、无用的、干扰性的信号，噪声信号常表现出随机性。光电探测器(系统)测出的信号是实际真信号与噪声信号的叠加。减小与限制噪声是光电探测器改进的主要方向之一。

微观上，光电转换过程，如电子吸收光子逸出材料表面、半导体中的电子吸收光子能量从价带跃迁到导带等，都是一系列随机性的独立事件。宏观上，每一瞬间出现多少个载流子是不确定的、随机的。这些随机起伏的噪声将不可避免地与信号同时出现。尤其在信号较弱时，光电探测器的噪声会显著地影响信号探测的准确性。虽然某时的噪声的精确大小有着不可预知性，但可用统计的方法研究与处理。从服从的统计规律看，当噪声的幅度和频谱分布均匀时，称为白噪声；当噪声的幅度和频谱分布满足高斯函数时，称为高斯噪声。

噪声有时是由系统外部因素引发的，称外部噪声，如背景光、杂散光等。许多时候，我们更关心由系统内部因素引发的内部噪声，如由系统内部元件、电路产生的噪声。光电子探测器的内部因素引发的噪声有热噪声、散粒噪声、低频噪声、温度噪声等。

1. 噪声源

1)热噪声

电阻材料，即使不加偏压，在恒定的温度下，其内部的自由载流子数目及运动状态也是随机的，由此而造成电动势的起伏。这种由载流子的热运动引起的起伏就是电阻材料的热噪声，或称为约翰逊(Johnson)噪声。热噪声是由导体或半导体中载流子随机热激发的波动而引起的，其大小 i_t 与电阻的阻值 R_L、温度 T 及工作带宽 Δf 有关。

$$i_t = \sqrt{\left(\frac{4k_B T}{R_L}\right) \cdot \Delta f} \tag{f-2-1}$$

热噪声属于白噪声。室温 $T = 300K$ 时，若电阻 $R_L = 1k\Omega$，带宽 $\Delta f = 1Hz$，则噪声电压方均根 $U_t = \sqrt{4k_B T R_L \cdot \Delta f} = 4nV$；若工作带宽 $\Delta f = 500kHz$，放大器增益 $G = 10000$，则噪声电压方均根 $U_t = G\sqrt{4k_B T R_L \cdot \Delta f} = 28mV$。对于微弱信号测量，这样的噪声影响是不能忽略的。研究结果表明，减小热噪声的有效方法是降温、缩小工作带宽。热噪声在光电子探测系统中普遍存在。

2)散粒噪声

散粒噪声是信号光光子数的随机性、产生光电子位置与数目的随机性、光生载流子的随机复合等因素引起的实际电子数围绕平均值的起伏。

无光照时，由于热激发而随机地在半导体材料中产生电子空穴对，或随机地造成电子发射，在电压的作用下形成暗电流。暗电流噪声也是散粒噪声的一种。它的大小为

$$i_{sd} = \sqrt{2eI_D \cdot \Delta f} \tag{f-2-2}$$

式中，e 为基本电荷量；I_D 为暗电流。在光电倍增管与雪崩光电二极管中，暗电流也会被相应地放大。

有光照射时，由于光子流的不均匀性，也会造成光电流的起伏，形成噪声。它的大小为

$$i_{sp} = \sqrt{2eI_P \cdot \Delta f} \tag{f-2-3}$$

式中，I_P 为光电流。显然，在光电倍增管与雪崩光电二极管中，光电流会被相应地放大。

在半导体材料中，吸收光子会产生电子空穴对，电子和空穴在运动时也会相遇复合，引起载流子数目起伏，相应的电导率起伏，引起电流起伏。这样就造成了产生-复合噪声。产生-复合噪声对光电导探测器、光伏探测器有重要影响。产生-复合噪声的大小为

$$i_{s,g-r} = \sqrt{2eI \cdot M^2 \Delta f} \tag{f-2-4}$$

式中，I 是平均电流；$M = \tau/\tau_d$ 为光电导探测器的内增益，其中 τ 为载流子的平均寿命，τ_d 为载流子的渡越时间。

3）低频噪声

低频噪声也称 $1/f$ 噪声，这种噪声是由于光敏层的微粒不均匀或不必要的微量杂质的存在，当电流流过时，在微粒间发生微火花放电而引起的微电爆脉冲。所以也称闪烁噪声。几乎在所有探测器中都存在这种噪声。它主要出现在大约 1kHz 以下的低频频域，而且与光辐射的调制频率 f 成反比。低频噪声可表达为

$$i_{1/f} = \left(\frac{KI^{\alpha}}{f^{\beta}} \Delta f \right)^{1/2} \tag{f-2-5}$$

式中，$\alpha = 2$；$\beta = 0.8 \sim 1.3$，大部分材料 β 取 1；K 为与元件制作工艺、材料尺寸、表面状态等有关的比例系数。

4）温度噪声

温度噪声是由于敏感元件在平均温度附近起伏引起的噪声。它的大小为

$$\Delta T = \left[\frac{4k_B T^2}{G} \left(\frac{1}{1+\omega^2 \tau_T^2} \right) \Delta f \right]^{1/2} \tag{f-2-6}$$

式中，ΔT 是温度起伏的方均根值；G 是导热系数；$\omega = 2\pi f$；$\tau_T = \dfrac{H}{G}$ 为光热探测器的特征时间。温度噪声对光热探测器有重要影响。

2. 噪声的合成

一般地，一个光电探测器同时会存在多种噪声源，当这些噪声源相互独立时，可按平方和的开方来合成。

$$i_n = \sqrt{i_t^2 + i_{sd}^2 + i_{sp}^2 + i_{1/f}^2} \tag{f-2-7}$$

如室温 300K 时，光功率 $\overline{P} = 0.1\mu W$ 时，$\lambda = 1550nm$ 的 PIN 光电二极管的分类噪声

$i_t = 28.8\text{nA}$、$i_{sd} = 1.5\text{nA}$、$i_{sp} = 8.9\text{nA}$、$i_{1/f}$ 忽略，则总噪声 $i_n = \sqrt{i_t^2 + i_{sd}^2 + i_{sp}^2} = 30.2\text{nA}$。

3. 信噪比

信噪比(signal to noise ratio，SNR)是信号功率与噪声功率的比值。可用下式表示：

$$\text{SNR} = \frac{I_P^2}{i_n^2} \tag{f-2-8}$$

信噪比也常以分贝为单位。$\text{SNR}(\text{dB})$可表达为

$$\text{SNR}(\text{dB}) = 20\lg\frac{I_P}{i_n} = 20\lg\frac{V_P}{V_n} \tag{f-2-9}$$

式中，V_P为信号电平；V_n为噪声电平。

附录3 有关思考、探究的参考答案

小节	页码	问题类型	参考答案
1.1.1	3	探究	C
	4	思考	也有类似情况
1.2.1	7	思考	相同
1.2.2	10	探究	$\vec{E}(z,t) = \vec{E}_0 \exp\left(\dfrac{g}{2}z\right) \cdot \exp\left[j(2\pi vt - \beta z)\right]$
1.2.3	12	探究	B、C
1.3.1	15	思考	$r_{\mathrm{P}} = \dfrac{\hat{n}_2\cos\theta_i - n_1\cos\theta_t}{\hat{n}_2\cos\theta_i + n_1\cos\theta_t} = \dfrac{1.0-1.4}{1.0+1.4} = -0.1667$ $r_{\mathrm{n}} = \dfrac{n_1\cos\theta_i - \hat{n}_2\cos\theta_t}{n_1\cos\theta_i + \hat{n}_2\cos\theta_t} = \dfrac{1.4-1.0}{1.4+1.0} = 0.1667$ 反射率均为2.78%，均无相移
1.3.2	19	思考	A、B
1.3.3	21	思考	$\tan\alpha = -0.0994$，偏移量 $t = d(\tan\alpha) = -4.969\mathrm{mm}$
	21	探究	令 $$\frac{\mathrm{d}(\tan\alpha)}{\mathrm{d}\beta} = 0$$ 可得 $$\beta = \arctan\left(\frac{n_o}{n_e}\right)$$ 最大偏移角的正切 $$\tan\alpha = \frac{n_e^2 - n_o^2}{2n_o n_e}$$ $$\beta = \arctan\left(\frac{n_o}{n_e}\right) = \arctan\left(\frac{1.9447}{2.1486}\right) = 42.15°$$ $$\tan\alpha = \frac{n_e^2 - n_o^2}{2n_o n_e} = \frac{2.1486^2 - 1.9447^2}{2\times1.9447\times2.1486} = 0.09987$$
	23	思考	转过135°，能

小节	页码	问题类型	参考答案
2.1.1	29	思考	1. A、B、C、D 克服方法：A 镀抗反膜；B 减小吸收；C 准确安装；D 对准 2. A、B、D 克服方法：A 镀抗反膜；B 对准；D 缩小误差
	30	思考	镀抗反膜，倾斜安装
	31	探究	否；偏移距离 $D = L_{p1}\tan\alpha > 1.5d$，所以 $L_{p1} > \dfrac{1.5d}{\tan\alpha} = 7.51\text{mm}$
	33	思考	共同点：采用双折射晶体与法拉第旋转器联合作用，消光比较高。光束入射端口与出射端口不共轴。采用反行光束走离入射端口获得隔离效果 不同点：采用双折射晶体的块数与形状有差异，结构三器件的块数最少。结构三出射光束不同偏振模有一个小的位移
2.1.2	36	思考	偏振分束器消光比低，串扰的不同偏振模式会从 A 端输出。另外，界面之间的多次反射光束也会形成串扰光束，从 A 端输出
	38	思考	双折射晶体比胶合棱镜偏振分束器消光比大
2.2.1	39	思考	B
	71	思考	增加
2.2.2	45	探究	波导场方程为 $$\nabla_t^2 \bar{E}(x,y) + (n^2 k^2 - \beta^2)\bar{E}(x,y) = 0$$ 一维 TE 波 $$\frac{\partial^2 E_y}{\partial x^2} + (n^2 k^2 - \beta^2)E_y = 0$$ $$-\frac{d}{2} < x < \frac{d}{2}$$ $$\frac{\partial^2 E_y}{\partial x^2} + (n_1^2 k^2 - \beta^2)E_y = 0$$ 记 $$(n_1^2 k^2 - \beta^2) = k_{1x}^2$$ 则解为 $$E_y(x) = E_1\cos(k_{1x}x + \phi)$$ $$x < -\frac{d}{2}$$ $$\frac{\partial^2 E_y}{\partial x^2} + (n_2^2 k^2 - \beta^2)E_y = 0$$ 记 $$(n_2^2 k^2 - \beta^2) = -\alpha_2^2$$ 则解为 $$E_y(x) = E_2 e^{\alpha_2 x}$$ $$x > \frac{d}{2}$$ $$\frac{\partial^2 E_y}{\partial x^2} + (n_3^2 k^2 - \beta^2)E_y = 0$$

续表

小节	页码	问题类型	参考答案
2.2.2	45	探究	记 $$\left(n_3^2 k^2 - \beta^2\right) = -\alpha_3^2$$ 则解为 $$E_y(x) = E_3 e^{-\alpha_3 x}$$ 边界条件：在 $\|x\| = \dfrac{d}{2}$ 处，E_y 连续；$\dfrac{\partial E_y}{\partial x}$ 连续
	47	思考	D
2.3.2	52	探究	$P_1' = \left(P_3^2 + P_4^2\right)/P_1$ $P_2' = 2\left(P_3 P_4\right)/P_1$
2.4.1	57	思考	光环形器
	57	探究	$\lambda_B = \lambda_B(T, \varepsilon)$，布拉格波长是温度 T 与应变 ε（或应力）的函数。利用宽谱光源入射到埋在建筑某处的光纤光栅传感器，取出反射光，检测、分析布拉格波长的值，可以推断建筑某处所受到的压力
2.4.2	61	思考	由于包层波导属于多模波导，因此，包层中的高阶模可能有多个，从而引起透射光谱存在多个高度不一的吸收峰。而布拉格光纤光栅只有一个吸收峰
2.5.1	64	思考	有困难
	64	探究	X 切，电极设置在波导侧面；Z 切，电极设置在波导上方
2.5.2	69	思考	B
	69	思考	相同点：均采用光的干涉 不同点：光开关是对某一波长的光的断、通控制；滤波器是将不同波长的分开与切换
	69	探究	第一个滤波器将 $\nu + \Delta\nu$、$\nu + 3\Delta\nu$ 与 ν、$\nu + 2\Delta\nu$ 分开；然后第二个滤波器将 $\nu + \Delta\nu$ 与 $\nu + 3\Delta\nu$ 分开；第三个滤波器将 ν 与 $\nu + 2\Delta\nu$ 分开
2.6.2	73	思考	根据斯奈尔定律，折射角为 $-30°$，即折射光线与入射光线分居在法线同侧。点光源在负折射材料中心成一实像，在负折射率材料的外侧 10cm 处再成一实像
2.6.3	76	探究	B、C
3.1.2	86	思考	光电导器件依据的是半导体吸收光子形成电子空穴对，增加材料的导电能力。吸收系数大，比较薄的半导体材料就能充分吸收光子，半导体电导率提高明显。半导体器件工作效率相应会高一些

小节	页码	问题类型	参考答案
3.1.3	88	探究	半导体 GaAs 的禁带宽度随温度的升高而减小。制作砷化镓薄片，让光子能量在带隙附近的单色光垂直通过该薄片，测定透过光束的光强。透过光强与吸收系数有关，而吸收系数取决于温度。温度越高，带隙越窄，吸收系数越大，透射越弱
3.3	96	探究	$$\tau_\mathrm{T} = \frac{H}{G} = \frac{2.5\times10^{-5}}{5.0\times10^{-3}} = 5.0\times10^{-3}\,\mathrm{s} = 5.0\mathrm{ms}$$ $$1-\exp\left(-\frac{t_1}{\tau_\mathrm{T}}\right)=0.1;\quad 1-\exp\left(-\frac{t_2}{\tau_\mathrm{T}}\right)=0.9$$ 上升时间 $$\tau = \tau_\mathrm{T}\left(\ln0.9 - \ln0.1\right) = 10.99\mathrm{ms}$$
3.3.1	99	探究	$R_\mathrm{V} = \frac{U}{4}\,\frac{a_\mathrm{T}\alpha}{\sqrt{G^2+(\omega H)^2}}$ ，零频，$R_\mathrm{V}=\frac{U}{4}\,\frac{a_\mathrm{T}\alpha}{G}$，欲增加响应度，可适当提高电源电压 U、减小热传递 G、涂黑提高 α 、提高 $a_\mathrm{T}=\frac{B}{T^2}$ ，即采取降温措施
	99	思考	调制后放大
3.5.4	120	探究	车速 $$v = 100\mathrm{m/s}$$ 轴箱经过时间 $$t = 250\times10^{-3}/(100\cos45°) = 3.54\times10^{-3}\mathrm{s}$$ 调制频率 $$f = \frac{12}{3.54\times10^{-3}} = 3.39\times10^3\mathrm{Hz}$$ 调制盘转速 $$n = \frac{3.39\times10^3}{20} = 1.70\times10^2\mathrm{s}^{-1}$$
3.6.1	123	思考	半导体带隙随温度的升高而下降，温度升高，能吸收的光子数增多，产生的电子空穴就多一些，因此短路电流略有增加。温度越高，半导体费米能级越靠近中央，PN 结内建电势差越小，引起开路电压越小
	124	探究	如图所示，白天，光敏电阻受光照射，阻值较小，引起控制电路电流较大，控制器将电键合向 2 位，这时光伏组件与蓄电池连通，光伏组件发电，给电池充电。晚上，光敏电阻阻值较大，控制电路电流较小，控制器将电键合向 1 位，路灯与蓄电池接通，路灯亮。图中二极管可阻止蓄电池倒充光伏组件 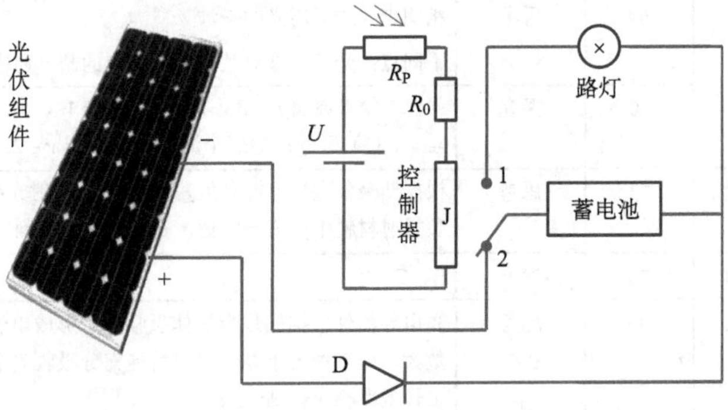

小节	页码	问题类型	参考答案
3.7.6	136	探究	光源发光不稳，给系统测量精度带来一定误差，主要引起不透明线材阴影边界的判断误差。平行光程度不够高，引起阴影边界的位置有误差。线材在光轴方向振动，对于准直程度好的系统基本无影响，准直程度不好，将有较大误差。在垂直于光轴方向振动，准直好的系统影响较小，振动幅度大时，会有像差
3.8.2	140	思考	否
3.8.3	143	思考	位置只与光斑中心位置有关，而与光斑的现状、大小无关；无死区
4.1.2	152	思考	在 GaP 中掺入 Bi 替代 P，出现 Bi 位置电子数较多。Bi 形成等电子陷阱中心，有吸引周围空穴的能力，空穴再吸引自由电子形成激子，成为发光中心
4.2.1	159	探究	(1) 倒装芯片技术解决电极挡光与蓝宝石衬底导热性差，在蓝宝石侧出光。倒装芯片可将出光效率提高 1.6 倍 (2) 通过改变外延片生长条件可进行有效的表面粗化，日本松下通过在 LED 表面制作光子晶体，其直径 1.5μm、高 0.5μm 的凹凸可提高出光效率 60%
4.3.5	173	探究	一个数据 (bit) 占面积 $$\sigma = 0.83 \times 1.6 \times 10^{-12} = 1.328 \times 10^{-12}\,\text{m}^2$$ CD 上有效的存储数据面积为 $$S = \pi\left(58^2 - 25^2\right) \times 10^{-6} = 8.605 \times 10^{-3}\,\text{m}^2$$ 数据个数 $$N = \frac{S}{\sigma} = \frac{8.605 \times 10^{-3}}{1.328 \times 10^{-12}} = 6.480 \times 10^9\,\text{bit}$$ 增加数据容量的办法：采用更短波长，缩小光斑尺寸；采用多层存储技术
4.7.1	201	探究	B、C
5.1.2	216	探究	圆锥发射体型 (spindt)；平面薄膜型 (金刚石材料型、碳纳米管型、表面传导型、弹道电子放射型)
5.2.4	222	探究	(1) 相位差补偿膜法，不同传播方向，有效 $\Delta n \cdot d$ 不同。设计是按法线方向计算的。在光线脱离法线方向时，出现偏差。若能在光线偏离法线方向传播时，将 $\Delta n \cdot d$ 纠正，则可增加视角。用反相双折射 (折射率差与液晶的相反) 晶体制作补偿膜，贴在液晶盒前后两个表面上，可增加视角 (2) 附面开关技术，采用正性液晶分子。常态时液晶分子平行排列，不扭曲。即上下取向膜的沟槽平行。显示电极位于平面里，不同电压造成液晶分子不同角度的转向，实现灰阶显示。这种方法也能扩大视角 (3) 多畴垂直排列技术，采用负性液晶分子。常态时液晶分子垂直排列，加电场时液晶分子朝水平方向倾斜，实现灰阶显示。一个液晶显示像素由几个子像素组成，每个子像素均由排列方向一致的液晶分子群 (可称为畴) 组成。不同畴的液晶分子取向不同。像素的总显示效果是各子像素显示效果的平均。这样，可扩大显示视角
	223	思考	提高背光源的亮度；增加开口率
5.3.3	228	思考	障壁起支撑玻璃板并隔断紫外光的作用，Spacer 只起支撑玻璃板的作用
	229	思考	CRT：电子束轰击三原色荧光粉发光、用电子束剂量调节灰阶；偏转系统控制电子束在荧光屏上移动 LCD：背光透过液晶+三原色滤光片、电压控制灰阶；行源寻址实现扫描 PDP：紫外光轰击三原色荧光粉发光、发光时间 (脉冲个数) 调节灰阶；x、y 寻址

附录 4　课时安排建议

下表是课时安排建议。教师可根据先修课程的相关情况做适当调整。

48 课时	56 课时	64 课时
绪论+第 1 章(1.3.3 不作定量计算) 6 课时	绪论+第 1 章 7 课时	绪论+第 1 章 7 课时
第 2 章(2.1.2 环形器结构二不讲) 12 课时	第 2 章 13 课时	第 2 章+合作探究(光的传输模式与模式耦合) 15 课时
第 3 章(3.2.3；3.4.2；3.7；3.8 不讲) 12 课时	第 3 章(3.8 不讲) 15 课时	第 3 章 17 课时
第 4 章(4.4.1 公式推导不讲；4.7 不讲) 12 课时	第 4 章 15 课时	第 4 章+合作探究(半导体激光器的应用) 17 课时
第 5 章 6 课时	第 5 章 6 课时	第 5 章+合作探究(FED 技术、LCD 视角增宽技术) 8 课时